U0192082

Architecture and Art

建筑与艺术

郑时龄 编著

中国建筑工业出版社

图书在版编目（CIP）数据

建筑与艺术 =Architecture and Art / 郑时龄编著 .
—北京：中国建筑工业出版社，2020.7
ISBN 978-7-112-25157-5

Ⅰ.①建… Ⅱ.①郑… Ⅲ.①建筑艺术 – 研究 Ⅳ.
① TU-8

中国版本图书馆 CIP 数据核字（2020）第 082690 号

本书系统讨论建筑体系与艺术体系的关系，从建筑美学，建筑与艺术的关联讨论建筑，讨论建筑与艺术流派、建筑与雕塑、建筑与绘画、建筑与摄影、建筑与电影、建筑与文学，建筑与音乐的关系，可供建筑师和艺术爱好者阅读参考。

责任编辑：陈　桦　王　惠
责任校对：张惠雯

建筑与艺术
Architecture and Art

郑时龄　编著

*

中国建筑工业出版社出版、发行（北京海淀三里河路9号）
各地新华书店、建筑书店经销
北京方舟正佳图文设计有限公司制版
北京富诚彩色印刷有限公司印刷

*

开本：787毫米×1092毫米　1 / 16　印张：20　字数：453千字
2020年12月第一版　2020年12月第一次印刷
定价：99.00元
ISBN 978-7-112-25157-5
　　　　（35924）

序
一

　　郑时龄先生所著《建筑与艺术》，是一本贯通古今中外的建筑理论力作。本书以哲学和方法论的高度，历时性和共时性的维度，鞭辟入里的深度，从建筑的艺术属性，建筑师的禀赋与创作，以及建筑作为广义的艺术等三个层面，全面论述了建筑之于艺术的时代命题及其关联域。

　　在全球化和互联网高速发展的当下，社会各界作为建筑空间和文化消费的主体，价值判断越来越多元化，口味选择也越来越多样化。在此情形下，建筑与艺术关系的动态信息，究竟如何完整、清晰、凝练、得体、简明地被广泛传播和认知，对建筑界来说既是专业责任也是跨界挑战。

　　郑时龄先生是在该领域辛勤耕耘 40 载的学界翘楚，学养深厚，成果累累，尤其是建筑与艺术关系的研究，引领着国内该领域的前沿。相信这本由郑时龄先生亲自撰著的著作，代表了国内关于建筑与艺术论述的最高水平，故郑重推荐给广大读者。

中国科学院院士

同济大学教授

序

二

　　建筑与艺术的关系，这个看似在建筑学的教学、研究与设计实践中随时随地都会触及、都可谈论的议题，多年来在国内建筑界仍缺少系统的思考与研究，相关的高水平理论著作实属罕见。事实上，无论是哪种文化，哪个地域，历史上的建筑、绘画与雕塑常常是不可分割的整体。虽然到 19 世纪末 20 世纪初，建筑艺术区别于绘画与雕塑艺术的独特性开始被提出与讨论，然而观察 20 世纪的现代建筑，其产生和发展更是与现代绘画、雕塑、电影、摄影等各种艺术密切相关，形成了多途径、多形态的互动交流，不断丰富着建筑的形式与内容。在当代，艺术跨界更是成为各门类艺术不断发展、再生活力的主要途径之一，建筑教育、建筑设计以及建筑学科进程也无不体现出这种日益频繁的趋势。

　　郑时龄院士计划出版的这部《建筑与艺术》专著，显然是为弥补国内建筑学科以往相关学术建设的不足而著。书的内容不仅论述建筑与雕塑、绘画、摄影与电影等视觉艺术的各个领域的关系，而且还包括了建筑与文学、音乐等更广阔的艺术世界的联系和互动，并有国内外相关领域的经典和前沿理论为思想基础。因此，该书的编纂出版将是对新时期中国建筑学理论发展的一次重要贡献，并在推动当代建筑学教育增强人文艺术内涵、拓展建筑设计实践的视野和途径、丰厚建筑理论与评论的思想基础和跨学科方法方面，都有显著的意义。同时，跨学科特征也将增强该书的可读性，并会吸引超越建筑领域之外的广泛读者，对于促进建筑艺术与各种艺术的融合产生直接的积极影响。

郑时龄院士长期从事建筑理论、历史和评论的研究和教学工作，建筑理论造诣深厚，治学方式严谨求实，学术成果十分丰富。他曾经出版的《建筑批评学》已经是全国建筑学学科的经典著作和教材。《建筑与艺术》由郑院士策划和撰写，该书的学术品质无疑有了可靠的保障。

特此推荐。

　　建筑与艺术的关系涉及建筑理论的基本问题，无论是艺术还是建筑，都是人们认识并创造世界的方式，建筑与艺术是密切不可分割的人类创造。建筑师和艺术家虽然有不同的话语系统，思维方式和表现方式也不完全相同，但是建筑师和艺术家的哲学思潮、艺术风尚的相互影响，建筑师和艺术家在创作过程中会遵循一些共同的原理和工作方法。艺术家和建筑师在历史上曾经试图创造一种综合各种艺术的总体艺术，试图建立建筑作为总体艺术的地位，使建筑艺术成为包容一切艺术的艺术，主张艺术家应当是"全面的人"，并使未来的社会成为"总体建筑"。

　　建筑是特殊的艺术体系，建筑艺术经历了社会的、技术的、文化的和审美的演变，必须从时间和空间的维度中加以认知。建筑与艺术都象征着生命，建筑和艺术始终在探索新的方向。建筑和艺术都意味着创造性，不可预知的新情况总是会源源不断地出现。建筑和艺术都是复杂、开放、拓展和变革的领域，同时也有蕴涵其中的看不见的意义和价值，新的条件和案例层出不穷，新的形式和新的运动也总是会出现。

　　今天，建筑师从事的领域在许多方面都与艺术家交叉，建筑师的建筑设计融合了艺术观念和艺术手法，在培养建筑师的过程中，宽泛的知识和艺术、技术背景，使他们从事的领域可以突破传统的范畴。当代建筑师的跨界活动往往向艺术领域拓展，有不少建筑师同时也是画家、雕塑家、摄影家或艺术设计师。他们画画，做雕塑，进行城市规划和城市设计，同时也设计景观，设计电影场景和舞台布景，从事写作，策展和布展，设计服装，设计家具、灯具和装置等。

尽管现代建筑在 20 世纪初的先锋派革命中往往被排除在艺术之外，绝对的功能主义也排除一切非功能因素。然而现代建筑运动的一些理论家和建筑师其实仍然把建筑作为艺术来看待，主张建筑是具有高度抽象性的艺术，是一种崇高的艺术，艺术仍然是建筑与城市的重要组成部分。在所有的各门艺术中，建筑是不可回避的、无处不在的艺术，也是人们最熟悉的艺术。

艺术的范围十分广泛，当代艺术的核心体系已经有极大的拓展，包括建筑、艺术设计、绘画、雕塑、电影、电视、摄影、音乐、文学、戏剧、舞蹈等。虽然几乎所有的艺术或多或少都与建筑有关，但是一些艺术门类与建筑的关系并不很密切，例如建筑与戏剧、舞蹈等的关系在本书中就没有涉及。作为探索，本书的章节按照建筑与艺术的抽象和具象关系编排，分别是建筑与雕塑、建筑与绘画、建筑与摄影，建筑与电影，建筑与文学，建筑与音乐。由于作者水平和文献资料的限制，这里的讨论显然还比较粗浅，仍然有待今后进一步的拓展和深入研究。本书的目的并非将建筑与艺术混同，而是从建筑美学，建筑与艺术的关联讨论建筑。

目录

第一章

建筑艺术引论

第一章
建筑艺术引论

　　讨论建筑与艺术的关系，首先要理解艺术和艺术体系。无论是艺术还是建筑，都是人们观察、认识并创造世界的方式，也是从不同的领域观察、认识并创造世界的方式。建筑师和艺术家虽然有不同的话语系统，彼此说不同的语言，思维方式和表现方式也不完全相同，然而他们在两千年前就曾经为建筑装饰而在一起工作。[1] 直至今天，建筑师和艺术家仍然经常共同创作。

　　建筑是特殊的艺术体系，建筑艺术经历了社会的、技术的、文化的和审美的演变，必须从时间和空间的维度中加以认知。建筑与艺术都象征着生命，尤其是建筑师和艺术家的思维方式、哲学思潮、艺术风尚的相互影响，建筑师与艺术家从事的工作相互融合。当代建筑正愈益与艺术融合，成为实用艺术和空间实践的艺术，建筑尤其被看作与雕塑在某些方面具有同构的性质。建筑艺术是避免不了的艺术，始终在探索新的方向：

　　"乌托邦冲动思想的发源地是建筑而不是绘画或雕塑……建筑是我们生活中的艺术，它是'杰出的'社会艺术，政治幻想的甲壳，人们的经济美梦的骨架。它也是一种谁也逃避不了的艺术。人们可以没有绘画、音乐或电影而过得很好（在一种唯物意义上），但是没有屋顶的生活却是不愉快的、畜牲一般的、湿漉漉的。"[2]

　　建筑师和艺术家在工作过程中也会遵循一些共同的原理和工作方法，艺术家和建筑师在历史上曾经试图创造一种综合各种艺术的总体艺术。在讨论建筑与雕塑的关系时，美国艺术评论家、策展人、设计师和建筑师，曾经担任荷兰鹿特丹建筑研究院主任的阿龙·别茨基（Aaron Betsky，1958-）提出了一个新的观点：

　　"建筑不是艺术，艺术也不是建筑，尽管两者似乎正在相互趋近。我会认为这并非时尚或不可避免的趋势，这只是两个领域对传统任务的一种回应。完全有可能会形成第三种综合的领域，对此我们还没有找到合适的名称，它也有可能试图重塑现实。"[3]

第一节 建筑艺术

艺术与人类文明一样古老，建筑与艺术有着渊源关系，历史上有无数关于建筑与艺术联姻的例子，尤其是在那些宗教建筑和宫殿建筑中，建筑与艺术的联姻关系是最为显著的。古希腊和古罗马建筑是建筑与雕塑、绘画相融合的整体。中世纪的教堂建筑为绘画、雕塑和音乐提供了整体的空间、场所和灵感，而中世纪和文艺复兴绘画也往往把建筑作为理想的宗教环境。建筑师作为艺术家以及建筑作为造型艺术、视觉艺术的概念始于文艺复兴。

文艺复兴建筑理论家、建筑师阿尔伯蒂（Leon Battista Alberti, 1404-1472）集人文主义者、自然科学家、数学家、建筑师、建筑理论家、音乐家、密码学家、剧作家、画家、诗人、语言学家、哲学家等于一身。他的《建筑论》（De Re Aedificatoria，1452）是文艺复兴时期的第一本建筑理论著作，他在书中对建筑艺术作了论述：

"如果你浏览一下所有的艺术，你会发现只有这一种艺术，你会因此而轻视所有其他的艺术，在关注并追求着它自身特殊的目的；或者如果你的确了解了这样一个特征，你会觉得没有它，你就会一筹莫展；同时，你也会因此而失去由它而来的诸多利益，以及伴随而来的喜悦与荣誉；我相信，你将会确认，建筑学正是这样的一门艺术。"[4]

意大利文艺复兴画家、建筑师和理论家瓦萨里（Giorgio Vasari，1511-1574）在他那本被誉为西方第一部艺术史的《意大利杰出的建筑师、画家和雕塑家传》（Vite de' piú eccellenti architetti, pittori e scultori italiani, 1550）中，将绘画、雕塑和建筑总称为"设计艺术"（Arti del disegno）。

一、什么是艺术

"艺术"是一个可以广泛应用在社会和日常生活不同领域的名词之一，广义的艺术可以用来描述任何精致、巧妙、熟练、大气的手段和活动，诸如外交艺术、谈判艺术、军事艺术、杂技艺术、管理艺术、烹饪艺术等，但是我们通常所说的艺术显然不是这类不是艺术的活动。

在中国的传统观念中，"艺术"是一个综合的、总体的概念，分为"艺"和"术"两个方面。"艺"是礼、乐、射、御、书、数六艺的简称，"术"指"方术"，包括医、方、卜、筮等术艺。[5]

什么是艺术？这个问题始终困扰着哲学家、美学家、艺术家、艺术理论家、文化人类学家，有无数的论著讨论什么是艺术，讨论艺术的必要条件和充分条件，讨论其外显特征和内隐特征。甚至认为不存在艺术，只有艺术家。奥地利裔英国史学家贡布利希（Ernst Gombrich，1909-2001）在《艺术的故事》（The Story of Art, 1950）的开宗明义中就否定艺术："实际上没有艺术这种东西，只有艺术家而已。所谓的艺术家，从前是用有色土在洞窟的石壁上大略画个野牛形状，现在则

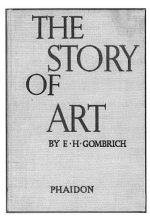

图1-1 《艺术的故事》

是购买颜料，为招贴板设计广告画；过去也好，现在也好，艺术家还做其他许多工作。只是我们要牢牢记住，艺术这个名称用于不同时期和不同地方，所指的事物会大不相同，只要我们心中明白根本没有大写的艺术其物，那么把上述工作统统叫做艺术倒也无妨。"[6]（图1-1）。

也有的观点认为艺术就是艺术品，主张把艺术规定在具体的艺术品的含义上，认为"艺术是各种艺术作品的总称"。[7]而艺术品只有在某种人工制作的物质成为审美对象时，才成为艺术作品。

古希腊哲学家柏拉图（Plato，公元前428/427- 前348/347）将艺术定义为"模仿"，亚里士多德（Aristotle，公元前384- 前322）认为"艺术是再现""艺术即认识"，英国艺术评论家克莱夫·贝尔（Clife Bell,1881-1984）认为"艺术是有意味的形式"，英国哲学家、历史学家、考古学家科林伍德（Robin George Collingwood,1889-1943）认为"艺术即表现"，德国哲学家海德格尔（Martin Heidegger，1889-1976）认为"艺术即真理"，美国哲学家莫里斯·魏兹（Morris Weitz，1916-1981）认为"艺术即无定义"等等。关于艺术最传统的定义是"美"，艺术是美的显现，但是正如托尔斯泰（Лев Николаевич Толстой，1828-1910）在《什么是艺术》中所质疑的，用美来规定艺术的本质是否正确。尽管黑格尔把美静态地界定为"理念的感性显现"，实质上，美也不可能清晰地加以界定。

马克思主义美学主张"艺术是人对现实的审美关系的最高形式。"[8]在这个美学体系中，艺术是具体的历史现象，艺术也是某种以一定方式实现了的社会物质事实，艺术品是人对现实改变、加工的精神活动的结果，是人表达理想的创造。匈牙利马克思主义哲学家、美学家和文艺理论家卢卡奇（György Lukács,1885-1971）从反映是理解一切人类活动的基础、反映是人类社会存在的基本要素出发，认为艺术是对现实的辩证再现。[9]卢卡奇认为人的认识归根结底并不是一个构造乃至创造的活动，而是一个发现的活动，因此，他的反映论不同于对现实的照相复制。

事实上，要想为艺术和不同的艺术作品找到某种共性是完全不可能的，不同的艺术体系在形式、功能、材料、技艺等方面有着千差万别。应当说，不可能用一则简单的定义来概括艺术，也许更全面有效的是同时从各个方面，本质的、功能的、程式的方面形成一个综合的开放性的概念。而且需要对不同的艺术体系分别定义，不同的艺术体系之间的差异多于共性。在当代的社会环境中，艺术包罗万象，艺术品层出不穷。因此，有相当多的论点认为无法界定艺术，宣称艺术天生排斥定义。德国法兰克福学派哲学家、社会学家、作曲家阿多诺（Theodor W. Adorno。1903-1969）在他的美学经典著作《美学理论》（Aesthetische Theorie,1970）中指出："艺术的概念难以界定，因为它有史以来如同瞬息万变的星座。艺术的本质也不能确定，即便你想通过追溯艺术起源的方法，以期寻求某种支撑其他所有东西的根基。"[10]

关于艺术的认知受到时代的制约，与今天的科学技术的发展以及知识和信息的传播手段相比不可同日而语。因此，艺术是一个开放的概念，艺术也是一个不断变化发展的领域，我们通常所说的艺术并不具有统一性。所有艺术的分支都有兴衰存亡，新的艺术种类会产生，而有些艺术的种类会被排除在艺术世界之外。历史上艺术的概念曾经包含工艺和科学，随后又排斥它们。曾经排斥诗歌，随后又包含它。艺术是一个文化现象，人们可以为构成艺术价值的审美要素做出某种限定，如均衡、构图、结构、美、适宜、再现、表现、优雅、崇高、气韵、"有意味的形式"，甚至生态、绿色等。此外，某件艺术品的艺术地位的确立往往是艺术活动和非艺术活动的结果（图1-2）。

艺术本身就意味着创造性，不可预知的新情况总是会源源不断地出现。实质上，艺术是一个复杂、开放、拓展和变革的概念，艺术的复杂还在于蕴涵其中的看不见的意义和价值。新的条件和案例层出不穷，新的形式和新的运动也会出现。美国哲学家李普曼（Matthew Lipman,1923-2010）在《当代美学》（*Contemporary Aesthetics*，1973）中指出：

"艺术有一种广延性、探索性，因为艺术中不断出现变化和创新。"[11]

关于艺术的定义，理论界往往围绕艺术界和艺术作品来论证艺术，涉及艺术批评和看待不同艺术体系的方式，从而引发出本质性定义、历史性定义、功能性定义和制度性定义等不同的定义方法。

本质性定义试图找到艺术的本质，艺术的充分条件和必要条件。本质性定义是核心，绝大多数论述艺术的本质都集中在本质性定义上，但是就整体而言，很难为艺术下一个本质性的定义：

"艺术是一个不容易受到本质性定义影响的概念，因为全部艺术作品并不拥有某个共同本质，且这一本质是其据以成为艺术的专属性质。"[12]

图1-2 委罗内塞的《迦拿的婚宴》

图1-3　卢浮宫的参观者　　　　　　　　　　图1-4　柏林的老美术馆

历史性定义采用关系定义，认为艺术是在历史中形成的，是一个家族相似性概念，也称簇群概念。艺术是一种进行中的社会实践，具有历史的连续性，既与过去的艺术，又与未来的艺术关联。艺术参照传统的历史边界得以定位，需要凭借艺术史为艺术定义（图1-3）。

功能性定义认为艺术的价值表现在艺术是象征，艺术作品是情感形式的表现性象征，并依此发挥某种功能。艺术是一种目的，是意义和价值的载体，功能性定义主张制定标准或概括特征的方法定义艺术，认为艺术应当根据被高度评价的属性来界定。

制度性定义认为艺术在社会层面上受制于所处的相应体制背景。艺术实际上是一种自律性的体制，具有艺术体制化的特征，正如德国诗人、哲学家、历史学家席勒（Friedrich Schiller，1759-1905）所说："艺术便是那为其自身立法者。"[13]这种制度性的艺术定义根据授予艺术名分的规则，社会语境或体制语境确定什么是艺术，什么不是。诚然，其中有将艺术和艺术品混为一谈的可能性。美国哲学家乔治·迪基（George Dickie，1926-）认为：

"艺术品是艺术，这是因为它们在一种体制语境中占据位置。"[14]

事实上这个体制并未正式建构，这就涉及艺术批评，涉及艺术的意义要素。美国哲学家、艺术批评家阿瑟·丹托（Arthur Danto,1924-2013）把这个动态的体制命名为"艺术界"（art world），艺术界是一种结构化的体制，一个不同体系的集合，也是一种文化实践。[15]艺术界由不同角色——艺术家、批评家、公众、剧院、博物馆、美术馆、画廊、艺术市场、演员等组成的，涉及所有参与生产、推进、批评、保护、销售、收藏等的人员。艺术界也被称为"共同体"（图1-4）。

美国哲学家莫里斯·魏兹主张"艺术即无定义"，他认为对艺术的定义是基于对艺术概念的误解：

"正如艺术概念的逻辑性所显示的，艺术是没有一整套必要且充分的类属性的，因此不仅在现实中，就是在逻辑上也不存在一种艺术理论。艺术理论试图定义一种在必需意义上不可定义的东西。"[16]

艺术的历史如同人类的文明一样古老，无论在古代还是中世纪，艺术的范畴要比今天的意义广泛得多，艺术不仅包括美术，也包括手工艺。凡是技艺性的产品，甚至技艺和科学都称为艺术，艺术与工艺并没有严格的区分，甚至科学也是艺术。在古代，社会分工和社会的复杂程度都还处于初级阶段的情况下，社会现象仍然处于简单的状况。艺术是指人的才能，在古希腊时代，艺术就是一门手艺，地位并不高。那个时代没有和我们理解的"艺术"相应的词，在希腊语中最接近的一个词是"技艺"（tekhne），相当于今天的"技术"（technique）。正如科林伍德在《艺术原理》（The Principles of Art,1938）一书中所说：

图1-5　柏拉图

　　　"在希腊人和罗马人那里，没有和技艺不同而我们称之为艺术的那种概念。我们今天称为艺术的东西，他们认为不过是一组技艺而已，例如作诗的技艺。依照他们有时还带有疑虑的看法，艺术基本上就像木工和其他技艺一样，如果说艺术和任何一种技艺有什么区别，那就仅仅像任何一种技艺不同于另一种技艺一样。"[17]

　　最早的艺术体系是由希腊哲学家建立的，从柏拉图的时代开始，历史上就有无数种关于艺术和美学的理论，美和艺术成为美学的核心问题，哲学、美学、艺术史、建筑史、建筑理论、社会学、人类学、心理学、教育学等学科都会涉及艺术。古希腊文和拉丁文中的艺术概念并非现代意义上的"美的艺术"，而是指代工艺和科学的人类活动。柏拉图主张"艺术即模仿（mimesis）"，艺术是对模仿物的模仿（图1-5）。亚里士多德被誉为西方美学思想的奠基人，他认为"艺术是再现""艺术是认识"（图1-6）。他指出知识和艺术都是通过经验获得的，经验是关于个别的知识，而艺术是关于普遍的知识。亚里士多德在他的《尼各马可伦理学》一书中讨论了建筑艺术。柏拉图和亚里士多德都认为"艺术即形式"。柏拉图和亚里士多德的艺术体系包括诗歌、音乐和舞蹈。[18]

图1-6　亚里士多德

　　由于知识和认知的局限，古典文化时期的艺术体系尚不完整，迦太基律师、韵文作家马蒂安鲁·卡佩拉（Martianus Capella，活动期410-420）是最早提出七艺（the seven libral arts）的学者，他的七艺序列包括语法、雄辩术、算术、几何、天文学和音乐，除音乐外，其他的自由艺术实际上应当列入科学。在卡佩拉以前的古罗马学者和作家瓦罗（Marcus Terentius Varro，公元前116- 前27）的体系中还包括建筑和医学。[19]

　　公元8世纪卡洛林文艺复兴时期的英国学者和诗人阿尔昆（Alcuin of York, 约735-804）在为查理曼大帝设计遍布神圣罗马帝国的教育课程表时，提出了"文科七艺"：语法、逻辑学、修辞学、算术、天文学、地理学和音乐。[20]

中世纪圣维克托修道院的于格（Hugh of Saint Victor，约1096-1141）陈述了相应于七门自由艺术的七门技工艺术的系列：编织、装备、商贸、农业、狩猎、医学、演剧，建筑、雕塑以及绘画的不同分支连同其他的技艺被列为装备（armatura）的亚类[21]（图1-7）。

文艺复兴时期，艺术家的地位得到提高，美术从手工艺和科学中分离出来，出现了"设计艺术"（arti del disegno）的概念，将文法、诗歌、修辞、绘画、建筑、音乐定义为自由艺术。[22] 这个时期也将艺术冠以"高贵的艺术""纪念性的艺术""文雅的艺术"等。意大利文艺复兴后期建筑师、建筑理论家斯卡莫齐（Vincenzo Scamozzi，1552-1616）则统称其为"美术"，直至"法兰西学院派"兴起后，"美术"（beaux arts）或者说"造型艺术"的说法才被普遍接受，并流传至今，造型艺术的统一性为美的理想所取代（图1-8）。

16世纪关于"美术"这一名称和概念的确立使艺术的范畴发生了变化，17世纪的法国作家、法兰西学院院士夏尔·佩罗（Charles Perrault，1628-1703）提出了八门"美术"体系：修辞学、诗歌、音乐、建筑、绘画、雕塑、光学、机械学。[23]

18世纪以后，由于美术成为一门独立的学科，与建筑分道扬镳之后，美术与建筑的对话才有所改变。[24]"艺术"和"艺术家"的现代观念是在18世纪的欧洲形成的，法国哲学家、美学家夏尔·巴托（Charles Batteux，1713-1780）确立了美的艺术的现代体系，在他的论著《统一原则下的美术》（Les beaux arts réduits à un même principe，1746）中，他试图将当时已有的关于美与鉴赏的理论整合成一个原则，将艺术的外延加以固定，他的观点在欧洲被广泛接纳。[25] 巴托的体系由以愉悦为目的的美术与机械艺术组成，美术包括音乐、诗歌、绘画、雕塑、舞蹈，愉悦与实用结合的艺术包括修辞学和建筑（图1-9）。

法国数学家、哲学家、音乐理论家，《百科全书》（Encyclopédie）的编辑达朗贝尔（Jean le Rond d'Alembert，1717-1783）将知识体系划分为哲学和"由模仿构成的认知力"，包括建筑、绘画、雕塑、诗歌和音乐，并将建筑归入模仿艺术。[26] 自此之后，工艺是工艺而非艺术，科学是科学而非艺术，由此建立了新的艺术概念。工艺和科学

图1-7　圣维克托修道院的于格

图1-8 文艺复兴的发源地佛罗伦萨

图1-9 《统一原则下的美术》

图1-10 达朗贝尔

被排除在艺术之外，使艺术的范畴变得更为狭窄（图1-10）。

德国哲学家和教育家鲍姆加登（Alexander Gottlieb Baumgarten, 1714-1762）创造了"美学"一词，并将美学定义为"美的科学"，使艺术理论在18世纪形成了科学的体系，奠定了艺术理论和艺术史的基础。美学的法则和艺术理论成为哲学的分支，建筑从属于美术，建筑理论从属于艺术理论。建筑与艺术的分离只是由于大部分艺术史学家和艺术理论家并不能兼通建筑，从而使建筑与艺术疏离，只是在美学中才又综合在一起，美学成为哲学的主要关注对象之一（图1-11）。

由德国哲学家、启蒙运动思想家康德（Immanuel Kant，1724-1804）和黑格尔（Georg Wilhelm Friedrich Hegel, 1770-1831）建立的古典美学关于艺术的体系至今仍具有深远的影响，成为艺术体系的核心（图1-12）。康德认为"艺术即可传递的快感"，艺术是人类理性的自由的有目的的产品。在康德的艺术体系中，存在三种美的艺术：语言的艺术、造型的艺术和艺术作为诸感觉（作为外界感官印象）的自由游戏。[27]康德强烈主张艺术同科学和手工艺区别开来，他认为对科学而言，各种规则都是能够提供的，科学是"知"，艺术是"能"：

"艺术作为人们的技巧也和科学区分着（技能区别于知识），作为实践的和理论的机能，作为技术和理论（像几何学中的测量术一样）区别开来。"[28]

应该说康德的艺术修养受到时代的局限，建筑艺术在康德的艺术体系中并不占有重要的地位，建筑与雕塑同属造型艺术第一类中的"形体艺术"，建筑只有通过艺术才能表现诸物的概念，它们的形式不是像雕塑那样以自然存在的那样，而是以有意的目的为规定基础，审美地合目的性地加以表现。[29]

德国哲学家，近代哲学体系的奠基人黑格尔将美学定义为"艺术的哲学"，完善了自鲍姆加登以来发展的古典美学理论。黑格尔认为"艺术即理念"，黑格尔从"美是理念的感性显现"中所说的理念和感性显现的对立面矛盾运动划分由象征型艺术、古典型艺术和浪漫型艺术组成的艺术体系。在他的美学理论中，艺术体系由建筑、雕塑、绘画、音乐和诗歌等组成。[30]建筑在黑格尔的艺术体

图 1-11　鲍姆加登的《美学》

图 1-12　康德

图 1-13　黑格尔

系中已经比康德占据更多的篇幅，有专篇讨论独立的、象征型建筑（图1-13）。黑格尔认为建筑是"外在的艺术"，雕塑是客观的艺术，绘画、音乐和诗歌是主体的艺术。[31] 黑格尔认为建筑艺术的基本类型是象征艺术：

"象征型艺术在建筑里达到它的最适合的现实和最完善的应用，能完全按照它的概念发挥作用，还没有降为其他艺术所处理的无机自然。" [32]

黑格尔的美学唤起了艺术现代性的现实意义。[33] 在古典美学时期，由于信息和认知的局限性，当时照相术尚未发明，绘画的传播手段有限，旅行考察也非易事，仅有的建筑类型是石构和木构的教堂、住宅、城堡和陵墓等，因此哲学家和美学家关于建筑的认知只能通过文献记载或他人的转述（图1-14）。尽管学识渊博，关于建筑的认知必然有限。黑格尔在《美学》第三卷论述的古埃及和古希腊和罗马建筑，以及中世纪建筑的依据多为历史的记述，德国的中世纪和文艺复兴建筑也并非都是建筑的典范。黑格尔所论述的思想主要是哲学思辨，因此他判定建筑是一门最不完善的艺术。[34] 音乐是浪漫主义精神的集中体现，诗歌是一种包罗万象的艺术，既是空间艺术，又是时间艺术，成为艺术的最高等级，所以艺术体系在古典美学时期必然受到时代的局限。

德国哲学家和神学家施莱马赫尔（Friedrich Schleiermacher，1768-1834）认为艺术是表现，艺术是富于想象的游戏，这是两个相互补充的定义，把艺术放在个人的特殊性占主导地位的有机活动中。[35] 戏剧、舞蹈、音乐属于表现的艺术，绘画、雕塑和建筑属于想象力促进观念自由的游戏艺术（图1-15）。

德国哲学家和美学家叔本华（Arthur Schopenhauer，1788-1860）认为艺术揭示了现实的本质，让我们了解关于存在的形而上学的真理。他将美的形态分为"壮美""优美"和"媚美"，壮美即康德所定义的崇高。他改造了康德的美学体系，以"观审"（审美直观）来认识普遍的理念，他认为：

"艺术复制着由纯粹观审而掌握的永恒理念，复制着世界一切现象中本质的和常住的东西；而各按用以复制的材料（是什么），可以是造型艺术，是文艺或音乐。艺术的唯一源泉就是对理念的认识，它唯一的目标就是传达这一认识。" [36]

图 1-14 黑格尔的诞生地 　　　　　图 1-15 施莱马赫尔 　　　　图 1-16 叔本华

叔本华根据"意志客体性"的级别将建筑列为最低级别的艺术。[37]造型艺术的级别高于建筑艺术，然后更高的是文艺，他认为诗歌是最丰富和最高尚的艺术。音乐艺术和其他各类艺术不是同等的，音乐是它们的王冠和总和（图 1-16）。

18 世纪关于艺术的体系奠定了艺术哲学的基础，诸如美术、审美情趣、情感、天才、独创性和创造性想象等现代概念也是 18 世纪的发展。[38]在这个艺术体系中，艺术等同于视觉艺术，绘画、雕塑、建筑、音乐和诗歌这五门艺术构成了现代艺术体系不可分割的核心。有时候视观点而异，也会将园艺、版画、装饰艺术、舞蹈、戏剧、歌剧、雄辩术和散文文学也归入这个体系。[39]建筑与艺术作为不同学科的分离只是在 18 世纪才发生的，18 世纪的人们将建筑与绘画、雕塑、音乐、诗歌、舞蹈以及雄辩术列入七种艺术的范畴。尽管 20 世纪初的现代建筑运动瓦解了建筑与艺术的统一关系，但这种统一的意愿和探索却从未中止。而且，由于思想意识的普遍性，建筑与艺术思潮的因缘关系也从未消失，可以说建筑思潮总是艺术思潮的重要体现，甚至推动艺术思潮。

法国艺术史学家、批评家丹纳（Hippolyte Adolphe Taine, 1828-1893）在他的《艺术哲学》（*Philosophie de l'Art*, 1865-1869）一书中，把建筑与诗歌、绘画、雕塑、音乐并列为五大艺术类型。[40]在丹纳的艺术体系中，雕塑、绘画和诗歌属于模仿的艺术，建筑和音乐是不以模仿为出发点的艺术，建筑建立在由互相联系的部分所构成的总体上。[41]

从古典艺术到现代艺术，建筑与各门艺术的关系主要限于建筑与绘画和雕塑，以及作为礼仪的音乐。科林伍德将建筑看作是"艺术"的一种形式，这种意图有一种表现主义的倾向，同时，也意味着人们倾向于把建筑归结为雕塑和绘画一类的造型艺术。艺术史学家和思想家认为：绘画、雕塑、建筑、音乐和诗歌这五种艺术构成了艺术体系的核心。苏联科学院哲学研究所、艺术史研究所在 1960 年编的《马克思列宁主义美学原理》中列出 9 种主要的艺术类型：文学、音乐、建筑、绘画、雕塑、戏剧、电影、舞蹈以及实用艺术。[42]

波兰哲学家、艺术史学家、美学家瓦迪斯瓦夫·塔塔尔凯维奇（Władysław Tatarkiewicz,

1886-1980）在《西方六大美学观念史》（*Dzieje sześciu pojęć*，1976，1980）中将艺术的概念归纳为六个方面：艺术产生美；艺术是再现，或再造现实；艺术创造形式；艺术是表现；艺术产生美感经验；艺术产生激动。[43] 按照这个体系，艺术的范畴十分宽泛，建筑被归入在空间中构成美的理想的艺术。

艺术的外延随着科技和审美的发展也在拓展，例如摄影、电影、电子音乐、抽象绘画，又如景观建筑、工业建筑等。艺术涵盖的内容十分宽泛，艺术可以指某件作品，某个艺术门类，也可以作为一种审美表达方式的总称。《不列颠百科全书》关于艺术是这样表述的：

"用技巧和想象创造可与他人共享的审美对象、环境或经验。艺术一词亦可专指习惯上以所使用的媒介或产品的形式来分类的多种表达方式中的一种，因此我们对绘画、雕刻、电影、舞蹈及其他许多审美表达方式皆称为艺术，而对它们的总体也称为艺术。"[44]

《不列颠百科全书》将艺术划分为美术和语言艺术，将艺术的一端看作是纯审美目的的艺术，另一端是纯实用目的的艺术，从这一端到另一端是一个连续的统一体：

"许多表达形式兼有审美和实用目的，陶瓷、建筑、金属工艺和广告设计可为例证。"[45]

另一种传统分类法划分为：

"文学（包括诗歌、戏剧、小说等），视觉艺术（绘画、素描、雕刻等），平面艺术（绘画、素描、设计及其他在平面上表达的形式），造型艺术（雕刻、塑造），装饰艺术（搪瓷、家具设计、马赛克等），表演艺术（戏剧、舞蹈、音乐），音乐（指作曲）和建筑（往往包括室内设计）。"[46]

在美学史上，就整体而言，建筑没有在美学关注的对象中占据应有的地位，甚至被排除在外。意大利哲学家、历史学家克罗齐（Benedetto Croce, 1866-1952）著有《美学纲要》（*Breviario di estetica*，1912），他主张"艺术是直觉"，否定艺术是物理事实，艺术最根本的特征是意象性。文学、音乐、绘画、雕塑、建筑是由物理媒介和技巧构成的，是心外之物，不是直觉，因而不是艺术。[47] 他认为艺术不能分类，因为直觉是整一不可分的，直觉是一个种，本身不能再作为类，因此反对艺术按门类或体裁分类（图 1-17）。

图 1-17　克罗齐

在法国经济学家、社会理论家雅克·阿塔利（Jacques Attali,1943-）的（《21 世纪词典》，*Dictionaire du XXI Siècle*1998）中，艺术包括绘画、雕塑、音乐、文学、戏剧、电影、工艺品等传统的艺术，虚拟艺术成为第八种艺术，同时还有亲身体验的艺术，但是建筑不在艺术的范畴中。[48]

历史上一直有观点认为艺术已经终结，艺术世界正在演变，艺术成为某种程度上属于一切人的东西，甚至认为"一切皆为艺术"。

二、中国的传统艺术体系

图 1-18　红黑彩绘陶罐

大约 8000 年前，人类开始定居的新石器时代，在中国已经出现了精美的玉质礼器和带有纹饰的彩绘陶器，可以说是最古老的原始艺术。在 5000 ~ 3000 年前的仰韶文化中，已经有村落和墓地，发现了灰陶和红陶艺术器皿，多采用几何形纹饰，也有鱼形和人面纹饰。[49] 由此可见中国最早的艺术是与实用艺术以及装饰艺术联系在一起的（图 1-18）。

大约公元前 1900 ~公元前 1600 年时期的商代出现了青铜文化，青铜器是中国主要的艺术形式之一，精美的青铜祭祀器具说明了雕塑艺术已经相当普遍，也出现了建造在台基上的宫殿。[50]（图 1-19）。青铜艺术表现动物形象和人物塑像，艺术母题有绳纹、刻划纹、虎纹饰、鸟纹饰、饕餮纹、龙纹等，也出现了陶俑和石雕。

先秦时期的"乐"是集诗歌、音乐、舞蹈为一体的综合艺术，是中国最早的艺术体系。[51] 公元前 11 世纪~公元前 6 世纪的《诗经》收录了关于宫殿和宗庙的记述，提供了古代建筑高台广厦的景象（图 1-20）。战国时期已经有彩绘木俑和绘画，已知现存最早的绘画是公元前 3 世纪楚国墓葬中出土的帛画，同时发现了书写和绘画工具[52]（图 1-21）。

秦汉时代的音乐、建筑、壁画、浮雕、刻像、画像石、书法和装饰艺术都达到了很高的艺术水平，音乐被定为艺术之一尊。[53] 汉代的画像石和画像砖既是绘画，也是图案，又是浮雕，是中国特有的艺术。在魏晋时代，有"为艺术而艺术"的各种艺术形式，树立了自觉的艺术意识。出现了人物画，以东晋年间画家顾恺之（字长康，348-409）的绘画为代表，顾恺之精通诗文、书法、音乐和绘画。

图 1-19　秦代的宫殿复原图

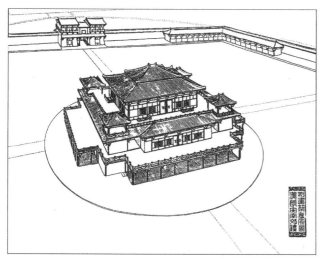

图 1-20　周代明堂复原图

图 1-21　楚国的御龙帛画

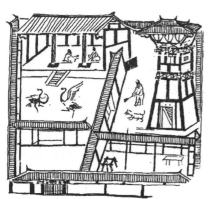

图 1-22　汉画像石中的建筑

图 1-23　佛教造像

在书法方面则以号称书圣的王羲之（字逸少，303-361）为代表，他把文字从应用提升为艺术，书法艺术在唐代得到了很大的发展（图 1-22）。

随着佛教于公元 1 世纪传入中国，佛教艺术也进入中国，雕塑、建筑、绘画和音乐繁荣发展，壁画和石刻艺术达到很高的艺术水平。公元 366 年起的敦煌千佛洞开始就山凿窟造像，由壁画和绢画组成的绘画和雕塑艺术历经北魏、隋、唐、宋、元各朝上千年的不断增添和积累，成为佛教艺术的宝藏，留下 2400 余尊彩塑佛像（图 1-23）。

中国传统绘画的门类包括人物画、山水画、花鸟画、肖像画、仕女画、历史故事画等。公元 4 世纪出现了以山水作为背景的壁画，6 世纪出现了山水画，8 世纪开始盛行，成为独立的艺术门类。

10～12世纪是山水画最辉煌的时期，山水画取代人物画而占据了中国绘画的主导地位，直到清代中期才被花鸟画取代。[54]大约从4世纪开始，有一种称之为"界画"，按比例以宫室、楼台、屋宇等建筑为题材的绘画门类，属于山水画的一种，与建筑有着十分密切的关系（图1-24）。

我国古代除《乐记》外没有对艺术作综合研究的著作，我国古代的艺术理论从未将建筑纳入批评的范畴，而当代艺术理论也只研究"一般艺术学"相关的音乐、美术、设计、戏剧戏曲、电影、广播电视、舞蹈，不包括文学、建筑和园林。[55]梁思成在1957年写的"中国的艺术与建筑"一文中说：

"中国古人从未把建筑当成一种艺术，但像在西方一样，建筑一直是艺术之母。正是通过作为建筑装饰，绘画与雕塑走向成熟，并被认作是独立的艺术。"[56]

中国古代建筑有着辉煌的历史，"建筑"作为一个名词在宋代已经出现，而有关建筑的概念早在春秋时期已经存在。[57]由于历史上的自然灾害和人为的破坏，以及朝代和宗教的兴废，公元8世纪以前的建筑没有留存下来。只有从汉画像石以及石窟寺的构造和壁画中可以认识建筑的外观和构造（图1-25）。现存最早的木构建筑是五台山南禅寺大殿（始建于公元782年）和佛光寺大殿（公元857年）。

中国的古典艺术理论涉及文艺，包含"文"和"艺"两类艺术，"文"是指文章，包括诗、赋、词、曲、小说、散文等。"艺"是指技艺，包括音乐、书法、绘画、戏曲等。[58]在中国艺术理论中，根据文献典籍，列入艺术体系的有诗、文、绘画、书法、雕塑、器皿、音乐、舞蹈、戏曲、建筑、园林和工艺美术。[59]英国艺术史学家迈克尔·苏立文（Michael Sullivan，1916-2013）的《中国艺术史》（*The Arts of China*，1967）将绘画、书法、雕塑、陶瓷、器皿、织物、建筑、装饰艺术、园林和装饰艺术等纳入中国的艺术体系（图1-26）。

中国古代很早就有绘画和雕塑，但没有"美术"一词，近代以后，新名词"美术"才进入中国的语境，"美术"就

图1-24 明代沈周的《庐山高图》

图1-25 唐代壁画中的建筑

（a）中国古典园林的空间叙事

（b）中国园林艺术

图 1-26　中国艺术

图 1-27　近代建筑——上海通商银行

是艺术。清代末年以来，西方的艺术作品和艺术思想传入中国。在西方哲学思维方式的启发下，对中国的传统艺术进行总结性的研究，教育家和艺术家提出艺术和国民素质的关系问题。[60] 近代艺术理论讨论美术和一般艺术，翻译家和教育家严复（原名宗光，字又陵，后改名复，字几道，1854-1921）将文学、诗歌、音乐、绘画、雕塑、宫室建筑称为美术。教育家、美学家蔡元培（字鹤卿，号民友，1868-1940）认为狭义的美术包括建筑、雕塑和绘画，也包括音乐、文学、一切精致的物品以及美化的都市等。政治家、学者和教育家梁启超（字卓如，号任公，1873-1929）倾向于将文学和戏曲排除在美术之外。国学大师王国维（字静安，1877-1927）将诗、小说和戏曲看作美术的顶点。作家和思想家鲁迅（原名周树人，字豫才，1881-1936）的艺术研究对象均涉及建筑[61]（图 1-27）。

建筑纳入艺术属于近代的概念，直至清末建筑的学科性质仍属于工学，民国以后发展了对建筑的艺术性质的认识，并在美术学校中设立建筑系。[62] 民国时期的画家、雕塑家、建筑师和艺术教育家刘既漂（1901-1992）在 1927 年 12 月刚从巴黎美术学院毕业不久，就发表了题为《中国新建筑应如何组织》的论文，主张兴办建筑教育，组织建筑研究会和政府的专设建筑机构。他在建筑是一种美术的前提下，提出"美术建筑"的概念，提倡建筑艺术，将建筑分为普通建筑和美术建筑两类：

"美术建筑的本身，是艺术和科学两者合作而产生的，同时利用就地自然界之赐，或艺术家个性之表现，及时代思想之变迁而成。"[63]

刘既漂系统地介绍西方的建筑思想，在新文化运动的背景下，提倡"美术建筑"和中国建筑的民族性，试图把本土的艺术风格嫁接到现代建筑形式之中，将建筑的艺术性看作是中国建筑的新风格，美术建筑成为建筑的一种类型。

从艺术分类的美学原则来看，当代的艺术理论将艺术大致划分为五大类型：实用艺术：建筑、园林、工艺美术、艺术设计等；造型艺术：绘画、雕塑、摄影等；表情艺术：音乐、舞蹈等；综合艺术：戏剧、曲艺、电影、电视等；文学艺术：诗歌、散文、小说等。苏立文列入当代艺术的有建筑、绘画、雕塑、装饰艺术和瓷器等。[64]

三、建筑作为艺术体系

由于社会和文化的发展，及科学技术和认知的进程演变，艺术的范畴和类型也在不断地变化，艺术体系也一直处在发展过程中。历史上关于艺术的概念一直在变化，艺术在不同的历史时期具有不同的意义，艺术的定义在古典时代和中世纪、文艺复兴时期和古典主义时期有很大的差异，在现代更是大为拓展。随着现代艺术的发展，艺术的范畴愈益扩展，而边界也愈益模糊，人们终于认识到没有一种艺术的体系能涵盖一切。建筑是艺术，存在建筑艺术体系，但不是所有的建筑物，所有的设计作品都是艺术，正如艺术一样，不是所有的作品都是艺术，需要在建筑艺术的体制内，经过鉴别和批评才得以认定。

文艺复兴艺术的繁荣建立在建筑—绘画—雕塑的统一之上，文艺复兴时期的艺术与建筑成为认识世界，并创造未来世界的工具。艺术的社会和文化地位产生了根本性的变化，大大拓展了艺术体系的内涵，绘画、雕塑和建筑这三门视觉艺术与技艺截然分离。在瓦萨里的影响下，1563 年在佛罗伦萨建立了历史上第一所艺术学院（Accademia e Compagnia delle Arti del Disegno），设在贝卡依艺术府邸（The Palazzo dell'Arte dei Beccai）。学院的建立使画家、雕塑家和建筑师与工匠行会脱离（图 1-28）。

文艺复兴艺术的伟大代表人物莱奥纳多·达·芬奇（Leonardo da Vinci, 1452-1519）和阿尔贝蒂等人就试图将各门艺术加以综合。莱奥纳多·达·芬奇从事的领域包括科学、工程、绘画、雕塑、建筑、音乐、数学、文学、历史、天文学、解剖等。阿尔伯蒂是人文主义者、自然科学家、数学家、建筑师、建筑理论家、音乐家、剧作家、画家、诗人和哲学家。他的《建筑论》是文艺复兴时期的第一本建筑理论著作，他也写过《绘画论》（De Pictura）和《雕塑论》（De statua）等方面的著作（图 1-29）。

建筑与艺术的联姻也体现在艺术家建筑师身上，瓦萨里在《意大利杰出的建筑师、画家和雕塑家传》中，列举了从意大利中世纪画家契马布埃（Cimabue，活动期约 1260-1302）到拉菲尔（Raffaello Sanzio, 1483-1520）的二百多位艺术家的传记。其中有近 40 位建筑师的传记，在艺术家的传记中也提及了其他一些建筑师，他们被分别称为 "建筑师"（architetto）和建筑家（architettore）、"工程师"（ingegnere）、"雕塑家"（scultore）、"雕塑家和建筑师"（scultore

图1-28 佛罗伦萨艺术学院所在的贝卡依艺术府邸

图1-29 阿尔伯蒂的《建筑论》

（a）封面 （b）内封面

图1-30 瓦萨里的《意大利杰出建筑师、画家和雕刻家传》

et architetto）、"画家"（pittore）、"画家和建筑师"（pittore et architetto）、"画家、雕塑家和建筑师"（pittore, scultore et architetto）。

被列为雕塑家和建筑师的有尼克罗·毕萨诺（Nicolo Pisano，约1220/1225-约1284）、巴乔·达尼奥罗（Baccio d'Agnolo，1642-1543）、菲利波·布鲁内莱斯基（Filippo Brunelleschi，1377-1446）、米开罗佐·迪巴尔托洛梅奥（Michelozzo di Bartolommeo，1396-1472）、朱利亚诺·达·马亚诺（Giuliano da Maiano，1432-1490）、弗朗切斯科·迪·乔尔吉奥（Francesco di Giorgio，1439-1501）、贝内代托·达·马亚诺（Benedetto da Maiano，1442-1497）等，被列为画家和建筑师的有拉斐尔、巴尔达萨雷·佩鲁齐（Baldassare Peruzzi，1481-1536）等，被列为画家、雕塑家和建筑师的有马尔加里托内（Margaritone，约1259-1290）、乔托（Giotto，约1266-1337）、安德烈亚·奥加涅（Andrea Orgagna，活动期1343-1368）、安德烈亚·韦罗基奥（Andrea Verrocchio，约1435-1488）、米开朗琪罗（Buonarroti Michelangiolo，1475-1564）等。[65] 瓦萨里本人既是画家、装饰师，又是建筑师和城市设计师，他也是知名的作家和艺术史家（图1-30）。米开朗琪罗被誉为"无与伦比的画家、独一无二的雕刻家、完美无缺的建筑师、卓越超群的诗人和神性的爱好者"。[66]

法国在1648年将"高尚艺术"与"手艺"加以区分，并在1648年2月1日成立美术学院。[67] 在1793年的法国大革命之后被关闭，1795年重新恢复，1816年改组为巴黎美术学院（École nationale supérieure des Beaux-Arts，ENSBA）。这是一所由建筑学院、绘画学院和雕塑学院合成的艺术大学，建筑学专业的学生与绘画专业和雕塑专业学生的基础理论课程和课本都是一样的，并且也在一起上课。巴黎美术学院开创了"学院派"的传统，信奉学院派传统的建筑师将建筑尊崇为一门艺术，学院派也成为一种建筑风格（图1-31）。

法国美学家艾蒂安·苏里奥（Etienne Souriaus，1892-1979）在《各种艺术的对应关系——

比较美学原论》（ *La Correspondance des arts* ，1947 ）中提出的艺术体系中，从艺术是现象的存在这一层面上，把艺术按感觉质料划分为线条、量感、色彩、光线、运动、语音、乐音等七种形式，从事物的存在层面上，把艺术划分为再现艺术和非再现艺术，他把建筑和雕塑都归入空间艺术一类。

一场艺术或文化运动由于涉及哲学和美学思想的变化，可以包罗众多艺术类型，影响范围很广。14 至 17 世纪的文艺复兴运动自不必说，又如部分源于工业革命和启蒙运动，于 18 世纪末在欧洲出现的浪漫主义影响了绘画、雕塑、文学、音乐、建筑等，不仅如此，还影响了艺术之外的科学、史学、教育、社会科学等领域。19 世纪末和 20 世纪初出现的现代主义影响遍及绘画、雕塑、建筑、音乐、舞蹈、戏剧以及众多的艺术流派。20 世纪初在意大利发起的未来主义涉及建筑、绘画、雕塑、文学、戏剧、音乐、舞蹈、电影等艺术，影响遍及欧洲及美洲各国。立体主义的影响也涉及绘画、雕塑和建筑。

我们也可以以艺术体系的集合来界定艺术，这个集合组成可以称之为艺术，这个集合组成也称为艺术世界、艺术界。艺术既是一个集合组成的概念，也是各个组成体系的概念，如绘画、雕塑、建筑等体系，同时也是组成艺术体系的具体艺术作品的概念。每一种艺术都自成一个艺术体系，每个艺术体系都有自身的制度环境，处于这个制度环境中的物品就具有这个艺术体系的艺术地位。对某一种艺术体系的概括很可能无法推及另一种艺术体系。历史上的艺术体系包括了所有的艺术类型，在黑格尔的艺术体系中，也是用各门艺术的系统来界定艺术。[68] 艺术体系是时代特征的表现，随时代的发展而变化，艺术体系是由社会、文化、环境、风俗习惯和时代精神决定的。[69]

就艺术是技艺而言，亚里士多德最早提出了建筑艺术的定义：

"有鉴于建筑是一种艺术，且从根本上说是一种制作能力的理性状态，所以如果没有此一状态，那么艺术就不复存在，反过来凡是此种状态，就必然是艺术。艺术相当于一种制作能力的状态，涉及真正的理性过程。所有的艺术都和生成有关，即是说，去研究考量可以存在，也可以不存在的事物如何生成，事物的本质是在艺术家，而不是在制作出来的东西。"[70]

康德在《纯粹理性批判》中有专篇讨论"纯粹理性的建筑术"，从建筑作为方法论来讨论普遍知识中的科学性因素，而非讨论建筑本身：

"我把一种建筑术理解为种种体系的艺术。"[71]

在黑格尔的艺术体系中，艺术的历史类型分为象征型艺术、古典型艺术和浪漫型艺术，建筑属于象征型艺术，这是一种美的建筑，是"前艺术"（ Vorkunst ），是过渡到艺术的准备阶段（ 图 1-32 ）。黑格尔指出：

"建筑的任务在于对外在无机自然加工，使它与心灵结成血肉因缘，成为符合艺术的外在世界。"[72]

"象征型艺术在建筑里达到它的最适合的现实和最完善的应用，能完全按照它的概念发挥作用，还没有降为其他艺术所处理的无机自然。"[73]

在黑格尔看来，建筑是最沉默的艺术，按照黑格尔的观点，艺术是从象征型开始的，而象征型

图 1-31　巴黎美术学院　　　　　　　　　　　　图 1-32　古埃及的登都尔神庙

艺术是"意义与表现形式还没有达到完全互相渗透互相契合的一种艺术形式。"[74]

关于建筑艺术，叔本华的观点建立在黑格尔的体系基础上，认为建筑艺术与其他艺术的区别在于建筑提供的不是实物的摹本，而是实物本身。叔本华指出：

"建筑艺术和造型艺术，和文艺的区别乃在于建筑所提供的不是实物的拟态，而是实物自身。和造型艺术、文艺不一样，建筑艺术不是复制那被认识了的理念。在复制中是艺术家把自己的眼睛借给观众；在建筑上艺术家只是把客体对象好好的摆在观众之前，在他使那实际的个别客体明晰地、完整地表出其本质时，得以使观众更容易把握理念。"[75]

由启蒙运动启示的"为艺术而艺术"的观念使建筑与艺术逐渐疏离，甚至连建筑本身也往往被排除在艺术之外，这个过程在 19 世纪浪漫主义和印象派盛行的时代得以扩展，直到现代主义先锋派几乎彻底将建筑从艺术中剥离。尽管有不少极端的观点，然而现代建筑运动的一些理论家和建筑师其实仍然把建筑作为艺术来看待。

此外，当代艺术的领域正在拓展并消解，并涵盖着十分宽泛的领域。早在 1962 年，美国艺术史学家、耶鲁大学教授乔治·库布勒（George Kubler，1912-1996）就认为，艺术品的范围应该包括所有的人造物品，而不仅是那些非实用的，美观的和富有诗意的东西（1962）（图 1-33）。

自 1980 年代以来，现代艺术的定义与现代性的思想相联系。[76] 在这个网络、多媒体和技术快速发展的时代，艺术、艺术表现和传播艺术、体验艺术的方式都在发生根本性的变化。在这方面，当代建筑与其他艺术相比更具有代表性，建筑有时候走在时代的前面，其先锋性甚至超越了许多其他的艺术领域。

自 20 世纪 90 年代中叶以来，关于非形式艺术的观念，更是模糊了建筑与艺术的边界，对建筑的影响是显而易见的。以《越界：超越房屋的建筑》（Out There: Architecture beyond Building）为主题的 2008 年第 11 届威尼斯建筑双年展也表现出建筑转向装置艺术的倾向。关于建筑是否是艺术的论争一直延续至今天，建筑与艺术的边界也越来越模糊，在后现代建筑理论中，建筑与艺术的关系始终是核心问题。

许多艺术史学家、建筑理论家和建筑师都认识到建筑是一门伟大的艺术，然而由于建筑的特殊性，艺术理论家和哲学家撰写的美学史没有给予建筑以应有的地位。艺术史曾经将建筑归入造型艺术，几乎在所有的艺术史中，建筑都是主要的论述对象之一。而建筑史虽然没有论述其他非造型艺术的章节，但是也总会涉及其他艺术，建筑的思潮在许多方面都与当时的艺术思潮密切相关。

图 1-33　当代艺术作品

尽管现代建筑在 20 世纪初的先锋派革命中往往被排除在艺术之外，尽管有不少极端的观点，然而现代建筑运动的一些理论家和建筑师其实仍然把建筑作为艺术来看待，艺术仍然是建筑与城市的重要组成部分。现代建筑的创导者和理论家雷纳·班纳姆（Reyner Banham，1922-1988）也强调：

"建筑是一种必不可少的视觉艺术。无论承认与否，这是一个文化历史性的事实，建筑师受到视觉形象的训练与影响。"[77]

当代艺术的核心体系已经有很大的拓展，包括建筑、艺术设计、绘画、雕塑、电影、电视、摄影、音乐、文学、戏剧、舞蹈等。在当今文化的发展愈益成为城市的核心目标的条件下，由于功能和技术的进步，也由于观念的变化，当代建筑艺术已经与 20 世纪有极大的差异，当代建筑如万花筒般的新形象使建筑超越了历史上的造型维度，也成为信息的传媒。建筑的类型、造型和体量使建筑成为城市价值观的显性形象，正如意大利艺术史学家、批评家和策展人杰尔马诺·切兰特（Germano Celant，1940-）所说：

"建筑由于其社会的、政治的、经济的以及传媒的影响作用而使设计无疑成为共鸣的领域，附加的信息赋予建筑新的维度。"[78]

第二节　建筑是空间和时间的艺术

关于建筑艺术有各种定义和表述："建筑是最复杂而又最为综合的艺术"，"建筑是抽象艺术"，"建筑是总体艺术"，"建筑是最大的艺术"，"建筑是人们最熟悉的艺术"，"建筑是不可避免的艺术"，"建筑是社会艺术"，"建筑是空间和时间的艺术"，"建筑是实践艺术"，"建筑是生活的艺术"，"建筑是艺术与技术的综合"，"建筑是最保守的艺术"，"建筑是艺术，建筑又不是艺术"等等。其实，建筑艺术是所有这些定义的总和，任何单一的定义都无法概括如此复杂的建筑艺术。法国建筑师奥古斯特·佩罗（Auguste Perret,1874-1954）曾经说过：

> "建筑，是组织空间的艺术。建筑工程是它的表现。"[79]

一、建筑——无所不在的艺术

在后现代的语境下，艺术是一个开放的概念，新的艺术形式和艺术运动不断出现。就建筑与艺术的关系而言，艺术或者是建筑与城市的一部分，或者是建筑与城市的衔接和过渡的环节，或者起着阐释建筑、建筑与环境的作用。许多城市越来越重视文化的发展，大力资助公共建筑项目和营造公共空间，越来越多的建筑师注重与艺术家的合作，更是推动了建筑与艺术的融合。艺术不再是静态的概念，人们不再以古典造型艺术来衡量建筑，建筑成为生活的艺术、实践的艺术和社会的艺术。同艺术一样，少数人享有建筑艺术的时代已经过去了，建筑成为大众都能参与的艺术。

建筑作为艺术的典型就是崇奉和祭奠神祇的场所以及帝王的宫殿，在这类建筑中，艺术与建筑的形式是为了表现理想和信念，表现权力，在这类建筑和场所中，个人完全服从于集体的意志。文艺复兴艺术体现了人文主义精神，将精神与肉体融为一体，建筑成为拟人化的表现。文艺复兴时期的人们将绘画、雕塑和建筑总称为"设计艺术"和"采用了设计构思的美术"。也有人开始称为"美术"，直至"法兰西学院派"兴起后，"美术"的说法才被普遍接受，并流传至今，设计艺术的统一性为美的理想所取代。艺术史学家认为：绘画、雕塑、建筑、音乐和诗歌这五种艺术构成了艺术体系的核心，而当代艺术的核心体系已经拓展，除文学艺术和音乐之外，还包括装置艺术、艺术设计、戏剧、舞蹈、电影、电视、摄影、广告、装饰、家具、灯具、服装、玩具等。

在所有的各门艺术中，建筑是不可回避的、无处不在的艺术，也是人们最熟悉的艺术。艺术需要人去关注、观赏、学习、研究，但是人们也可以拒绝艺术，人们可以不看绘画作品，不听音乐，不读诗歌，但是不可能不接触、不使用、不观看建筑，无论是祸是福，人们都得接受，生活离不开建筑。可能有人一辈子没有接触过艺术，但是一辈子没有与建筑发生关系的人大概是没有的。无论人们欣赏与否，建筑是每个人都必然会见到，必然要使用的。"建筑是不可避免的艺术。"[80]

建筑是最复杂而又最为综合的艺术，需要人们去体验，去使用，去理解，去维护。无论是在历史上，或是今天的情况，历史的各个时代，建筑艺术都以不同的程度、多种的方式融合了园林艺术、绘画、雕塑、装置艺术、电影、电视、音乐、文学艺术、工艺美术等，建筑已经渗入各门造型艺术之中，相互之间推波助澜，创立了一种新艺术。建筑作为艺术的观点在今天的建筑界已经成为主流，并在许多标志性建筑上得以充分表现。

当代艺术博物馆也将建筑列为展示的重要内容，由美国建筑师菲利普·约翰逊（Philip Johnson, 1906-2005）推动而建立的纽约现代艺术博物馆（MoMa）举办过多次重要的国际建筑展，建筑史上具有里程碑意义的三次展览都与这座博物馆有关，它们是1932年的国际式建筑展，

1975 年的巴黎学院派建筑展和 1988 年的解构主义建筑展。建筑展始终是纽约现代艺术博物馆的主要展览之一，专题介绍某个时代、某个国家和地区、某个流派或某些建筑师的作品。许多传统意义上的艺术展，诸如米兰艺术三年展、威尼斯建筑双年展、圣保罗国际双年艺术展、巴塞尔当代艺术博览会、卡塞尔文献展等，以及我国一些城市的双年展也都把建筑列为展览的内容之一（图 1-34）。

图 1-34 纽约现代艺术博物馆内院

尽管建筑与艺术具有某种松散的统一和类比关系，建筑理论与艺术理论的关系则依然是紧密的。一些理论认为：

"建筑的基本原理是艺术的一般基本原理在某种特殊艺术上的应用。" [81]

历史学家和建筑理论家往往把阿尔伯蒂和米开朗琪罗的论著和作品作为建筑是艺术的例证，现代建筑则以瑞士裔法国建筑师勒·柯布西耶（Le Corbusier,1887-1965）为代表，将立体主义艺术应用于建筑。在勒·柯布西耶看来，建筑是具有高度抽象性的艺术，而且是一种崇高的艺术，意味着造型的创造，智慧的思辨和高超的数学，他主张：

"建筑是一件艺术行为，一种情感现象，在营造问题之外，超乎它之上。营造是把房子造起来；建筑却是为了动人。" [82]

建筑也被称为"建构艺术""特殊艺术""空间和时间的艺术""社会艺术"等。今天，仍然有许多建筑师和建筑理论家赞同建筑是艺术的观点，美国建筑理论家亚历山大（Christopher Alexander，1936-）认为建筑是"感情"，"建筑师被委托的任务就是创造世界的和谐。" [83]

英国建筑史学家威廉·寇蒂斯（William Curtis, 1948-）在他的《1900 年以来的现代建筑》（Modern Architecture since 1900）第一版前言中就明确地表示他所选择的标准是"高度的视觉效果和智性品质。" [84]

建筑是社会、城市空间和场所的艺术，尽管建筑的许多方面与艺术无关，例如构成建筑的技术、设备、功能、管理等，但是并不能抹煞建筑是人们最熟悉的艺术、无法避免的艺术。然而，建筑只有站在工程、物理、机械、经济和工艺的基础上才能成为艺术。

二、总体艺术

自 19 世纪中叶以来，就有一股创造总体艺术（Gesamtkunstwerk, total art, universal art）的思潮，试图使艺术与现实结合，打破美的创造和现实的界限，将美术、戏剧艺术、舞蹈、诗歌和音乐都整合在艺术中。总体艺术这个词最早由德国作家和哲学家特拉恩多尔夫（Karl Friedrich Eusebius Trahndorff，1782-1863）在 1827 年创造，然后由德国歌剧作曲家和理论家瓦格纳（Richard Wagner，1813-1883）在 1849 年的文章中应用和推广。瓦格纳充满社会革新思想，首先提出总体艺术的思想。瓦格纳的歌剧是支配力的表现，甚至具有制服力，用各种不同的感官印象来感染观众，它并非意味着知识，而是一种经验和体会。[85]实际上德文的总体艺术原意是"总汇艺术""综合艺术"（图 1-35）。

英国作家、工艺美术家和空想社会主义者威廉·莫里斯（William Morris，1834-1896）把中世纪的建筑艺术看作是"霸主艺术"（mistress-art），它包括并完善其他一切艺术，其他艺术都为建筑艺术服务，或是作为建筑艺术的组成部分。[86]

包豪斯和风格派都竭力推动建筑与艺术、设计和工艺的联系，包豪斯学校把艺术家、建筑师和艺术设计师聚集在一起，德意志制造联盟试图克服建筑与艺术的分离。德国建筑师格罗皮乌斯（Walter Gropius，1883-1969）倡导一种新艺术，在 1920 年代与德国建筑师和规划师布鲁诺·陶特（Bruno Taut，1880-1935）试图重新建立历史上建筑曾经作为总体艺术的地位，使建筑艺术重新成为包容一切艺术的艺术，主张艺术家应当是"全面的人"，并使未来的社会成为"全面的建筑"（Total architecture，总体建筑），包豪斯的教学将建筑作为核心就是因为注重建筑作为综合艺术的作用。格罗皮乌斯在 1955 年出版了《总体建筑的领域》（*The Scope of Total Architecture*），并在 1962 年修订再度出版（图 1-36）。

他在 1919 年国立魏玛包豪斯纲领中指出：

"所有视觉艺术的最终目标是完善的建筑物！装饰建筑物曾经一度是美术的最高贵的功能，它们是伟大的建筑艺术不可缺少的组成部分。现在艺术各管各地存在着，只有全体手工业工人自觉的、

图 1-35　瓦格纳的歌剧《尼伯龙根的指环》

（a）德绍的住宅　　　　　　　　　　　　　（b）包豪斯教师住宅

图 1-36　格罗皮乌斯设计的建筑

（a）鸟瞰　　　　　　　　　　　　（b）雕塑柱

图 1-37　弗拉格内尔雕塑公园

互相合作的努力才能把艺术从这种孤立状况中解救出来。"[87]

　　总体艺术的理想从未消退，一些德语国家十分注重城市的形象，注重建筑与艺术的关系，瑞士从 20 世纪初就规定公共建筑造价的 0.5% ~ 2% 应当用于艺术。[88]总体艺术在 20 世纪应用在建筑以及电影和大众媒体等领域，现代的环境艺术、大地艺术、偶发艺术以及雕塑公园、主题乐园、游乐场也属这种总体艺术。挪威首都奥斯陆的弗拉格内尔雕塑公园（Frogner Park）中，由挪威雕塑家维格朗（Gustav Vigeland，1869-1943）在 1924 ~ 1943 年间创作的象征主义群雕，包括一座 16m 高的雕塑柱，上面雕刻了 121 个人物形象，周围有 36 组雕塑（图 1-37）。

图1-38 中国园林

图1-39 罗马的巴洛克园林

图1-40 庇第宫庭院中的海战

总体建筑试图消除建筑与绘画和雕塑的界限,是一种综合的结构:"让我们创立一个新的、没有等级区分的手工艺人的行会,等级区分会导致手工艺人和艺术家之间的傲慢的壁垒!让我们一起来询问、设想、并创造未来的新结构,这结构将把建筑、雕刻和绘画综合成一个整体,而这整体有朝一日会从千百万工人手里升到天堂,就像一个新信仰的结晶的象征一样。"[89]

中国的园林实际上可以说是一种总体艺术,融建筑、绘画、文学、书法、雕塑、音乐、戏剧、景观、装饰艺术为一体。在中国的传统观念中,"艺术"是一个综合的、总体的概念,由"艺"和"术"组成,既是形而上的"艺",也囊括了形而下的"技艺",既是自然的,也是人造的(图1-38)。西方的园林也是总体艺术的一种,同样将雕塑、绘画、音乐、戏剧、景观和装饰艺术融汇在建筑中(图1-39)。

早在总体艺术这个概念出现以前,总体艺术就普遍存在于历史上的各种庆典、仪式、节庆、宗教游行以及民间活动中。历史上记载了中世纪的庆典活动,莱奥纳多·达·芬奇和其他文艺复兴艺术家曾精心设计过凯旋仪式,这些演出活动由音乐、诗歌、戏剧、服饰、环境艺术和演出组成,观众即演员,演员即观众。意大利版画家斯卡拉贝利(Orazio Scarabelli)在1589年描绘了在佛罗伦萨庇第宫庭院中的一场模仿海战的演出,场景十分逼真而壮观(图1-40)。

瑞士艺术和文化史学家雅各布·布克哈特(Jacob Burckhardt,1818-1897)在他的《意大利文艺复兴时期的文化》(Die Kultur der Renaissance in Italien,1860)中详细描述了在意大利由艺术家导演的凯旋式游行和狂欢节。[90]17世纪的罗马人会在星期天将纳沃纳广场灌满水,让小船和马车在广场上驶行,18世纪的一幅画(Piazza Navonna Alegrata,1756)描绘了整个欢庆

图 1-41 纳沃纳广场的庆典

图 1-42 伊尼戈·琼斯的中庭设计　　　图 1-43 1851 年伦敦世博会

的场景（图 1-41）。英国画家、建筑师和设计师伊尼戈·琼斯（Inigo Jones，1573-1652）将意大利文艺复兴艺术引进英国，曾经为宫廷化装舞会的表演设计面具和服装，设计可变的舞台布景和装置，在 1605 ～ 1640 年间，设计了 500 多场演出的场景，图 1-42 是他为罗马式的中庭所作的设计（图 1-42）。

　　自 1851 年起举办的历届世界博览会也属于一种总体艺术，融建筑、文化、艺术、工艺美术、活动、庆典、游乐、演艺、科学技术于一体，展示各国的科学技术和文化（图 1-43）。1855 年，法国巴黎举办"农业、工业和艺术世界博览会"，注入了法国文化和艺术的特质，成功奠定了文化艺术的领先地位。当时，法国的现实主义、印象派、后印象派、象征主义艺术都在世博会上展出，宣扬并肯定艺术的价值。在世博会开幕的同时，也举办象征官方肯定的艺术沙龙展。1900 年巴黎世博会建造了美术馆——大宫（Palais des Beaux Arts）作为主展馆之一，成为展示先锋艺术的重要舞台（图 1-44）。

　　世博会引领了艺术和建筑的潮流，甚至影响历史。2010 年 5 月 1 日至 10 月 31 日举办了中国 2010 年上海世界博览会，从世博会的历史来看，世博会也是建筑博览会。由于建筑功能的特殊性和建筑造型的象征性，有些世博会的建筑只是展示内容的舞台布景，是展品的陪衬。由于代表国

图1-44 1889年的巴黎世博会

图1-45 2010年上海世博会俄罗斯馆

图1-46 2010年上海世博会西班牙馆

家和地区，建筑具有重要的符号意义，而建筑的功能则相对比较简单，建筑本身就是展品，就是艺术品，世博会建筑融合了多种艺术的元素。也正因为世博会建筑的短暂性，使建筑师有机会创造特殊的建筑，表现出建筑的创造性。绝大部分世博会的场馆都是独立建筑，基本上可以不考虑环境以及与周围建筑的关系，建筑的造型性就更为突出。世博会的建筑作为原创的作品成为世博会展示的组成部分，建筑的形象显得十分重要。因此，大部分世博会展馆都是"装置艺术"，建筑的造型将文化价值和功能作用融为一体，使建筑成为艺术作品。对博览会建筑人们往往会产生疑问，不知究竟应该将它们归入装置艺术，还是建筑，实际上，它们既是艺术作品，又是建筑，人们将这类建筑称之为"装置建筑"（图1-45）。

由西班牙米拉莱斯—塔利埃布建筑师事务所（EMBT）设计的2010年上海世博会西班牙馆的主题是"我们世代相传的城市"。建筑师力求将展馆的设计摆脱传统盒子型的式样。篮子形状展馆的设计打开了向天井的通道也便于参观者的流动。所有建筑材料都是天然和可持续性环保的，展馆的外墙由8524块不同质地和色彩的藤条板组成的外墙作为装饰，以钢管材料作为整个篮子的建筑结构，自然光线可以通过藤条和钢结构直接透入展馆内。造型像一个可以包容各种文化的绿洲竹篮，以西班牙传统柳条编织手工艺展现建筑的曲面造型。西班牙馆的主创建筑师是塔利埃布（Benedetta Tagliabue，1963- ）（图1-46）。

2004年，意大利热那亚市获选欧洲文化之都，举办了《建筑与艺术1900/2004——建筑、设计、电影、绘画、摄影、雕塑的创造性世纪》(*Architecture & Arts 1900/2004——A Century of Creative Projects in Building, Design, Cinema, Painting, Photography, Sculpture*) 展，其主题显然表明建筑与设计艺术、电影、雕塑等的特殊关系。意大利艺术史学家、批评家和策展人杰尔马诺·切兰特指出：

"当今艺术与建筑的关系在于他们对形象和外观的关注，今天考虑的问题是有赖于图像作用的建造过程的显示性与再现，在图像的表现中，建筑的识别性和传达价值迅速得到展现，将有关的事物理解为承载信息的工具。这些建筑往往不必仅仅有用，具有功能作用，能住人，能生活，而且还是广告、推销、政治和机构的投资。近来的建筑思想优先考虑室外而非室内，优先考虑表面而非结构。建筑趋向于纪念性，对于业主而言具有双重意义，成为业主的品牌，成为业主的公共形象，自我陶醉的形象。"[91]

三、建筑师与艺术和艺术家

法国建筑师让·努维尔 (Jean Nouvel, 1945-) 于1992年在一场蓬皮杜中心的讲座上公开宣称：

"成为一名伟大的艺术家，这可能是每个建筑师的野心，隐秘但真实的野心。"[92]

按照希腊数学家和作家亚历山德里亚的巴普斯 (Pappus of Alexandria，约290- 约350) 的记载，一名建筑师的教育包括理论和实践两大部分。他在大约公元320年指出，理论部分由几何学、算术、天文学和物理组成，实践部分包括金属加工、施工、木工、绘画艺术等。建筑师的培养有着严格的训练过程。

古罗马军事工程师维特鲁威 (Marcus Vitruvius Pollio, 活动年代为公元前46- 公元30年) 主张建筑师应当具备多种学科的知识，掌握各种技术。既要有天赋的才能，又要有钻研学问的本领。建筑师应当擅长文笔，以便做记录而使记忆更加确实。熟悉制图，依靠它们绘在图纸上。通晓各种表现手法，精通几何学，深悉历史与哲学，懂得音乐，知晓医学，了解法律，具有天文学的知识，认识天体运行的规律。总之，建筑师必须是通才，首先是艺术家。[93]在古罗马时期，有三条培养建筑师的途径，首先就是受教于七艺：语法、修辞、逻辑、算术、几何、音乐、天文。然后在大师门下执业，走私人培养的道路。其次是在军队中受训练，从事各种工程实践，逐渐成为一名资深的军事工程师，然后成为一名建筑师，就像维特鲁威本人那样。最后一种方式则是从最下层的工程实践中接受锻炼，逐级成长为一名建筑师 (图1-47)。

文艺复兴时期的建筑师几乎都是全能的艺术家，《意大利杰出的建筑师、画家和雕塑家传》的作者瓦萨里本人既是画家、装饰设计师，又是建筑师和城市设计师，他也是知名的作家和艺术史家。在文艺复兴时期，艺术家有了新的社会地位。艺术家的才能受到更多的尊重，艺术家的行业从手工艺提

图 1-47 维特鲁威向奥古斯都介绍他的《建筑十书》

升为"高级艺术",但是建筑师在这一时期仍然没有与艺术家分离。瓦萨里认为,绘画、雕塑和建筑都有共同的根源,这个根源就是有赖于绘画的能力。建筑师从艺术的角度把握建筑,先是从培养成为一名艺术家开始,然后成为一名建筑师,就像雅各博·达·安东尼奥·塔蒂·桑索维诺(Jacopo d'Antonio Tatti Sansovino, 1486-1570)从一名雕塑家,朱里奥·罗马诺(Jiulio Romano, 1499-1546)从一名画家培养成为建筑师那样。

文艺复兴时期的建筑师、工程师、画家、雕塑家、学者、发明家的身份往往和谐地落在同一个人的身上。米开朗琪罗被尊为超人,他同时是画家、雕塑家和建筑师,写过十四行诗,被人们奉为神性艺术家(il divino artista)。巴洛克建筑大师贝尔尼尼(Gian Lorenzo Bernini, 1598-1680)也同样身兼建筑师、雕塑家和画家,而且在所从事的每个领域都留下了传世杰作。

建筑师从事的领域在许多方面都与艺术家交叉,他们的手伸展到几乎无法想象的广大领域。建筑师的建筑设计融合了艺术观念和艺术手法,即便是正统观念上的建筑师,由于在培养他们成为建筑师的过程中,宽泛的知识和艺术、技术背景,使他们从事的领域可以突破传统的范畴。当代建筑师的跨界活动往往向艺术领域拓展,建筑师跨界设计已经属于家常便饭,有不少建筑师同时也是画家、雕塑家、摄影家或艺术设计师,中外建筑师概莫能外。他们画画,做雕塑,进行城市规划和城市设计,同时也设计景观,设计电影场景和舞台布景,从事写作,策展和布展,设计服装,设计家具、灯具和装置等。

艺术属于建筑师的基本要求,国际建筑师协会《关于建筑实践中职业主义的推荐国际标准认同书》中关于建筑师的职业精神原则和对建筑师的基本要求有 12 项,包括功能,美学和技术,建筑史及理论,城市设计和城市规划,建筑与可持续发展环境,建筑师的社会责任,结构、构造和工程技术,建筑物理,法规和有关程序,项目管理,成本控制等。关于艺术是这样表述的:

"1985 年 8 月,有一批国家首次共同拟定了一名建筑师所应具有的基本知识和技能:能够创作可满足美学和技术要求的建筑设计;有足够的关于建筑学历史和理论以及相关的艺术、技术和人文科学方面的知识;与建筑设计质量有关的美术知识……"[94]

建筑和艺术有许多相似之处,建筑师与艺术家的共同工作也十分有成效,一位英国建筑师(Eelco Hooffman)认为与艺术家的合作可以开拓视野:

"与艺术家一起工作发人深省,一场对话促使我们重新思考自身的状况,并且使我们的思想更

图 1-48 《墙角浮雕组合》　图 1-49　俄国艺术家　图 1-50　勒·柯布西耶在画室中
的作品《革命实验室》

敏锐。一般来说，艺术家似乎专注于作品，并将理念引入现场，而我们倾向于回应已经存在的现象。这就是概念和环境处理方法之间的差异。"[95]

俄国建筑师塔特林（Влади́мир Евгра́фович Та́тлин，1885-1953）也是画家，塔特林曾经为 30 多部戏剧和歌剧设计布景、道具和服装。塔特林应用真实的材料进行拼贴和组合，空间成为绘画因素。[96] 塔特林在 1914 年曾经访问毕加索和勃拉克的工作室，受立体主义艺术家的构成和拼贴启发，他想创造的雕塑是一个可以飞翔的机器。[97] 塔特林在 1915 年用金属、玻璃和木材组合的雕塑作品《墙角浮雕组合》（Complex Corner Relief）与立体主义的联系是显而易见的（图 1-48）。人们甚至认为塔特林对 20 世纪建筑的影响作用不见得比埃菲尔铁塔（1889）对建筑的影响小。[98]

苏联的建筑师与艺术家之间在 1920 年代有着广泛的合作，他们的工作领域相互渗透，相互交换，不仅扩大了创作领域，同时也革新了建筑的形象语言。建筑师和艺术家追求各种艺术的综合形式，装饰街道、广场、绘制宣传画等，艺术也深入生活之中。[99] 先锋派艺术家和理论家马列维奇（Kazimir Malevich，1879-1935）创作了一系列至上主义探索的建构逻辑（Architekton，1926-1927），用作未来建筑和工业产品艺术设计的形象（图 1-49）。

勒·柯布西耶并没有受过正规的建筑学教育，他 15 岁时进入视觉艺术学校学习实用艺术，18 岁在学校学习装饰艺术和绘画，也是他的导师让他选择建筑。[100] 勒·柯布西耶也是一位多产的画家和雕塑家，他在绘画和雕塑上投注的精力与花在建筑上的时间可谓不相上下，他上午在画室画画，下午半天在设计室工作。他曾经说："雕塑家、画家与建筑师是无法严格区分的。"[101]（图 1-50）他的绘画作品经历了新艺术运动、印象主义、立体主义、纯粹主义和超现实主义的风格演变（图 1-51）。

美国建筑师盖里（Frank O. Gehry，1929- ）为蒂芙尼设计的珠宝充满了他惯用的鱼形和扭转形，还用黑金、柏南波哥木等特殊材料，饰以银、钻石和宝石，创造出兰花形、折叠形、管形等形状的首饰。他认为：

"建筑或珠宝并非为所欲为之物，它必须符合特定条件，其挑战就在于既要符合所有条件，又

图1-51 勒·柯布西耶的立体主义绘画

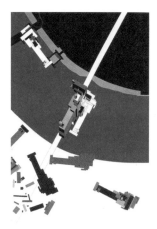

图1-52 扎哈·哈迪德的《马列维奇的建筑逻辑》

要创作出与众不同的作品。"

英国建筑师扎哈·哈迪德（Zaha Hadid，1950-2016）在伦敦建筑协会学校四年级的毕业设计是一座建在泰晤士河桥上的旅馆，题名《马列维奇的建构逻辑》（Malevichs Tektonik，1976-1977），表现手法显然受到马列维奇的至上主义绘画的启示，她的早期设计方案也都表现出马列维奇的影响（图1-52）。在2005年为埃斯塔布里希德父子公司（Established & Sons）设计的用硅有机树脂制作的餐桌（Aqua Table）售价高达2万美元（图1-53）。她为2006年米兰家具展设计了厨房家具，为意大利B&B品牌设计了月光系列（Moon System）的家具参加2007年的米兰设计展，2008年又设计了香奈儿流动艺术展览馆，之后又曾经为梅莉莎（Melissa）和法国的鳄鱼公司（LACOSTE）设计鞋子。2013年为戴维·吉尔画廊（David Gill Gallery）设计冰川系列家具。她也设计过汽车、餐具、茶具、灯具、五金、首饰以及展陈设计等。

意大利的Alessi公司的许多日用品、钟表、餐具也请著名建筑师，包括获得普利兹克建筑奖的建筑师设计。迈克尔·格雷夫斯（Michael Graves，1934-2015）在1984年设计的水壶就是典型的例子。格雷夫斯除建筑设计外，也是优秀的艺术设计师，他的著名的迪斯尼系列产品设计已经广为流传。除此之外，格雷夫斯还设计过餐具、茶具、烛台、钟表、地毯、灯具、鸟窝、信箱、服饰等（图1-54）。他的作品集的编辑亚历克斯·巴克（Alex Buck）和马赛厄斯·沃格特（Matthias Vogt，1955- ）是这样介绍格雷夫斯的：

"迈克尔·格雷夫斯显然是一家超级设计工厂，这家工厂当然生产建筑，但是也从事工业设计、包装设计、室内设计、家具设计、平面设计、珠宝设计、舞台布景和其他种种东西，只要列举他设计的水壶就足以说明。迈克尔·格雷夫斯不仅仅是一位设计过水壶的伟大建筑师，他所构想的水壶创造出一种古老而又新颖产品，并且成为一种标志。"[102]

芬兰当代建筑师佩卡·海林（Pekka Helin, 1945- ）认为：

"建筑不仅仅是一个自由艺术家个人直觉性创作过程的结果，这门艺术具有社会群体性的基础。"[103]

美国建筑师路易·康（Louis Kahn,1901-1974）曾经与日裔美国雕塑家和景观建筑师野口勇（Isamu Noguchi, 1904-1988）在1961～1966年一起合作设计纽约的河滨公园莱维纪念

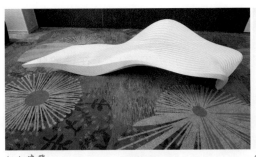

(a) 座凳

(b) 座凳

图 1-53 扎哈·哈迪德设计的座凳

图 1-54 格雷夫斯设计的水壶

图 1-55 耶鲁大学善本图书馆

图 1-56 美国艺术水晶桥博物馆的景观设计

游戏场，这是一处雕塑公园，尽管没有建成，仍然是建筑师和艺术家合作的实例。野口勇的公共艺术作品成为城市建筑环境的重要组成部分，他也设计家具，曾多次与建筑师合作，创造了许多优秀的作品，例如与美国 SOM 事务所建筑师戈登·邦沙夫特（Gordon Bunshaft，1909-1990）在1963 年设计的耶鲁大学善本图书馆，广场上的下沉式庭院由野口勇设计（图 1-55）。摩西·赛弗迪（Moshe Safdie，1938-）设计的位于阿肯萨州的美国艺术水晶桥博物馆（Crystal Bridge Museum of American Art，2011）的景观是野口勇的作品（图 1-56）。

意大利建筑师、设计师和艺术家吉奥·蓬蒂（Gio Ponti，1891-1979）除建筑外，同时从事室内设计、舞台设计、工业设计等，涉及家具、洁具、珠宝、钟表、广告、灯具、家用器皿、餐具、办公用品、服装设计等十分广泛的艺术设计领域，甚至他的艺术设计比他的建筑设计作品要多得多。他在第一次世界大战后就曾经为意大利的游轮公司设计一系列大西洋越洋游轮的船舱室内（图 1-57）。吉奥·蓬蒂也有许多绘画和雕塑作品留存下来，他认为建筑艺术超越实用：

"建筑留存下来因为它是艺术，因为它超越实用。"[104]

创造性的设计要求建筑师富于联想，擅长视觉表达，探索形式语言，并将构思转化为建筑。这个过程在某种意义上与艺术家十分类似，正如一位美国建筑师认为，在领会和理解不同艺术视觉经

（a）游轮室内设计图　　　　　　　　　　　（b）游轮室内设计图

图1-57　吉奥·蓬蒂的游轮室内设计图

验的方式中，有许多相似之处：

　　"在思想的眼睛中，建筑变成了绘画，雕塑变成了建筑，玻璃和水中映像变得比物体和表面更真实。"[105]

　　美国建筑师彼得·埃森曼（Peter Eisenman,1932- ）的建筑与亨利·摩尔（Henry Moore,1898-1986）的雕塑也有相似的表现，例如埃森曼设计的柏林马克斯·莱因哈特大楼（Max Reinhardt House，1992）（图1-58）与摩尔的雕塑"羊"（Sheep Piece，1971-1972）拓扑构图有异曲同工之妙（图1-59）。

　　埃森曼设计的德国亚琛的一座公共汽车候车亭（1996）是装置艺术的代表作，埃森曼为法国的德高公司（JC Decaux）设计了这种可以批量生产的街具，候车亭位于市中心于19世纪形成的大街和埃里森喷泉广场上，周围有一些1970年代建造的办公楼。这件宛如巨蟹的作品用折叠钢板制作，看似规则和重复的支柱其实各不相同，供乘客休息的座椅穿插其中。候车亭采用了鲜亮的灰色和暗金色，以折叠和非折叠形式创造出一种非笛卡儿空间。候车亭既要遮雨，保持视线的通透，还要防止儿童攀援。这件作品既被看作是候车亭，也被描述为是一件雕塑，候车亭的左侧设置了一个电子屏幕，上面有一个小型的电子钟，电子屏幕用作新闻报道，同时兼作广告牌（图1-60）。

　　历届威尼斯建筑双年展所展出的实验性建筑表明，有相当一部分建筑师刻意表现建筑的艺术性。2004年第9届威尼斯建筑双年展的主题是《蜕变》（Metamorph），反映当前建筑进入了改变的年代和持续性的更新，其主旨是让建筑向文化的、社会的和生态的议题开放，展出的许多建筑表现出与环境艺术的融合，展示了建筑世界的多样性，见证了建筑作为生命有机体的演变。

　　盖里的建筑作品显然受到1920年代先锋派绘画的影响，我们可以将他设计的明尼阿波利斯的魏斯曼艺术博物馆（Weisman Art Museum，1990-1993）与俄国构成主义建筑师克林斯基（V.Krinskij, 1890-1971）的人民交谊大厦草图（1919）中复杂而新颖的空间造型构图的相似性

图 1-58 埃森曼设计
的马克思·莱因哈特
大厦

图 1-59 摩尔的"羊"

图 1-60 亚琛公共汽车候车亭

图 1-61 明尼阿波利斯的魏斯曼
博物馆

（a）图纸

（b）图纸

图 1-62 克林斯基的人民交谊大厦

加以对照，它们有着同样的构图特征，同样表现出曲面的形象、残缺的造型、错位、叠置和悬挑。盖里认为，既然建筑是三维的客体，那么就可以成为任意的东西，从而打破了建筑的正统的方盒子造型（图 1-61、图 1-62）。

瑞士建筑师雅克·赫尔佐格（Jacques Her zog，1950-）认为今天每一位建筑师都是明星，所谓明星就是使自己摆脱传统的形象和约束的建筑师。主张：

"明星建筑师必然多才多艺。"[106]

建筑师和艺术家之间密切的关系，在经过现代主义数十年的中断之后正回归本源。建筑师和艺术家的合作会产生神奇的效果，也会启发建筑师思考深层次的问题。赫尔佐格和德梅隆（Pierre de Meuron，1950-）认为：

"我们必须承认，在体验的力度方面，艺术家往往比建筑师更有趣。艺术家将当代面临的问题置于他行动的内心，而建筑师则倾向于认为这些问题令人烦恼，不舒服，甚至回避。"[107]

一位爱尔兰裔英国当代概念艺术家和画家（Michael Craig-Martin，1941-）对赫尔佐格和德梅隆的评价认为他们的工作方式与艺术家相仿：

"赫尔佐格和德梅隆并非从设计的状态着手，他们并没有什么'风格'，他们的工作方法基本上

图 1-63　塔利埃布的大地艺术　　　　　　　图 1-64　越战纪念碑

是概念性的，设计从方案中诞生。人们可以从他们的建筑中辨识他们的思想。他们的思想方法对许多艺术家来说十分熟悉，这种思想方法给他们带来某种表现上的自由，敢于与艺术而不是建筑相结合。"[108]

　　建筑师塔利埃布的设计融合了艺术理念，她的设计方法也是艺术家的方法，往往用大地艺术和电影场景的方式表现建筑及其环境。她在 2018 年"南京 RUNWAY PARK 大校场机场跑道公园文化活动策划与方案设计国际征集"时的方案就是大地艺术。这是一条 2.6km 长，65m 宽的机场跑道，在南京南部新城的规划中，计划将列为历史建筑的机场跑道加以完整的保护。如何使跑道得以保护并再生，植入城市的节庆活动功能是十分复杂的任务。塔利埃布以 9 号云层命题的方案以大地艺术的手法来铺垫这条跑道，跑道成为展开的画卷，同时又为今后不确定的发展留下充分的灵活性。受中国园林的设计手法启示，在跑道的设计上应用了起承转合的手法。受南京的云锦启示，将云锦图案以颜料、鲜花或植物描绘在跑道上，跑道上空有朵朵悬空的人造云彩，加上活动的装置，五彩缤纷，热闹非凡，形成一派节庆的气氛，带来全新的感受和体验（图 1-63）。

　　华裔美国建筑师、设计师、艺术家林璎（Maya Lin, 1954-）以她在大学生时设计的越战纪念碑（Vietnam Veterans Memorial, 1981-1982）而闻名于世，当年从 1421 个参赛方案中脱颖而出。纪念碑以大地艺术的方式植入在大片草坪中，黑色花岗岩纪念碑张开的 V 字形轴线，东边指向华盛顿纪念碑，西边指向林肯纪念堂（图 1-64）。

本章注释：

[1] Jes Fernie. *Two Minds: Artists and Architects in Collaboration*. Black Dog Publishing. 2006. p.9.
[2] 罗伯特·休斯.新艺术的震撼.刘萍君、汪晴、张禾译.上海：上海人民美术出版社，1989.第138页.
[3] Markus Brüderlin. *ArchiSculpture*.Fondation Beyeler. Hatie Cantz Oublishers.2004.p.51.
[4] 汉诺－沃尔特·克鲁夫特《建筑理论史——从维特鲁威到现在》，王贵祥译，北京：中国建筑工业出版社，2005.第21页.
[5] 何久盈、王宁、董琨主编《辞源》，北京：商务印书馆，2015年，第3599页.
[6] 贡布利希.艺术的故事.范景中译.北京：生活·读书·新知三联书店，1999，第15页.
[7] 李泽厚.美学四讲.北京：生活·读书·新知三联书店，2008，第354页.
[8] 苏联科学院哲学研究所、艺术史研究所.马克思列宁主义美学原理.上册.陆梅林等译.北京：生活·读书·新知三联书店，1962.第242页.
[9] 黄应全.西方马克思主义艺术观研究.北京：北京大学出版社，2009.第22页.
[10] 阿多诺.美学理论.王柯平译.成都：四川人民出版社，1998.第3页.
[11] 李普曼编.当代美学.邓鹏译.北京：光明日报出版社，1986.第96页.
[12] 斯蒂芬·戴维斯.艺术诸定义.韩素华、赵娟译.南京：南京大学出版社，2014.第5页.
[13] 瓦迪斯瓦夫·塔塔尔凯维奇.西方六大美学观念史.刘文潭译.上海：上海译文出版社，2006.第25页.
[14] 乔治·迪基."艺术的体制理论".诺埃尔·卡罗尔编著.今日艺术理论.殷曼楟、郑从容译.南京：南京大学出版社，2010.第115页.
[15] 斯蒂芬·戴维斯.艺术诸定义.韩素华、赵娟译.南京：南京大学出版社，2014.第193页.
[16] 莫里斯·魏兹"美学中理论的作用"，载托马斯·瓦尔腾伯格编著.什么是艺术.李奉栖、张云、胥全文、吴瑜译.重庆：重庆大学出版社，2011.第192-193页.
[17] 罗宾·乔治·科林伍德.艺术原理.王至元、陈华中译.北京：中国社会科学出版社，1987.第6页.
[18] 克里斯特勒"艺术的近代体系".邵宏、李本正译.载范景中、曹意强主编《美术史与观念史》(Ⅱ)，南京：南京师范大学出版社，2006.第442页.
[19] 同上页，第445页.
[20] 肯尼思·麦克利什主编.人类思想的主要观点——形成世界的观念.(上).查常平等译.北京：新华出版社，2004.第101页.
[21] 克里斯特勒"艺术的近代体系"，邵宏、李本正译.载范景中、曹意强主编《美术史与观念史》(Ⅱ)，南京：南京师范大学出版社，2018.第447页.
[22] 瓦迪斯瓦夫·塔塔尔凯维奇.西方六大美学观念史.刘文潭译.上海：上海译文出版社，2006.第20页.
[23] 克里斯特勒"艺术的近代体系".邵宏、李本正译.载范景中、曹意强主编.美术史与观念史.(Ⅱ).南京：南京师范大学出版社，2006.第461页.
[24] Jes Fernie. *Two Minds: Artists and Architects in Collaboration*. Black Dog Publishing. 2006. p.9.
[25] wikipedia. Charles Batteux.
[26] 克里斯特勒"艺术的近代体系".邵宏，李本正译.载范景中、曹意强主编.美术史与观念史.(Ⅱ).南京：南京师范大学出版社，2006.第466页.
[27] 康德.判断力批判.上卷.宗白华译.北京：商务印书馆，1993.第167页.
[28] 同上，第149页.
[29] 康德.判断力批判.上卷.宗白华译.北京：商务印书馆，1993.第169页.
[30] 黑格尔.美学.第一卷.朱光潜译.北京：商务印书馆，1979.第103页.
[31] 同上，第113页.
[32] 同上，第114页.
[33] 马克·西门尼斯.当代美学.王洪一译.北京：文化艺术出版社，2005.第32页.
[34] 黑格尔.美学.第三卷.朱光潜译.北京：商务印书馆，1979.第328页.
[35] 凯·埃·吉尔伯特、赫·库恩.美学史.下卷.夏乾丰译.上海：上海译文出版社，1989.第608页.
[36] 叔本华.作为意志和表象的世界.石冲白译.北京：商务印书馆，2010.第257页.
[37] 同上，第296页.
[38] 克里斯特勒.艺术的近代体系.邵宏，李本正译.载范景中，曹意强主编.美术史与观念史.(Ⅱ).南京：南京师范大学出版社，2006.第437页.
[39] 同上，第438页.
[40] 丹纳.艺术哲学.傅雷译.北京：人民文学出版社，1963.第12页.
[41] 同上，第29页.
[42] 苏联科学院哲学研究所、艺术史研究所.马克思列宁主义美学原理.下册.陆梅林等译.北京：生活·读书·新知三联书店，1962.第580页.
[43] 瓦迪斯瓦夫·塔塔尔凯维奇.西方六大美学观念史.刘文潭译.上海：上海译文出版社年，2006.第31-34页.
[44] 不列颠百科全书.国际中文版.第1卷.北京：中国大百科全书出版社，1999.第507页.
[45] 同上，第507页.
[46] 同上.
[47] 朱立元、张德兴等.西方美学通史.第六卷.二十世纪美学.(上).上海：上海文艺出版社，1999.第14页.
[48] 雅克·阿塔利.21世纪词典.梁志斐、周铁山译.桂林：广西师范大学出版社，2004.第18-19页.
[49] 迈克尔·苏立文.中国艺术史.徐坚译.上海：上海人民出版社，2017.第8页.
[50] 同上，第20页.
[51] 夏燕靖、张婷婷.中国古典艺术理论建构研究(上).北京：中央编译出版社，2018.第4-5页.
[52] 刘道广.中国艺术思想史纲.南京：凤凰出版集团江苏美术出版社，2009.第39页.
[53] 同上，第77页.
[54] 王璜生、胡光华.中国画艺术专史·山水卷.南昌：江西美术出版社，2008.第152页.
[55] 凌继尧主编.中国艺术批评史.上海：上海人民出版社，

2011. 第 6 页 .

[56] 梁思成 . 为什么研究中国建筑 . 北京：外语教学与研究
出版社，2011. 第 325 页 .

[57] 徐苏斌 . 近代中国建筑学的诞生 . 天津：天津大学出版
社，2010. 第 11、14 页 .

[58] 夏燕靖、张婷婷 . 中国古典艺术理论建构研究（上）. 北京：
中央编译出版社，2018. 第 7 页 .

[59] 同上，第 47–52 页 .

[60] 刘道广 . 中国艺术思想史纲 . 南京：凤凰出版传媒集团
江苏美术出版社，2009. 第 306 页 .

[61] 凌继尧主编 . 中国艺术批评史 . 上海：上海人民出版社，
2011. 第 450 页 .

[62] 徐苏斌 . 近代中国建筑学的诞生 . 天津：天津大学出版
社，2010. 第 169、184 页 .

[63] 同上，第 196 页 .

[64] 迈克尔·苏立文 . 中国艺术史 . 徐坚译 . 上海：上海人
民出版社，2017. 第 20 页 .

[65] 这份名单选自意大利 Newton Compton Editori 于 2011
年出版的 *Vite de' più eccellenti architetti, pittore
scultori italiani.*

[66] 佩夫斯纳 . 美术学院的历史 . 陈平译 . 长沙：湖南科学
技术出版社，2003. 第 35 页 .

[67] 同上，第 80 页 .

[68] 黑格尔 . 美学 . 第三卷 . 朱光潜译 . 北京：商务印书馆，
1979. 第 17 页 .

[69] 丹纳 . 艺术哲学 . 傅雷译 . 北京：人民文学出版社，
1963. 第 39 页 .

[70] 亚里士多德 . 尼各马可伦理学 . 转引自陆扬、潘道正主
编 . 西方美学思想史 . （上）. 上海：上海人民出版社，
2009. 第 153 页 .

[71] 康德 . 纯粹理性批判 . 李秋零主编 . 康德著作全集 . 第
3 卷 . 北京：中国人民大学出版社，2003. 第 531 页 .

[72] 黑格尔 . 美学 . 第一卷 . 朱光潜译 . 北京：商务印书馆，
1979. 第 105 页 .

[73] 同上，第 114 页 .

[74] 同上，第 143 页 .

[75] 叔本华 . 作为意志和表象的世界 . 石冲白译 . 北京：商
务印书馆，2010. 第 300 页 .

[76] 马克·西川尼斯 . 当代美学 . 王洪一译 . 北京：文化艺
术出版社，2005. 第 122 页 .

[77] 转引自毛里齐奥·维塔 .21 世纪的 12 个预言 . 莫斌译 . 北
京：中国建筑工业出版社，2004. 第 12 页 .

[78] Germano Celant. *Architecture, Kaleidoscope of the
Arts. Architecture & Arts 1900/2004 – A Century
of Creative Projects in Building, Design, Cinema,
Painting, Photography, Sculpture.* Skira. 2004. p.7.

[79] 吉耶·德布赫 . 当代建筑的前世今生 . 徐小薇译 . 北京：
中信出版社，2012. 第 20 页 .

[80] 史坦利·阿伯克龙比 . 建筑的艺术观 . 吴玉成译 . 天津：
天津大学出版社刊，2016. 第 11 页 .

[81] 不列颠百科全书 . 中文版 . 第一卷 . 北京：中国大百科
全书出版社，2002. 第 441 页 .

[82] 勒·柯布西耶 . 走向新建筑 . 陈志华译 . 天津：天津科
学技术出版社，1991. 第 16 页 .

[83] Christopher Alexander in debate with Peter Eisenman
in HGSD News (March/April 1983); 12–17. 转引自
Diane Girardo. *The Architecture of Deceit. Theorizing
a New Agenda for Architecture, an Anthology*

of Architectural Theory, 1965–1995. Princeton
Architectural Press. 1996:389.

[84] William Curtis. *Modern Architecture since 1900.*
Phaidon. 1996:7.

[85] 艾德里安·亨利 . 总体艺术 . 毛君炎译 . 上海：上海人
民美术出版社，1990. 第 4 页 .

[86] 凯·埃·吉尔伯特、赫·库恩 . 美学史 . 夏乾丰译 . 上海：
上海译文出版社，1989. 第 561 页 .

[87] 格罗皮乌斯 .1919 年国立魏玛包豪斯纲领 . 汪坦、陈
志华主编 . 现代西方建筑美学文选 . 北京：清华大学
出版社，2013. 第 36 页 .

[88] Jes Fernie. *Two Minds: Artists and Architects in
Collaboration.* Black Dog Publishing. 2006:8.

[89] 同上，第 37 页 .

[90] 各布·布克哈特 . 意大利文艺复兴时期的文化 . 何新译 . 北
京：商务印书馆，1979. 第 415–417 页 .

[91] Germano Celant. *Architecture, Kaleidoscope of the
Arts. Architecture & Arts 1900/2004——A Century
of Creative Projects in Building, Design, Cinema,
Painting, Photography, Sculpture.* Skira. 2004:3.

[92] 吉耶·德布赫 . 当代建筑的前世今生 . 徐小薇译 . 北京：
中信出版社，2012. 第 20 页 .

[93] 维特鲁威 . 建筑十书 . 陈平译 . 北京：北京大学出版社，
2012. 第 64–65 页 .

[94] 许安之编译 . 国际建筑师协会关于建筑实践中职业主义
的推荐国际标准 . 北京：中国建筑工业出版社，2005.
第 17–18 页 .

[95] Jes Fernie. *Two Minds: Artists and Architects in
Collaboration.* Black Dog Publishing. 2006. p.66.

[96] 卡米拉·格瑞 . 俄国的艺术实验 . 曾长生译 . 台北：远
流出版，1995. 第 104 页 .

[97] Neil Cox. *Cubism.* Ohaidon. 2000. p.61.

[98] A.B. 利亚布申、И.B. 谢什金娜 . 苏维埃建筑 . 吕富珣
译 . 北京：中国建筑工业出版社，1990. 第 13 页 .

[99] 同上，第 15 页 .

[100] Le Corbusier.wikipedia.

[101] 沈奕伶 . 前卫艺术的终身探索——建筑大师柯比意的
绘画与雕塑世界 . 艺术家 .2009 年 9 月号，第 412 期，
第 360 页 .

[102] Alex Buck, Matthias Vogt. *Michael Graves, Designer
Monograph 3.* Ernst & Sihn. 1994. p.6.

[103] 渊上正幸 . 现代建筑的交叉流，世界建筑师的思想和
作品 . 覃力等译 . 北京：中国建筑工业出版社，2000.
第 86 页 .

[104] 吉奥·蓬蒂 . 赞美建筑 . 转引自史坦利·阿伯克龙
比 . 建筑的艺术观 . 吴玉成译 . 天津：天津大学出版社，
2016. 第 103 页 .

[105] 巴里·A·伯克斯 . 艺术与建筑 . 刘俊等译 . 北京：中
国建筑工业出版社，2003.p. IX.

[106] Jacques Herzog. *Lonely.* Hunch. 6/7. 2003. The
Berlage Institute. p.236.

[107] Jacques Herzog, de Meuron. Jes Fernie. *Two Minds
Artists and Architects in Collaboration.* Black Dog
Publishing. 2006.P.110.

[108] Jes Fernie. *Two Minds: Artists and Architects in
Collaboration.* Black Dog Publishing. 2006. p.112.

第二章

艺术流派中的建筑

艺术流派中的建筑

近代以来各种重要的艺术流派和运动，从文艺复兴运动、巴洛克、新古典主义、新艺术运动、立体主义、未来主义、表现主义、现代运动、超现实主义、装饰艺术派、波普艺术、后现代主义等，建筑都作出了重要的贡献，如果没有建筑的参与，这些运动和流派也许就不会那么辉煌，建筑甚至在某些艺术流派和运动中起到引领作用。建筑在文艺复兴运动、新古典主义、装饰艺术派、未来主义和后现代主义等艺术运动中都占有核心地位。

虽然每个艺术流派都有各自的名称、界定和组成，但是相互之间往往是一脉相承或是渗透和融合的。同一个流派在不同的国家和地区也可能有不同的变体和旗号，有时候某位艺术家，某件艺术品，某座建筑可以同时归入不同的流派。即使在同一旗号下的艺术家在长期的艺术生涯中，也往往有个人的思想、理解和表现，呈现出多元的风格和表现，试图为艺术流派和艺术作品打上统一的标签是徒劳无益的。多才多艺的艺术家往往跨界，一位艺术家也有可能同时是画家、雕塑家、诗人，甚至音乐家或建筑师。

人们从艺术中认识到的建筑可能远超过建筑本身，我们的大部分有关建筑的知识和理解往往是通过绘画、电影、电视、摄影、文学和音乐而获得的，这些艺术在很大程度上塑造了人们对建筑的集体记忆，也为后世的建筑提供了参照和启示。

第一节 从文艺复兴到新古典主义

14 世纪至 19 世纪的欧洲的艺术经历了文艺复兴、手法主义、巴洛克和新古典主义的发展，文化、科学、政治、意识形态和经济产生了根本性的变化，艺术领域的革故鼎新使绘画、雕塑、建筑、文学和音乐形成全新的面貌，欧洲也由此进入了现代社会，文艺复兴运动是这一系列艺术运动和流派的主干，其影响甚至进入到 21 世纪。

一、文艺复兴运动

作为一场影响深远的文化运动，从 14 世纪到 17 世纪的文艺复兴艺术涵盖了绘画、雕塑、建筑、城市规划和设计、音乐和文学，建筑成为文艺复兴艺术的核心。文艺复兴运动也引起了科学、政治、宗教以及人文科学等领域的根本变革。文艺复兴运动于 14 世纪从意大利的佛罗伦萨发端，影响遍及意大利，又迅速传播到法国、英国、德国及欧洲各国，瑞士艺术和文化史学家雅各布·布克哈特在他的《意大利文艺复兴时期的文化》中关于文艺复兴的意义有一段精辟的论述：

"在中世纪，人类意识的两方面——内心自省和外界观察都一样——一直是在一层共同的纱幕之下，处于睡眠或半醒状态。这层纱幕是由信仰、幻想和幼稚的偏见织成的，透过它向外看，世界和历史都罩上了一层奇怪的色彩。人类只是作为一个种族、民族、党派、家族或社团的一员——只是通过某些一般的范畴，而意识到自己。在意大利，这层纱幕最先烟消云散；对于国家和这个世界上的一切事物做客观的处理和考虑成为可能的了。同时，主观方面也相应地强调表现了它自己；人成了精神的个体，并且也这样来认识自己。"[1]

文艺复兴唤醒了正在沉睡的古典艺术中的美，文艺复兴时期成为艺术和科学的盛期，思想、宗教、科学和艺术的重大发展使人类进入了现代文明的前夕。文艺复兴时期的主要思想以三个概念为核心：古典人文主义、科学自然主义和文艺复兴的个人主义。[2]

在意大利的城市生活中，文艺复兴运动时期的艺术和音乐一直是崇高生活的组成部分，音乐显示了前所未有的繁荣，诗与音乐融为一体，复调音乐成为音乐发展的顶峰，绘画、雕塑和建筑成为艺术的核心。[3] 文艺复兴扩大了人类的世界视野，强调个人在所有领域的作用，艺术家的社会地位得到提高。文艺复兴运动时期的建筑师往往集画家、雕塑家、工程师、学者、发明家和建筑师于一身，很多建筑师是从雕塑家，或是从画家入行。建筑也将绘画和雕塑融入建筑的整体之中。

阿尔伯蒂是文艺复兴"全才"的典型，由博学者和学者转行为建筑师，他是意大利文艺复兴时期伟大的人文主义者、自然科学家、数学家、建筑师、建筑理论家、音乐家、密码学家、剧作家等，阿尔伯蒂精通拉丁文和希腊文，写过拉丁文的喜剧，以及无数关于社会、文化、美学、绘画的论文和书籍，创导了以柱式和比例为基础的建筑美学，并将毕达哥拉斯推崇的自然数音乐比例关系扩展

（a）远观 （b）内部

图 2-1　佛罗伦萨大教堂的穹顶

到视觉艺术领域。米开朗琪罗既是建筑师，也是雕塑家、画家和诗人，他是现代艺术家的原型。[4]

　　意大利文艺复兴时期的建筑师和雕塑家布鲁内莱斯基的成就包括建筑、雕塑、工程机械、数学和船舶设计，他设计的佛罗伦萨大教堂穹顶（1418-1461）构成了文艺复兴的建筑风格，穹顶内部由瓦萨里绘制湿壁画，建筑与绘画完全融为一体（图 2-1）。意大利画家巴托罗梅奥·鲁斯蒂奇（Marco di Bartolomeo Rustici，约 1392- 约 1457）以铅笔和水彩画表现佛罗伦萨大教堂（Il Duomo, Firenze，约 1450），当属于较早的建筑画（图 2-2）。法国早期文艺复兴画家让·富盖（Jean Fouquet，1420-1481）在绘画中也曾以建筑作为背景或作为主题，他的许多绘画中建筑的表现十分清晰和真实，他的《建造耶路撒冷神庙》（1470-1476）也是最早的建筑画之一，画中表现耶路撒冷一座哥特式神庙的建筑工地（图 2-3）。

　　建筑在文艺复兴绘画中有精彩的表现，壁画也是建筑的重要组成部分。画家和建筑师发现了定

图 2-2　《佛罗伦萨大教堂》　　图 2-3　《建造耶路撒冷神庙》　　图 2-4　拉斐尔的壁画

点透视法，出现了由建筑师所绘的建筑画，应用了定点透视法将建筑空间充分展现，这一透视法影响了欧洲差不多 500 年的绘画。意大利文艺复兴盛期的画家和建筑师拉斐尔在梵蒂冈宫的教皇签字室的壁画《雅典学园》（La scuola d'Atene,1509-1510）中已经预示了新古典主义建筑的理想和宏大空间叙事（图 2-4）。

16 世纪的欧洲出现了艺术上的巴洛克风格（Baroque style），主要的领域是绘画、雕塑、建筑、室内装饰、音乐、戏剧，也影响到城市规划和城市设计等。其特征是，丰富，大胆，强烈的对比和夸张，充满运动感，多采用二元的语汇。

荷兰文艺复兴画家老勃鲁盖尔（Pieter Bruegel the Elder，约 1525/1530-1569）以风景画和乡村风俗画著称，他曾访问罗马的废墟，他的《巴比伦通天塔》（1563）描述圣经中的故事，建筑形象尤其是拱门肖似罗马的大斗兽场，建造通天的塔楼代表着违背神性，建筑的倒塌则象征着罗马帝国的覆灭（图 2-5）。

绘画领域以意大利画家卡拉瓦乔（Caravaggio，1571-1610）、弗莱明艺术家鲁本斯（Peter Paul Rubens，1577-1640）、西班牙画家委拉斯开兹（Diego Velázquez，1599-1660）等为代表（图 2-6）。意大利风景画家卡纳莱托（Canaletto，1697-1768）以威尼斯、罗马和伦敦为题材，画了大量的建筑风景画，场景宏大，融现实和想象在画中，表现了意大利人在节日庆典中的艺术能力。他的《古代大运河畔的画舫》被誉为改变了世界的绘画之一，这幅油画描绘威尼斯大公登上画舫的节日欢乐盛景，细腻地描绘了圣马可广场上的大公府和圣马可图书馆建筑（图 2-7）。

就风格而言，文艺复兴建筑继承了哥特建筑，也在巴洛克建筑中得到传承。发端于意大利罗马的巴洛克艺术从 17 世纪初延续至 18 世纪中叶，传遍整个意大利，又传播至法国、西班牙、葡萄牙以及奥地利和德国南部。建筑师也往往身兼画家和雕塑家，意大利雕塑家和建筑师贝尔尼尼是一位

图 2-5 《巴比伦通天塔》

图 2-6 卡拉瓦乔的《圣马太的召唤》

图 2-7 《古代大运河畔的画舫》

图 2-8 圣彼得大教堂的华盖

图 2-9 米开朗琪罗设计的佛罗伦萨劳伦奇阿诺图书馆的阶梯

多才多艺的艺术家，在雕塑和建筑领域都有传世的作品，他也是画家、剧作家，曾经设计舞台布景和装置，甚至设计舞台机械，他也设计家具和灯具，他的建筑将光影变化和空间完美的加以结合，音乐也成为巴洛克教堂建筑的艺术组成（图 2-8）。

欧洲的巴洛克建筑风格，尤其是由意大利建筑师米开朗琪罗所创导的巴洛克风格，实质上是对古典主义建筑的一种反叛和再创造，巴洛克风格具有明显的修辞性，带有夸张的处理手法，动感、空间创造、具有戏剧性和自由的细部。无论是巨柱式、细腻而又繁复的雕饰、建筑立面上错综凹凸的曲线和曲面、光影变幻和室内外空间强烈的透视效果等，具有刺激性的视觉效果，表现运动和力量的结合，要求多样性而不是统一性。建筑具有产生张力的平面，浑厚的体量，空间穿透和光影变幻，多用在教堂和府邸建筑上。在室内装饰方面，充分利用透视，使壁画与建筑混成一体。英国和法国的巴洛克建筑风格比较有节制，往往与新古典主义风格结合在一起，从而产生出折衷主义风格（图 2-9）。

在巴洛克建筑中绘画和雕塑成为建筑的组成部分，建筑大量采用绘画视觉中的幻象，建筑的室内甚至无法区别建筑与绘画、雕塑的边界。图 2-10 是罗马耶稣教堂（Chiesa del Gesù）的天顶画《耶稣的英名荣耀》（1674-1679），这是意大利画家高利（Giovanni Battista Gaulli，1639-1709）的作品，绘画、雕塑和建筑完全融为一体（图 2-10）。

二、新古典主义

新古典主义是 18 世纪中叶在欧洲兴起的一场艺术领域的古典复兴运动，代表了学院派艺术风格。新古典主义也与欧洲 18 世纪的启蒙运动处于同一时期，跨越的时期相当长，在 19 世纪初进入盛期，其影响甚至一直延续到 21 世纪。覆盖的地区和艺术领域也十分广泛，因而必须将新古典主义作为一个多元的，而不是单一风格的概念来理解。新古典主义延续了自古希腊、罗马直到文艺复兴运动西方建筑的传统，影响遍及绘画、

图 2-10　罗马耶稣教堂的　图 2-11　《拿破仑的加冕》
天顶画

雕塑、音乐、文学、戏剧、装饰艺术、时尚、园林艺术和建筑等。

　　新古典主义不仅仅是古希腊和古典风格的复兴，就建筑学而言，它与理性结构原则的回归及其在建筑中的表现联系在一起。因此也有将新古典主义建筑定义为与 18 和 19 世纪法国理性主义和英国的经验主义联系在一起的建筑风格。[5] 新古典主义起源于德国艺术史学家和考古学家温克尔曼（Johann Joachim Winckelmann，1717-1768）的著作《古代艺术史》（History of Ancient Art，1764）的影响。新古典主义与 18 世纪的启蒙运动同步发展，并延续到 19 世纪初，而新古典主义建筑的影响遍及 19、20 世纪，甚至影响到 21 世纪。

　　新古典主义绘画的代表人物是法国画家雅克－路易·大卫（Jacques-Louis David，1748-1825）和安格尔（Jean-Auguste-Dominique Ingres，1780-1867）等。大卫是法国大革命时代公认的大画家，他画了一系列以历史为题材的画作，绘画表现宏大叙事和恢弘的历史场景，作为绘画场景的建筑表现也十分真实。《拿破仑的加冕》（1806）是他的代表作之一，尽管这个加冕仪式是在巴黎圣母院举行，哥特式建筑被虚假的大理石拱门和壁柱加以掩饰，整个场面犹如化装舞会（图 2-11）。安格尔曾在大卫的画室受教，是学院派古典主义大师，在绘画中也表现了东方主义，他的绘画有深远的影响，印象派画家德加和 20 世纪先锋派画家毕加索、马蒂斯都受到他在构图和色彩方面的影响。

　　意大利建筑师帕拉弟奥（Palladio，1508-1580）把古典柱式带入到古典主义学说和艺术创造的结合之中，将规则进行系统化的阐述，使得他设计的建筑成为整个欧洲崇尚古典风格的建筑师的范式。他的《建筑四书》奠定了古典主义建筑的基础。英国建筑史学家萨莫森（John Summerson，1904-1992）在《建筑的古典语言》（The Classical Language of

Architecture,1963）一书中指出：

　　"为西方世界所普遍接受的建筑语言，正是通过帕拉弟奥的《建筑四书》发展了的建筑语言。"[6]

　　美国哈德逊画派奠基人之一，浪漫主义风景画家托马斯·科尔（Thomas Cole，1801-1848）在1840年创作了一幅《建筑师之梦》，画中表现了一位斜依在一个巨大的柱冠上的建筑师，柱冠上放着帕拉弟奥的《建筑四书》，展示在他面前的是历史上的传统建筑的拼贴。时间成为一条流淌的长河，流向建筑师，河岸两旁排列的都是建筑师十分熟悉的建筑形式，埃及的金字塔、古希腊的神庙、古罗马的输水道、中世纪的大教堂、古典主义的殿堂等[7]（图2-12）。

　　意大利建筑师和版画家意大利蚀刻画家、建筑师和美术理论家乔瓦尼·巴蒂斯塔·皮拉内西（Giovanni Battista Piranesi，1720-1778）的一系列描绘古罗马建筑以及他在《监狱组画》（Carceri,1745-1750）中表现出古典主义的空间感，从非理性的创造中对后世产生了重大的影响。[8] 皮拉内西的思想对许多著名的艺术家、作家和思想家都有很大的影响，维克多·雨果（Victor Hugo，1802-1885）、法国象征派诗人波德莱尔（Charles Baudelaire，1821-1867）、法国小说家巴尔扎克（Honoré de Balzac，1799-1850）、英国博物学家、《天演论》的作者赫胥黎（Thomas Henry Huxley，1825-1895）、美国作家、文艺评论家爱伦·坡（Edgar Allen Poe，1809-1849）、法国小说家普鲁斯特（Marcel Proust，1871-1922）以及众多的作家都深受皮拉内西的空间观念的影响（图2-13）。

　　新古典主义建筑的代表人物是法国建筑师克洛德·佩罗（Claude Perrault，1613-1688），他设计的卢浮宫东立面采用巨柱式柱廊，柱廊和墙壁之间的空间充分发挥光影的作用，使其庄重的立体感具有强烈的视觉张力，革新了传统的古典主义风格，独立的双柱与实墙的虚实对比成为法国

图2-12　《建筑师之梦》

图2-13　皮拉内西的古典主义建筑空间

建筑永恒不变的主题，是法国新古典主义
的杰作（图2-14）。

1920 和 1930 年代出现的一些新古
典主义复兴建筑，包括苏联的社会主义现
实主义艺术被称为现代古典主义（Modern
Classicism）。

图 2-14 卢浮宫东立面

第二节 从浪漫主义到新艺术运动

浪漫主义是 18 世纪末在欧洲兴起的一场艺术、文学、音乐和智性的运动，并波及建筑，特别
是建筑是凝固的音乐的理念，代表了浪漫主义建筑的辉煌。象征主义继承浪漫主义的思想，并拓展
了艺术表现的领域。新艺术运动是 19 世纪末兴起的国际性艺术运动。

一、浪漫主义

18 世纪后期到 19 世纪的欧洲是一个多元的时代，是一个动荡和急剧变化的时代，也是现代
欧洲的形成时期。在崇尚进步和理性的启蒙运动和科学精神的影响下，受 1776 年美国独立、1789
年法国大革命和工业革命的启示，一场反对权威、传统和僵化的古典模式的浪漫主义艺术运动在欧
洲横扫西方文明，这是一种对民族艺术和建筑的探求，向自然和心灵的回归，探索神秘的东方文化
也是对古典理性主义的反叛。这也是现代艺术思想的萌芽，注重个性和感觉，注重主观性和自我表
现。[9] 重视自然，探测表面现象所遮掩的秘密，如此扩大了艺术领域，纳入了一些被新古典主义排
除在外的范畴（图2-15）。

虽然浪漫主义盛行的时期并不像新古典主义那么漫长，但是浪漫主义思潮对以后的现实主义和
印象派产生了重要的影响，也成为象征主义、新艺术运动艺术的先驱。英国艺术史学家休·霍勒（Hugh
Honour，1927-2016）在《浪漫主义艺术》（Romanticism，1979）中认为：

　　"从某种程度上来说，所有后来的西方艺术都是从浪漫主义发展而来的……浪漫主义关于艺术
创造力、独特型、个性、真挚性和完整性以及艺术作品的意义和作用、艺术家的地位和人格等观念，
一直是西方美学思想中最重要的概念。"[10]

浪漫主义是一种看待艺术、生活和自然的新的观念，主张紧跟时代脚步，探索情感和直觉的潜
力，既表现欢乐，也表现痛苦、悲哀和恐惧。[11] 其核心艺术领域是文学、诗歌、音乐、绘画和建筑，
这些艺术领域的作品清晰地表现出一种创新，一种对传统的突破和发扬。新古典主义和浪漫主义对

图 2-15 《浪迹雾霭上方的彷徨者》

自然界和现实具有完全不同的意识：

"新古典主义理论家曾教导艺术家看穿自然现象的表面，用画面揭示宇宙的内在秩序。浪漫主义者将会发现，表面现象所遮掩的与其说是秩序毋宁说是深不可测的秘密。"[12]

浪漫主义在音乐领域的贡献是十分重要的，浪漫主义音乐也是古典音乐最辉煌的时期，浪漫主义赋予音乐表现感情的新的意义，匈牙利裔美国音乐批评家保罗·亨利·朗格（Paul Henry Lang，1901-1991）在《十九世纪西方音乐文化史》（*Music in Western Civilization*，1941）中指出：

"浪漫主义不懂得古典主义的尺度和标准，它在艺术上努力的目标不是人的理想中孤立的人，因为它永远是在人和无限的大自然，无限的空间关系之中看待人的，它把人看作感觉的中心，看做一切感情的焦点，一切都是由这种关系鼓舞着的，都是通过它获得生命和意义的。自然变成了启示，变成了人的体验的表现；因此浪漫主义就献身于自然，而且和它在一起生活了。"[13]

16 世纪末 17 世纪初，两种建筑风格交替出现，并经常被同一批建筑师所实施。英国在这一时期出现了风景如画式的风格，倡导在建筑中弘扬中世纪精神，并与希腊复兴相互交融。风景如画式风格的中世纪精神在以后的阶段演变成为一种意识形态上的希腊复兴。浪漫主义建筑通过民族风格和哥特建筑复兴、希腊复兴、罗马风格复兴、折中主义、异域和东方风格等方面表现出来，同时也表现在浪漫主义的园林景观设计上。在建筑思想上，试图摆脱古典主义传统的形式，寻找新的方向和风格。

风景如画式的风格成为英国古典学者和鉴赏家理查德·佩恩·奈特（Richard Payne Knight，1750-1824）和园林建筑师尤维达尔·普赖斯（Uvedale Price，1747-1829）著作中的理论术语。普赖斯著有《论风景如画式风格》（*Essay on the Picturesque*，1794），对风格的传播具有重要的影响，他认为风景如画式风格有两方面的内涵：首先具有美与崇高的美学价值，其次具有自然特性，主张园林应当模仿风景画。新古典主义的复古主义特点是与希腊复兴的交融，具有中世纪精神的风景如画式风格在以后的阶段演变成为一种意识形态上的希腊复兴。绘画对建筑空间产生重要的启示，在整个新古典主义时期，绘画一直是建筑的参照，英国的风景如画式建筑风格将法国画家克劳德·洛兰（Claude Lorrain，1600-1682）、普桑（Nicolas Poussin，1594-1665）和意大利画家罗萨（Salvator Rosa，1615-1673）的风景画作为建筑模仿的范式。

风景如画式风格的出现标志着一种新的建筑观念正在形成，建筑追求绘画的意境，建筑不再是

图 2-16 洛兰的风景画《奥德赛护送克莉西斯回父亲处》（1644） 罗浮宫藏画   图 2-17 《暴风雪中的汽船》

自成系统的表现形式，而是环境的组成部分。图 2-16 是洛兰的风景画《奥德赛护送克莉西斯回父亲处》（1644）现藏于罗浮宫。画家有过多幅表现海港的油画，洛兰主张艺术要比自然本身更美，追求理想境界，尤其偏爱港口景色，风景而非人间戏剧得到最有力的表现，画家描绘了无限的空间和大气氤氲的气氛。[14]（图 2-16）。

浪漫主义绘画以色彩、光影和情感为原则，而不是线条、轮廓和形态，浪漫主义绘画的重大主题之一是世界与精神之间的相互作用。[15]如果举最有代表性的浪漫主义绘画，往往映入脑海的首先是英国画家特纳（William Turner，1775-1851）的风景画，特纳是浪漫主义风景画家中最富于革命性、个人风格最奇特的画家，他的画着重表现团块的光与色彩的效果，纯净透明，富于诗的魅力和感情色彩，在画中捕捉自然力。他的风景画成为印象主义绘画的先导，图 2-17 是画家在 1842 年的作品《暴风雪中的汽船》（图 2-17）。

风景如画式风格的中世纪精神在以后的阶段演变成为一种意识形态上的希腊复兴。浪漫主义建筑通过民族风格和哥特建筑复兴、希腊复兴、罗马风格复兴、折中主义、异域情调等方面表现出来，同时也表现在浪漫主义的园林景观设计上。在建筑思想上，试图摆脱古典主义传统的形式，寻找新的方向和风格。就实质而言，浪漫主义并没有替代新古典主义，只是将古典主义作为一种浪漫古典主义表现。

这一时期的建筑师被赋予艺术家的特质，创造性具有更重要的意义，建筑一词也蕴含着才赋、思想、艺术风格和审美意识等。浪漫主义建筑的代表人物有法国建筑师欧仁·维奥莱-勒-杜克（Eugène Viollet-le-Duc, 1814-1879）、英国建筑师和作家奥古斯塔斯·普金（Augustus Pugin，1812-1852）、英国建筑师钱伯斯（William Chambers，1726-1796）等。普金为 19 世纪建筑注入了新的宗教热忱，指责新古典主义风格的建筑是异教徒的建筑，宣称只有哥特建筑才是唯一真正的基督教的建筑形式。然而浪漫主义也有着从当代艺术分离的缺点，使得浪漫主义仅仅着眼于中世纪的艺术。英国维多利亚时期的艺术批评家约翰·罗斯金（John Ruskin，1819-

图 2-18　哥特复兴建筑

1900）继承了普金的思想，将浪漫主义建筑表述为：

"被精神气质所支配的建筑，而不是被规则所约束和纠正的建筑。"[16]

建筑和营造在浪漫主义时期被截然分开，浪漫主义建筑抛弃新古典主义对永恒普遍的理想建筑的追求，"建筑是凝固的音乐"就是浪漫主义时期的建筑理想。最具代表性的浪漫主义建筑风格是英国 18 世纪中叶兴起的哥特复兴建筑以及在东方主义影响下的仿东方式样的建筑（图 2-18）。

二、象征主义

象征主义（Symbolism）又称象征派，是 19 世纪晚期在法国、俄国和比利时等欧洲国家兴起的艺术运动，并迅速扩展到世界各国，也影响了美国。象征主义继承了哥特艺术、浪漫主义艺术和印象派的传统。首先出现在文学领域，继而影响遍及绘画、音乐和戏剧等领域。

应该说，象征主义与建筑的关系是间接的，主要是在装饰风格上的象征主义倾向，但是象征主义思想的影响深入到社会生活的方方面面。象征主义艺术建立在现实寓意的基础上，表现内心深处的反现实、反理性和超现实的思想成分，表现隐喻和幻化的现实。强调思想和情感优先于外在的客观世界，表现艺术家的内心世界，同时也要求观察者的心灵回应。[17]

具有代表性的象征主义艺术家有法国画家夏凡纳（Pierre Puvis de Chavannes, 1824-1898）、高更（Paul Gauguin, 1848-1903）、雕塑家罗丹（August Rodin, 1840-1917），英国诗人、画家罗赛蒂（Dante Gabriel Rosetti, 1828-1882），英国诗人、小说家、织物设计师和社会活动家威廉·莫里斯（William Morris, 1834-1896），瑞士画家勃克林（Arnold Böcklin, 1827-1901），奥地利画家克里姆特（Gustav Klimt, 1862-1918）等。高更的画《我们来自何处？我们是什么？我们向何处去？》（1897）是现代艺术史上最有影响的绘画作品之一，也是影响世界的绘画之一。高更在画中并非用主题而是以色彩象征未来，赋予色彩语言的作用，不是描写而是表达，宣告思想的自由（图 2-19）。[18]

象征主义影响了英国的工艺美术运动和维也纳分离派的建筑作品，新艺术运动建筑也可以追溯象征主义的起源。象征主义是表现主义、未来主义和超现实主义的前奏，作为象征主义的组成部分，在浪漫主义和英国的拉斐尔前派（Pre-Raphaelites）的影响下形成了哥特复兴，在政治和宗教的变革过程中，哥特复兴成为英国 19 世纪和 20 世纪的重要建筑思潮和建筑运动。

象征主义创造了一些并不存在的东西，也启示了当代关于崇高的美学理论范式，勃克林的神秘寓意画《死亡之岛》（1880）是阐释崇高美学最具有代表性的艺术作品。勃克林受浪漫主义影响，在绘画中表现神秘和幻想的主观感受（图2-20）。

象征主义绘画中也有以建筑作为背景，室内装饰画也对建筑产生重要的影响，意大利画家乔治·德·希里科（Giorgio de Chirico，1888-1978）的形而上绘画也属于象征主义，并且成为超现实主义的先驱。德·希里科曾在慕尼黑受到勃克林绘画的神秘、怀旧和森严氛围的影响，他也是德国哲学家尼采（Friedrich Nietzsche，1844-1900）的信徒，他的画表现隔绝的世界的意象，表现看不见的力量、恐惧和情感，以及隐藏在可见世界背后的阴影。[19]他在1910～1914年间有一系列关于城市的绘画，他认为：

图2-19 高更的《我们来自何处？我们是什么？我们向何去？》

图2-20 勃克林的油画《死亡之岛》

"在城市的建筑中，在楼宇、广场、庭园与公共人行道、港口、火车站等的建筑形式上，存有一种大的形而上美感的最初基础。希腊人因其美学哲学感的引导而特别审慎于这些建筑：回廊，有遮阳的走道，伟大自然景观前耸立起的如剧场般的平台有着宁和的悲剧感。"[20]

德·希里科的《无限的伤感》（1913）受都灵的安托内利塔楼（Mole Antonelliana，1863始建）覆盖主体的拱顶的塔，一个高耸的类似尖顶的要素启示，他着迷于都灵的广场和拱廊中不真实的戏剧性，在画中表现太阳照耀下的阴影之美，有一种不可名状的伤感情怀（图2-21）德·希里科的画影响了意大利理性主义建筑，皮亚琴蒂尼（Marcello Piacentini, 1881—1960）、拉帕杜拉（Ernesto Bruno La Padula, 1902—1969）等都深受德·希里科的画影响，由皮亚琴蒂尼在1936年规划的新罗马（EUR）犹如德·希里科的幻想城市，拉帕杜拉等设计的意大利文明宫（Palazzo della Civiltà Italiana）将德·希里科的戏剧性画面和古罗马大斗兽场作理性及现代古典主义的翻版（图2-22）。

三、新艺术运动

新艺术运动（Art Nouveau）是欧洲第一场国际性的现代艺术运动和现代建筑运动，是一种总体艺术风格，试图创造一种新的装饰风格，是对19世纪的学院派新古典主义艺术模仿历史形式的

图 2-21 《无限的伤感》

(a) 外观

(b) 外观

图 2-22 意大利文明宫

反叛。新艺术运动是现代建筑迈向智性和风格解放的重要步伐。新艺术运动起源于 1893 年，大致延续到 1915 年，很快就被以后兴起的装饰艺术派所取代。[21] 新艺术运动是一种不以任何一种过去的建筑形式为基础，而从自然得到启示，以不规则的有机曲线和卷须状或火焰状线条为特征的风格，主要表现在艺术和应用艺术领域，尤其是绘画、雕塑、建筑、舞台布景、室内设计、家具、灯具、珠宝设计、纺织艺术、玻璃器皿、餐具、金属饰品和装饰艺术等。

新艺术运动是一个总称，在欧洲各国有不同的名称，在法国和比利时称为"新艺术"，德国和斯堪的纳维亚是"青年风格派"（Jugendstil）、英国和北美的"工艺美术运动"（Arts and Crafts movement）、奥地利的"维也纳分离派"（Vienna Secession, Vereinigung Bildender Künstler Österreichs）、意大利的"自由派"（Liberty，又称花叶饰风格，Stile Floreale）、西班牙的"现代主义"（Modernisme）等，英国人也将新艺术运动称为现代风格。

新艺术运动标志着建筑形式的变革进入了新的阶段，并迅速传遍欧洲，从而影响美洲。这是不以任何一种过去的建筑形式为基础，受自然的形态和结构启示，以不规则的有机曲线和卷须状或火焰状线条为特征的一种风格。图 2-23 是英国新艺术运动的格拉斯哥学派（Glasgow Style）代表人物之一的玛格丽特·马克多纳德·麦金托什（Margaret Macdonald Mackintosh，1864-1933）为1900 年维也纳分离派展览会的英国馆设计的织物图案（图 2-23）。英国艺术史学家拉雷·文卡·马西尼在《西方新艺术发展史》（A Developing History of Western Art Nouveau）中指出：

"'新艺术'区别于其他当代风格的唯一特征是在艺术作品中自由地使用装饰因素，在绘画、建筑和实用艺术的传统风格中，形式的、表现的和感情上的因素总是控制着装饰要素，当时，新艺术风格试图把纯粹的视觉要求从精神抑制中解脱出来。"[22]

新艺术运动的典型作品是由布鲁塞尔建筑师维克多·霍塔（Victor Horta，1861-1947）设计的塔塞尔公馆（Hôtel Tassel，1892-1893），他把新艺术运动的曲线装饰与铸铁结构相结合，创造了动态形式和自由空间的建筑（图 2-24）。

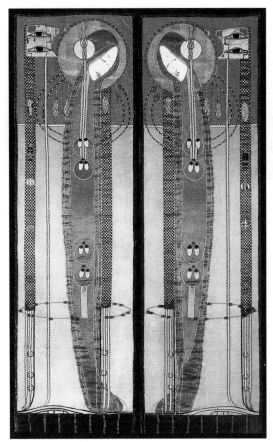

（b）新艺术运动的玻璃花窗

（a）格拉斯哥学派设计的织物图案

图 2-23 新艺术运动的装饰图案

图 2-24 塔塞尔公馆室内

奥地利建筑师约瑟夫·马利亚·奥尔布里奇（Joseph Maria Olbrich，1867-1908）试图通过新的装饰和象征性表现，使建筑有意义和现代化。他设计的维也纳分离派展览馆（1897）是分离派的艺术宣言，将建筑、绘画和雕塑结合成一个完美的整体，建筑正中上方有一个通透的镀金月桂叶球顶，醒目地屹立在通往巨大而朴素的展厅的入口上方，入口的装饰十分华丽（图 2-25）。室内有奥地利象征主义画家和建筑装饰画家克里姆特的一幅称为"贝多芬檐壁"的装饰画，克里姆特也是新艺术运动最有影响力的画家之一（图 2-26）。

1900 年的巴黎世博会以及 1902 年的都灵现代装饰艺术博览会标志着新艺术运动的高潮。[23]法国建筑师埃克托尔·吉马尔（Hector Guimard，1867-1942）为世博会地铁站设计的入口，自由地应用装饰，采用预制装配铸铁和植物纹样装饰，绿色的表面使人联想到真正的植物形态，上面有精致的铭刻，将结构和装饰相结合，表现流线型的铁艺，是法国新艺术运动的标志（图 2-27）。

（a）外观

（b）入口装饰

图 2-25　分离派展览馆

图 2-26　贝多芬檐壁装饰画

图 2-27　巴黎地铁站入口

　　巴塞罗那是 20 世纪西班牙建筑最活跃的中心，也是西班牙新艺术运动的中心。世纪之交，强烈的加泰隆地区意识，使这座城市成为泛欧"民族浪漫主义"现象中最激动人心的地方。在加泰罗尼亚，这一运动被称为现代主义（Modernismo）。建筑师安东尼·高迪（Antoni Gaudi，1856-1926）和多梅内奇 - 蒙塔内尔（Lluís Domènech i Montaner，1850-1923）引领了西班牙的现代建筑运动，融合了自然主义、古典主义、新艺术运动和哥特式功能主义。高迪的作品是中世纪建筑形式的抽象和加泰罗尼亚地域风格的表达，他将陶瓷艺术、彩色玻璃、铁艺和木作结合在建筑中，表现有机的自然形式。高迪设计的雕塑般的米拉公寓（1905-1910）颠覆了传统的公寓建筑，立面由每一块都不相同的带麻痕巨石构成，立面似波浪般的节奏起伏，似乎在连续不断地运动，阳台采用自然花饰的铁艺栏杆，室内空间和平面完全是曲线形（图 2-28）。由多梅内奇 - 蒙塔内尔设计的位于巴塞罗那的加泰罗尼亚音乐宫（Palau de la Música Catalana，1905-1908）立面有丰富的雕塑装饰，室内有绚丽的彩色玻璃和离奇的马赛克装饰，甚至装饰过度。音乐厅被誉为世界

（a）外观　　　　　　　　（b）细部　　　　　（c）细部

图 2-28　米拉公寓

图 2-29　加泰罗尼亚音乐宫　　　图 2-30　《舍赫拉查达》舞台布景　　图 2-31　《莫斯科》

上最美丽的室内，大厅有彩色玻璃天窗（图 2-29）。

　　20 世纪初的俄国称为白银时代，是俄罗斯的新艺术运动时期，艺术十分繁荣，遍及绘画、文学、建筑、音乐、舞蹈和电影等领域，也被誉为俄罗斯的文艺复兴。[24] 俄国的新艺术运动提倡俄罗斯化，融入了俄罗斯的民族风格，有着浓郁的民间艺术风格。俄国画家、舞台和新建服装设计师巴克斯特（Лев Николаевич Бакст，1866-1924）为俄罗斯音乐家里姆斯基－柯萨科夫（Николай Андреевич Римский-Корсаков，1844-1908）的芭蕾舞《舍赫拉查达》舞台设计布景（图 2-30）。画家连图洛夫（Аристарх Васильевич Лентулов，1882-1943）用艳丽的俄罗斯瓷砖的色彩表现《莫斯科》（1913），连图洛夫的画已经呈现出立体主义的倾向（图 2-31）。

　　新艺术运动在室内装饰领域的影响持续了相当长的年代，新艺术运动也是 1925 年兴起的装饰艺术派的前奏。

第三节　从立体主义到表现主义

　　20 世纪初的艺术界蓬勃发展，文化通过技术而更新自身，人们从全新的角度观察世界成为可能，先锋派艺术层出不穷，艺术家充满热情和理想去探索宽广的领域，艺术的蓬勃发展甚至可以与文艺复兴运动相比肩。这一时期重要的艺术流派除上文所述象征主义和新艺术运动外，还包括野兽派（Fauvism）、表现主义（Expressionism）、立体主义（Cubism）、未来主义（Futurism）、构成主义（Constructivism）、至上主义（Suprematism）、达达派（Dada）、纯粹主义（Purism）和风格派（De Stijl）等。与建筑相关的未来主义、构成主义、至上主义和风格派在总体上都可以归之为立体主义。这个时期的艺术家往往都涉及多种艺术领域，同时是雕塑家、画家、建筑师，艺术家也会涉及或表现建筑，尤其是设计建筑的室内。

一、立体主义

1910 年左右，许多艺术家开始实验抽象艺术，质疑具象艺术，挑战传统的表现手法，立体主义应运而生。立体主义是 20 世纪初兴起的艺术运动，也是 20 世纪最具影响力的艺术运动，立体主义试图用主观意识去表现碎片化的世界连续不断的瞬间变化，以及对于这种碎片化的清醒认识。从碎片化的大都市中用智力获取主观的不朽形象。[25]20 世纪一系列的艺术流派和艺术风格可以说都是立体主义的后续发展。未来主义、达达派、构成主义、至上主义、风格派、装饰艺术派等现代艺术无疑都受到立体主义的影响，立体主义对空间的认识对建筑尤为重要，立体主义也是对现代建筑影响最为深远的艺术流派。[26]

在法国后期印象派画家塞尚（Paul Cézanne，1839-1906）的绘画中用多视点透视表现静物画和风景画的作品中已经出现了立体主义的倾向，他在表达自然的和双重的视野中，移动视点（图 2-32）。西班牙画家、雕塑家、舞台设计师、诗人和剧作家毕加索（Pablo Picasso，1881-1973）则进一步探索从许多角度去表现多重视点，成为立体主义的起源。立体主义运动由毕加索、法国画家和雕塑家勃拉克（Georges Braque，1882-1963）于 1908 年在巴黎发起，追随者有法国画家、评论家和诗人让·梅占琪（Jean Metzinger，1883-1956），画家、雕塑家和电影制片人莱热（Fernand Léger，1881-1955）、西班牙画家格里斯（Juan Gris，1887-1927）、法裔美国画家、雕塑家和作家马塞尔·杜尚（Marcel Duchamp，1887-1968）等。毕加索和勃拉克都受到塞尚名言的影响："用圆柱体、圆球体及圆锥体来表现自然。"。[27]

最初被贴上立体主义标签的雕塑是毕加索在 1914 年的一件拼贴作品，他将一个涂色的铁罐、电线、报纸和玻璃拼贴在一起，让人们对它是不是雕塑产生疑问，今天被确凿无疑称为雕塑，这件作品否定了传统意义上的雕塑。事实上，立体主义并非要摧毁艺术，而是对艺术打上问号。[28]（图 2-33）。立体主义主要在绘画、雕塑、室内设计、建筑等领域，带来一种前所未有的艺术观。立体主义改变了自文艺复兴运动以来 500 年间对绘画和雕塑的认知，将绘画和雕塑带入现代艺术，并推动了建筑和文学的发展。立体主义这个名称直到 1909 年才出现在费加罗报上，但是谁发明了立体

图 2-32　塞尚的风景画《圣维克
图瓦尔山》

图 2-33　毕加索的《木瓶、玻
璃和报纸》

图 2-34　《弹曼陀林的女孩》

主义这个名称却无从知晓。[29]

立体主义打破了西方艺术模仿自然的观念，根据艺术家的认知和观察表现，从多角度表现动态的世界，将形式分解为不规则的几何结构，形成碎片化的造型。立体主义艺术家寻求摆脱传统的线条和空间的连续性：

"我们对一个物体的认识是由对它所有的：顶部、侧面、正面、背面的可能的观察构成的。毕加索和勃拉克想要再现这个事实，想要压缩这一形式，把时间变为瞬间——一种综合的观察，他们旨在表现多重性的感觉。"[30]

毕加索的作品《弹曼陀林的女孩》（Girl with a Mandolin，1910）典型地表现了这种观念，毕加索在画中将一个对象的各个表面通过瞬时的画面表现艺术家的观察感觉（图 2-34）。法国画家罗伯特·德劳奈（Robert Delaunay, 1885—1941）是 1911 ～ 1912 年的奥菲斯派艺术运动（Orphism Art Movement）的创始人，他的《埃菲尔铁塔》组画（1911）着力表现色彩、结构、空间与运动之间的交互关系，德劳奈也有一些描绘城市的作品，成为立体主义的代表作（图 2-35）。

勃拉克的《埃斯塔克的高架桥》（Viaduct at L'Estaque, 1908）和毕加索的画《扶手椅上的妇人》（Femme asslse dans un fauteull,1910）既是立体主义的代表作，也是未来主义的作品，《埃斯塔克的高架桥》将建筑表现为不规则的几何形，以层层叠叠的建筑轮廓隐喻空间距离，弱化了建筑之间的空间关系（图 2-36）[31]。

立体主义雕塑刻意表现非欧几何的三维空间，在美术史上第一次构想不是作为一个实体，而是一个展开的多平面结构，从而完全改变了雕塑是由空间包围着的一个实体的传统观念。[32] 法国

图 2-35 《埃菲尔铁塔》

图 2-36 《埃斯塔克的高架桥》

图 2-37 《马》

（a）方案　　　　　　（b）入口

图 2-38　杜桑－维荣设计的立体住宅

雕塑家和建筑师雷蒙·杜桑－维荣（Raymond Duchamp-Villon，1876-1918）主要的成就是在雕塑领域，代表作是青铜雕塑《马》（Le cheval，1914），这是一座充满动感和现代的雕塑，隐喻机械的马力和火车头（图 2-37）。他在 1912 年曾经为立体主义装饰艺术展将一座两层楼的传统的法国资产阶级住宅的窗户、门头和平台栏杆改造成立体主义的细部，可以说是最早的立体主义住宅，图 2-38 是这座住宅的模型照片（图 2-38）。[33]

　　已建成的立体主义建筑的规模一般都较小，仅限于实验性的建筑，基本上是将立体主义雕塑作为建筑的装饰细部，或者强调建筑的立体主义雕塑性。法国的立体主义在建筑领域没有很广泛的表现，仅出现在住宅、家具和陶瓷艺术上。捷克的立体主义艺术家在建筑和艺术设计方面有所创造，重视室内和外观的统一关系，在 1991 年的捷克立体主义回顾展中，共展出 40 座建筑、100 件家具和 70 件陶瓷和铁艺作品。[34] 捷克建筑师和规划师帕维尔·亚纳克（Pavel Janák，1881-1956）是重要的捷克回旋立体主义（Rondocubism）理论家和建筑师，回旋立体主义在建筑中采用民间装饰元素，综合了表现主义的元素。他在 1910 年写的《从现代建筑到建筑》中主张：主导建筑的不只是实用功能，而应当是艺术性，诸如空间问题或内容及形式。[35] 在为一座纪念碑设计的方案中，探索立体的室内空间（图 2-39）。

　　捷克建筑师约瑟夫·霍霍尔（Josef Chochol，1880-1956）在布拉格设计过三幢立体主义住宅，

图 2-39 纪念碑

（b）细部

图 2-40 立体主义
住宅

（a）外观

（c）细部

图 2-41 立体主义公寓楼

图 2-40 是其中的一幢（Cubist house in Vyšehrad，1913）（图 2-40）。他还在布拉格设计过一幢五层的公寓楼，位于街道转角，显示立体主义对空间的全新诠释（图 2-41）。另外有一座立体主义别墅也是捷克立体主义建筑的代表作（图 2-42）。

捷克建筑师、画家、雕塑家、舞台设计师和教育家伊日·克罗哈（Jiří Kroha，1893-1974）是两次世界大战之间捷克最重要的建筑师和设计师，他曾经在 1919～1920 年设计了一系列的立体主义教会建筑（图 2-43）。[36]

瑞士裔法国建筑师、设计师、画家、城市规划师勒·柯布西耶在 1918 年曾经与法国立体主义画家和作家奥赞方（Amédée Ozenfant，1886-1966）共同撰文批评立体主义缺乏章法，并没有成为一种学派，而只具有装饰特征，并发表《立体主义之后》宣言，宣称立体主义已经过时，倡导纯粹主义（Purism）。[37] 事实上，纯粹主义是立体主义的延续，立体主义思想影响了现代建筑的四度空间概念，勒·柯布西耶设计的朗香上圣母院朝觐教堂（1950-1954）以及一些粗野主义建筑也被列为立体主义建筑。[38]

立体主义是 20 世纪现代主义的前奏，现代建筑继承了立体主义并且成为现代主义的核心。有相当一部分现代建筑都可以归入立体主义建筑，包括风格派的荷兰画家、诗人和建筑师泰奥·范·杜斯堡（Theo van Doesburg，1883-1931）、家具设计师和建筑师里特维尔德（Gerrit

图 2-42　立体主义别墅

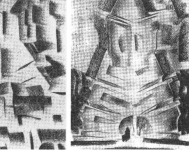

图 2-43　立体主义教会建筑草图

图 2-44　奥贝特咖啡馆

图 2-45　维也纳圣三一教堂

Rietveld，1888-1964）等的建筑、室内设计和家具设计，例如格里特·利特维尔德设计的在乌特勒支的施罗德住宅（1924）和杜斯堡设计的法国斯特拉斯堡的奥贝特咖啡馆（1928-1929）等（图 2-44）。

奥地利雕塑家弗里茨·沃特鲁巴（Fritz Wotruba，1907-1975）于 1926-1929 年在维也纳艺术和工艺学校学习，师从安东·哈纳克（Anron Hanak，1875-1934）。他在 1931 年举办了作品展览会，获得很大成功，他的朋友圈包括建筑师、画家、作曲家、作家和艺术史学家。他的 Architectonic Figural Combination（《建筑形态组合》，1964）表现出新的结构和建构原则，他将人体化解为块体状的石头，抽象石块组成雕塑建筑，成为他的基本美学特征。他曾经说过：

"我梦想的雕塑是将景观、建筑和城市融为一体。"[39]（图 2-45）。他与建筑师合作设计的维也纳圣三一教堂（Kirche zur Heiligsten Dreifatigkeit, 1974-1976）仿佛一座立体主义雕塑（图 2-46）。[40]

图 2-46　《佛罗伦萨》

二、未来主义

未来主义是 20 世纪初最先出现在意大利的艺术和社会运动，以后传播到俄国、英国、比利时以及美洲。其影响遍及绘画、雕塑、文学、音乐、戏剧、平面设计、工业设计、室内设计、城市设计、建筑、电影、时装等。未来主义也影响了 1920 年代中叶兴起的装饰艺术派，构成主义、超现实主义等艺术风格。

1908 年 2 月 20 日，意大利诗人、艺术理论家和剧作家马里奈蒂（Filippo Tommaso Marinetti，1876-1944）在巴黎的《费加罗报》发表《未来主义宣言》（Manifeste de foundation du Futurisme），之所以在法国发表既是为了表明未来主义具有世界语言，同时也是向巴黎作为先锋艺术中心地位的挑战，反对传统艺术，表明先锋派与大众文化以及技术的联系。未来主义是一种现代思想运动，其中心思想是技术创造了一种新人，未来主义者是机器幻想家。[41] 马里奈蒂是第一个国际性的现代艺术的鼓吹者，他宣称：

"创立未来主义是为了把意大利从迂腐的教授、考古学家、导游和古玩搜集者的手中拯救出来。"[42]

意大利画家和雕塑家翁贝托·博乔尼（Umberto Boccioni，1882-1916）以及建筑师安东尼奥·圣埃利亚（Antonio Sant'Elia，1888-1916）在 1914 年相继发表《未来主义宣言》，在这三篇宣言中，宣示了一种囊括了立体主义、构成主义和新印象派艺术的意识形态。圣埃利亚在《未来主义建筑宣言》中提出建筑机器美学的思想，主张与历史上的建筑形式彻底决裂：

"我们将确立新的形式、新的外形、新的体型与体积的和谐。新的建筑的真正目的是解决现代生活中的特殊需求和反映我们的美学感受。这样的建筑不能屈从于历史延续性的法则。它应该像我们的思想一样的新颖别致。"[43]

1912 年 2 月，巴黎举办了未来主义绘画展，延续了立体主义的思想。在立体主义绘画中已经出现了未来主义的元素，俄裔法国画家埃克斯特（Александра Александровна Экстер，1882-1949）的绘画融合了立体主义、未来主义、至上主义和构成主义的元素，她的《佛罗伦萨》（1914-1915）表现出立体主义和未来主义的城市形象，以灯光表现古老城市，使之变成美国式的大都市（图 2-46）。未来主义受到正在日益兴旺的现代城市的启示，正如俄国未来主义诗人马雅可夫斯基（Влади́мир Влади́мирович Маяко́вский，1893-1930）在 1914 年所宣称的：

"我们比古老充满浪漫气质的月亮见得更多的是街道的电灯。"[44]

未来主义艺术十分关注城市，城市主题是未来主义者的主要思考对象，他们表现城市的演变更甚于建筑，把城市看作是速度和技术力量的标志。博乔尼的绘画展现城市的发展和传统城市的解体，表现城市增长和街道的空间关系，他在《街道进入房屋》（1911）中，描绘了正在扩张的城市和遍布城市周围的脚手架和工厂。宣示未来主义反对由学院派统治的官方建筑的折中主义，反对意大利城市的历史风格。[45]（图2-47）。

由于未来主义诞生在工业和技术相对落后的意大利，关于技术的理想不可能实现，只能在想象中表现未来主义的理想，也只能是一种乌托邦，未来主义甚至想用暴力和战争摧毁传统。未来主义者的

图2-47 《街道进入房屋》

思想中充满了矛盾，受无政府主义和虚无主义影响，一方面主张"烧掉那些威尼斯的狭长的平底船和傻瓜爱玩的秋千，让严格的几何图形的金属大桥耸向青天，建造起烟云缭绕的大工厂，废除一切古老建筑物毫无生气的曲线。"[46]另一方面也承认"任何新诞生的艺术或思想，都不能不是过去的艺术或思想的繁衍。"[47]

意大利未来主义画家、艺术教师和诗人贾科莫·巴拉（Giacomo Balla，1871–1958）在绘画中着力表现光、运动和速度，他的《未来主义构图》（1918）主张艺术打碎物质世界，意图在绘画中重建宇宙（图2-48）。

未来主义是立体主义的延续，未来主义的代表人物曾经相继去巴黎访问立体主义艺术家的工作室，并向其他艺术家传播立体主义思想。一些立体主义作品也可归入未来主义，因此可以将立体主义和未来主义拼接成"立体主义＋未来主义＝立体未来主义"（Cubism +Futurism = Cubofuturism）。[48]也称为"欧洲立体－未来主义"（European Cubo-Futurism）。[49]

实际上，未来主义的影响不仅在欧洲，也传播到美洲和亚洲，意大利裔美国画家（Joseph Stella，1877–1946）曾经在纽约学习艺术，1909年回到意大利，开始接触欧洲现代主义，并加入未来主义艺术家的行列，1913年重返纽约，将未来主义传播到美国。他的《康尼岛光之战》（1913–1914）成为美国最早的未来主义作品（图2-49）。

未来主义颠覆了古典主义的建筑观念，主张革新建筑艺术，是意大利现代建筑最早的浪潮，对1920年代意大利建筑的理性主义运动有很大的影响。未来主义艺术讴歌城市、光、运动、动力、速度、技术和机械，表现连续的序列动态。建筑也着力表现垂直的高层建筑和立体城市建筑，废除纪念性和装饰性建筑，并试图重建城市。圣埃利亚以他的《新城》组画和数百幅想象的城市与建筑画，展

图 2-48 《未来主义构图》

图 2-49 《康尼岛光之战》

图 2-50 圣埃利亚的《新城》

示了高度机械化和工业化的城市形象，通过一种动力造型表现时代。在 20 世纪 70 年代以后的现代建筑，尤其是高技派建筑中得到实现（图 2-50）。

意大利建筑师和画家马尔基（Virgilio Marchi, 1895-1960）在 1920 年发表《动力建筑、精神和戏剧宣言》，认为技术实践将为建造最具雄心和最安全的建筑提供无限的可能性，也使艺术能实现任何事情。[50] 马尔基有一系列的未来主义建筑画，表现刚性和棱角分明的建筑，以及动态的未来城市（图 2-51）。

20 世纪末至 21 世纪初出现新未来主义（Neo-futurism），这是一场现代技术背景下的艺术、设计和建筑领域的先锋艺术运动。联合国教科文组织前任总干事前卫设计师维托·迪·巴里（Vito Di Bari）在 2007 年发表《新未来主义城市宣言》（The Neo-Futuristic City Manifesto），作为米兰申办 2015 年世博会的附件，宣言主张"综合艺术、前沿技术和伦理价值，以创造普遍性的更高质量的生活"。新未来主义建筑的特点是信息时代的超技术，极简和动感，采用新材料，探索太空时代的建筑形式，应用生态技术等，被形容为机器时代的巴比伦通天塔。[51] 日本的新陈代谢派、英国的建筑电讯派、1970 年代兴起的高技术派都预示了新未来主义的倾向，新未来主义建筑师有英国建筑师扎哈·哈迪德、瑞士建筑师赫尔佐格和德梅隆、奥地利建筑师蓝天组（Coop Himmelblau）等。日本建筑师若林广幸（Hiroyuki Wakabayashi, 1949-）的《神之宅》（A House of Gods）（图 2-52），英国建筑师尼古拉斯·格里姆肖（Nicholas Grimshaw，1939-）设计的环境综合体伊甸园工程（Eden Project，1995-2001）由一系列生态群落构成，属于新未来主义建筑（图 2-53）。

图 2-51 《幻想城市》

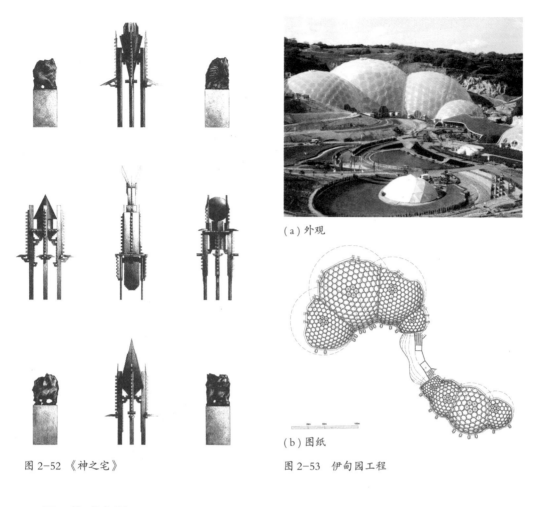

（a）外观

（b）图纸

图 2-52 《神之宅》　　　　　图 2-53　伊甸园工程

三、构成主义

　　构成主义是 1913 年在俄罗斯由画家和建筑师塔特林以及先锋派艺术家和理论家马列维奇（Kazimir Malevich，1879-1935）等倡导的艺术和建筑风格。构成主义是立体主义及未来主义的延续与发展，构成主义应用机器的隐喻，试图以技术解决社会的弊端，反对新古典主义的自主艺术的思想，主张"构成"，主张艺术介入社会，在语义和观念上要取代艺术。[52] 构成主义涉及建筑、雕塑、绘画、工业设计、电影、舞蹈、时装、诗歌和音乐等艺术领域，对 20 世纪的现代艺术运动，尤其对包豪斯（Bauhaus）和现代建筑产生了重要的影响。在 1920 年代苏联的政治气氛下，构成主义艺术家转向工业设计、图案设计、海报设计以及戏剧和舞台装置等领域。构成主义理论多采用口号和标语，例如"打倒艺术！技术万岁！"，"艺术介入生活"等。[53] 构成主义在 1920 年代末渐渐退出历史舞台。

1921 年在莫斯科艺术文化学院创立了"构成主义艺术家第一工作小组"，1925 年组成了"现代建筑师协会"。[54] 构成主义成为俄国现代建筑的主流，构成主义认为，功能和结构的基本要求应在建筑中起决定性的作用。建筑中的构成主义建立在三个基础上：一是建筑技术的进步以及钢筋混凝土和玻璃等新材料的应用；二是建筑的实用性；三是结构的表现力。维斯宁主张："现代美术家们所创作的艺术品应该是纯粹的构件，无须添枝加叶的造型手段。"[55]

构成主义建筑的代表人物有建筑师金茨堡（Моисей Яковлевич Гинзбург，1892-1946），建筑师、舞台设计师和画家亚历山大·维斯宁（Александр Александрович Веснин，1883-1959），艺术家、摄影师和建筑师利西茨基（Эль Лисицкий，1890-1941）、建筑师和画家梅尔尼科夫（Константин Степанович Мельников，1890-1974）等，代表作有构成主义建筑师塔特林设计的第三共产国际纪念碑（Monument to the Third Communist International，1919）和戈洛索夫（Ilya Golosov，1883-1945）设计的莫斯科电车工人俱乐部（Zuev Workers' Club，1927-1929）等。

塔特林设计的第三共产国际纪念碑，是对未来建筑的纲领性宣言，纪念碑的高度为 400m，是世界上最高的纪念碑，也是构成主义的标志性建筑，象征 20 世纪的技术，是世界上最早采用现代悬挂承重体系的杰作。[56] 铁塔建构在两个螺旋形的基座上，以冲天巨峰似的形体表达辩证法的革命蓬勃气概，以物质、形式和体量象征革命的大教堂和新的政治权力。建筑由三段组成，立方体中是第三国际的会议大厅，锥体中布置执行委员会，圆柱体是信息中心。这些体量都围绕轴线旋转，分别按照每天，每月和每年的节奏转动（图 2-54）。[57]

塔特林认为他的功能性造型和材料文化的理想是：

"我的机器是依生命的原理及机能化的造形建造而成。经由对这些造形的观察，我获致一项结论，那就是最合乎美学的造形也是最合乎效率的。而形塑材料的作品就是艺术。"[58]

马列维奇是俄罗斯前卫艺术最重要的倡导者，他早期的作品可以归入印象派，他也是俄国立体-未来主义的倡导者。他在 1915 年发起的至上主义抽象艺术，强调纯粹艺术感性的至高无上，其极简主义的艺术思想尤其影响了当代建筑。马列维奇的代表作是绘画《至上主义》（Suprematism，1915）（图 2-55）。

康斯坦丁·斯捷潘诺维奇·梅尔尼科夫设计了 1925 年巴黎世博会的苏联馆，把高度象征的内容用抽象的形式加以表现，苏联馆是构成主义的代表作。[59] 梅尔尼科夫用黑、红以及灰色木材建造的梦幻般的劈裂长方形展馆，在展馆转角处设置一座对角线布置的楼梯，从两端向上进入，在中心相汇合。建筑的室内和室外空间的边界已经模糊，楼梯切割以后剩下的两个三角形体快，在锐角处切角，一端布置入口塔楼。两个主体的屋顶分别向不同的方向倾斜，而楼梯的上方则用相互交叉的木屋面（图 2-56）。

戈洛索夫设计的莫斯科电车工人俱乐部（又称祖耶夫工人俱乐部）把观众厅围入由俱乐部房间

图 2-54　第三共产国际纪念碑

图 2-55　《至上主义》

图 2-56　梅尔尼科夫设计的苏联馆

图 2-57　祖耶夫工人俱乐部

图 2-58　莫斯科重工业人民委员部大楼方案

组成的简单矩形之中，通过位于转角处的一个圆筒塔状的玻璃楼梯间使建筑富于戏剧性。戈洛索夫在早期斯大林式建筑时期形成后期构成主义（图 2-57）。

　　维斯宁在 1934 年为莫斯科的重工业人民委员部大楼设计的方案是构成主义的代表作，这座大楼的基地设想位于红场上列宁墓的对面。大楼仿佛一座雄伟的发电厂，建筑效果图表现为夜景，深色的背景衬托出建筑透出的亮光，四座庞大的塔楼中间用天桥连接（图 2-58）。

　　活跃在列宁格勒的构成主义建筑师、平面设计师和教师雅可夫·切尔尼霍夫（Яков Георгиевич Чернихов，1889-1951）设计过 50 多座建筑，现存已知的建筑作品仅有圣彼得堡红色康乃馨工厂的塔楼，他的构成主义建筑思想表现在 1920 年代和 1930 年代初的一系列著作中，留存有 17000 件关于工业建筑、办公楼和文化建筑的构成主义绘画，表现现实的、幻想的乌托邦建筑（图 2-59）。[60]

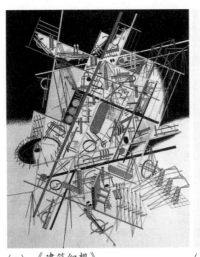
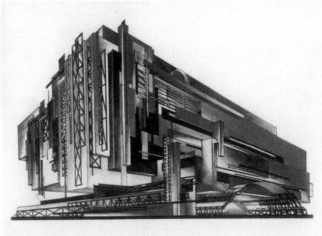

（a）《建筑幻想》　　　　　　（b）《水力发电站》

图 2-59　切尔尼霍夫作品

苏联建筑经过短暂的构成主义实验，构成主义随即被视为资产阶级唯心主义建筑艺术理论，属于形式主义，在 1930 年代受到批判。[61]

四、表现主义

表现主义发源于德国和奥地利，影响遍及欧洲、美洲和非洲。起源于 20 世纪初德国的表现主义植根于象征主义和后印象派，其中包括德国的桥社（Die Brücke）和蓝骑士（Der Blaue Reiter）等流派。表现主义主张艺术家去经历一切，凭借主观精神进行内心体验，体验的结果产生一种激情，这种激情经久不衰，并无限扩张，包容一切，而艺术家就是要表现事物的幻象，反对复制世界，而是去探寻世界，从而重新创造世界。[62]

表现主义宣示了现代美学思想，跨出了从审美客观主义到审美主观主义这一决定性的步伐，不再把审美内容作为其探索的出发点。[63] 表现主义强调个人的主观感情和表现精神，以感性体验去表现意义，以抽象作品去表现原始自然的神秘，把抽象与精神化等同起来，表现主义是人们心中未来世界的象征。传统的观念往往认为凡是自然没有认可并且故意触犯自然的东西绝不可能是艺术，而表现主义画家则坚持认为这正是艺术。[64]

表现主义广泛涉及戏剧、舞蹈、电影、绘画、雕塑、文学、音乐和建筑等领域。由于各种流派和地域的差异，表现主义是一个多元的艺术风格，其特征是纯色的强烈表现以及夸张的形态，钟爱原始艺术等。[65] 表现主义绘画受挪威画家蒙克（Edvard Munch，1863-1944）的《呐喊》（1893）

影响，蒙克着重表现所经历的东西。他创作了 22 幅组画，《呐喊》是其中最具代表性的绘画，用色彩和线条表现画家在血色黄昏时分散步时所感受的孤独和内心恐惧，标题为"生命，爱与死的诗歌"。这幅画具有震撼力，表现无特性的大都市所固有的差异和矛盾，被誉为改变了世界的绘画之一（图 2-60）。德国画家弗朗茨·马克（Franz Marc，1880-1916）是德国"蓝骑士"艺术家集团的创始人之一，他笔下的动物都有自我存在的意识，他认为动物比人类更纯粹。他的代表作是《蓝马系列 1》（Blaues Pferd 1，1911）（图 2-61）。

表现主义建筑受新艺术运动影响，其特征是纪念性的造型和艺术性地应用砖砌体，最具代表性的表现主义建筑师是德国建筑师、画家和舞台设计师汉斯·珀尔齐希（Hans Poelzig，1869-1936），建筑师、城市规划师和作家布鲁诺·陶特和埃里希·门德尔松（Erich Mendelsohn,1887-1953）。

作为德累斯顿的城市建筑师，珀尔齐希在 1918 年为德累斯顿的音乐厅室内做了一系列设计，这正是珀尔齐希热衷表现主义的时期。这座音乐厅只是一项设计，没能建造。尽管没有细部描绘，他采用表现主义的风格表现建筑的空间感和装饰性，以及建筑师对音乐厅的强烈情感（图 2-62）。珀尔齐希在建筑中表现出与中世纪在传统上的联系，1910 年左右设计的汉堡水塔是典型的实例。

埃里希·门德尔松的作品充满流动的线条和动感，他设计的爱因斯坦天文台（Einsteinturm，1919-1921）成为表现主义建筑的代表作，但是由于工程和技术的局限，墙体采用砖砌，然后粉刷成最终的有机造型（图 2-63）。1929 年在为柏林冶金工人联盟大楼的设计中，他用流畅的铅笔线条表现在 V 字形基地的多种方案构思，尤其是对入口的推敲。门德尔松采用蛙透视的角度（图 2-64）。

德国建筑师弗里茨·赫格（Fritz Höger，1877-1949）在汉堡设计的智利大厦（Chilehaus，1921-1924）属于典型的砖砌表现主义，采用深褐色的矿渣砖，这种砖广泛用在汉堡的建筑上（图 2-65）。

图 2-60　《呐喊》

图 2-61　《蓝马系列 1》

图 2-62　德累斯顿音乐厅的室内设计

图 2-63　爱因斯坦天文台

图 2-64　柏林冶金工人联盟大楼的设计构思

（a）外观

图 2-65　智利大厦

（b）砖工

第四节 1918-1945 年的艺术流派

第一次世界大战后迎来了现代艺术的蓬勃发展，在 1918 ~ 1945 年间出现了探索现代艺术的思潮，主要的流派有德国的包豪斯（Bauhaus）、法国的装饰艺术派（Art Deco，简称 Deco）、国际式（International Style）、意大利 20 世纪派（Novecento Italiano）、德国的新客观派（Neue Sachlichkeit）、超现实主义（Surrealism）、具体艺术（Concrete Art）、意大利 7 人集团（Gruppo 7）、社会现实主义（Social Realism）、苏联的社会主义现实主义（Socialist Realism）、新浪漫主义（Neo-Romanticism）等。与建筑密切相关的重要艺术流派有包豪斯、国际式、装饰艺术派、超现实主义、苏联的社会主义现实主义等。

一、包豪斯

包豪斯是一所由德国建筑师格罗皮乌斯在魏玛创建的德国艺术和手工艺学校（1919-1933），这个时期正是各门艺术广泛进行试验的时期，在魏玛的初期，它主要是一个具有强烈"表现主义"色彩的艺术学派，其理念是创造总体艺术（Gesamtkunstwerk）（图2-66）。包豪斯使艺术教育和设计领域发生了一场革命，包豪斯提倡国际式建筑，主要影响了艺术设计和建筑领域，也影响了1960年代兴起的极简主义艺术（Minimalism）。包豪斯的作品和思想构成了现代设计的基础（图2-67）。

格罗皮乌斯是现代建筑的先驱，在格罗皮乌斯领导下的包豪斯，试图培养学生既有理论又能从事艺术实践，既注重艺术，又注重工艺技术，消除艺术家和工匠之间的界限，使他们的产品既是艺术的，也是商业化的。[66]

包豪斯网罗了一支包括艺术家、艺术理论家、建筑师在内的国际化教师队伍，自1919～1924年间，被格罗皮乌斯委任的9名教师中，有8位是画家。[67]他们中有青骑士派的创立者俄国画家和艺术理论家康定斯基（Василий Васильевич Кандинский，1866-1944）、德裔美国表现主义画家费宁格（Lyonel Feininger，1871-1956）、瑞士画家保罗·克利（Paul Klee，1879-1940）、德裔美国建筑师密斯·凡·德·罗（Ludwig Mies van der Rohe，1886-1969）瑞士画家伊腾（Johannes Itten，1888-1967）、德国画家、雕塑家和设计家施莱默（Oskar Schlemmer，1888-1943）、德国雕塑家和版画家马克斯（Gerhard Marcks，1889-1981）、匈牙利裔美国画家和摄影家拉兹洛·莫霍伊-纳吉（László Moholy-Nagy，1895-1946）等，除莫霍伊-纳吉明显属于构成主义外，尽管他们的作品彼此之间大相径庭，这些艺术家都属于宽泛的表现主义者（图2-68）。

图 2-66　包豪斯在德绍的校舍

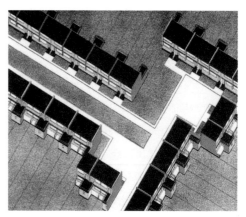

图 2-67　德绍的包豪斯

图 2-68 康定斯基的《7 号构图》

图 2-69 法古斯鞋厂

包豪斯一直在不断地探索教学和实验的方向，从早期探索所有艺术门类的意图，转变为培养新一代设计师，以机器制造的方式构思产品。包豪斯设有陶艺作坊、木刻作坊、印刷作坊、制柜作坊、书籍装帧作坊、壁画作坊、雕塑作坊、纺织作坊、彩色玻璃作坊、金工作坊、剧场作坊等。培养出来的学生多才多艺，能够胜任绘画、摄影、家具设计、舞台设计、制陶和雕塑等任务，甚至建筑设计和室内设计。[68]

1925 年后，包豪斯迁到德绍，德国住房运动正在涌起，新建筑成为它关注的中心，1927 年创办建筑系。瑞士建筑师汉内斯·迈尔（Hannes Meyer, 1899-1945）担任建筑系的主任，迈尔于 1928～1930 年担任包豪斯的第二任校长。迈尔坚信，艺术家的任务就是要设计出功能性的建筑，从关注美学转向功能，并以此改善社会。他设计了德绍－托滕住宅区（Dessau-Torten Estate, 1926-1930）。虽然包豪斯主张一切创造活动的目的是建筑，但是包豪斯的建筑作品只能是格罗皮乌斯和密斯·范·德·罗个人的成就（图 2-69）。

包豪斯于 1932 年迁至柏林，1933 年被刚刚上台的纳粹政府查封，大部分成员流亡海外。包豪斯的影响由格罗皮乌斯和密斯·范·德·罗带到美国，影响了美国的现代建筑。

二、装饰艺术派

装饰艺术派（Arts Décoratifs，简称 Art Deco）是对社会生活影响最大的艺术风格之一，遍及视觉艺术、建筑、艺术设计等领域，装饰艺术派是最早的多元化的国际式风格，装饰艺术派反映了喧嚣的 1920 年代到相对沉寂的 1930 年代的爵士音乐时期，受汽车和飞机的启发，是一种赞美机器和技术的艺术，应用诸如玻璃、铝、闪光的铬、不锈钢、塑料等新材料，偏爱流线型的造型。影响了建筑、室内装饰、家具、灯具、陈设、珠宝、时尚、汽车、电影院、火车、邮轮、日常家用设施如收音机、真空吸尘器、厨房用品等家用电器的设计，可以说几乎存在于一切事物中。[69]

图 2-70　1925 年巴黎世博会

图 2-71　上海的装饰艺术派风格建筑

　　装饰艺术派可以追溯到 1914 年以前俄罗斯芭蕾舞团的辉煌服饰和舞台装饰，当时在巴黎的芭蕾及其他戏剧的舞台及服饰的设计中，流行从非洲及东方艺术中寻求灵感。常采用一些如象牙、红木、水晶、珍珠等贵重材料将舞台装饰得极为华丽，并形成一种风尚。这种绚丽的装饰性语汇，借助以"装饰艺术与现代工业"（Exposition Internationale des Arts Décoratifs et Industriels Modernes）为主题的 1925 年巴黎世博会的推动，也由此得到装饰艺术派这一名称。这届世博会虽然只是专题博览会，却推动了现代艺术和现代建筑的发展，将装饰艺术风格流传到全世界（图 2-70）。

　　装饰艺术风格又称装饰派艺术、现代风格，受新艺术运动风格、立体主义、构成主义、俄罗斯芭蕾舞、美洲印第安文化、埃及文化、中国文化、日本文化和早期古典渊源的影响，装饰艺术派在上海又称为摩登风格（图 2-71）。

　　"装饰艺术是欧美在两次大战期间的一种典型建筑风格，它强调'装饰，构图，活力，怀旧，乐观，色彩，质地，灯光，有时甚至是象征'。"[70]

　　装饰艺术派与以表现速度感为特征的意大利未来主义、以表现向度和几何感为特征的法国立体主义，以及以表现心理想象为特征的西班牙超现实主义遥相呼应，共同构成了 20 世纪初欧洲现代艺术的风景线。1922 年在埃及完好无损地发现了图特安哈门法老的陵墓，激起了一股埃及热。在装饰构图上呈金字塔和阶梯形，色彩浓烈，其典型母题有裸女、鹿、羚羊和瞪羚等动物，以及簇叶和太阳光等。正当欧洲越来越多的先锋派建筑师把装饰看作是与现代建筑的设计原则格格不入的多余物的时候，美国的许多城市却欣然接受了装饰艺术派这样一种既符合美国传统对建筑的"装饰艺术性"的要求，同时又非常"现代"的建筑新风格。特别是在纽约，装饰艺术派风格在那些遍地开花的高层摩天楼中找到了一个极佳的结合点，取代了早先在纽约流行的"商业古典主义"摩天楼，使得整个 1930 年代的纽约几乎成为装饰艺术派建筑的博览会。一批装饰艺术派摩天楼随着纽约在西方资本主义世界的无可比拟的地位而成为其他国家纷纷效仿的对象（图2-72）。由美国建筑师雷蒙德·胡德（Raymond Hood，1881-1934）设计，1934年建成的洛克菲勒中心的建筑群对于当时西方建筑界就和洛克菲勒财团对于当时西方世界的金融界一样具有同样的象征地位（图2-73、图2-74）。

装饰艺术派比起表现主义者那种直白的古典和"现代"变种作品，更容易为大众所接受，特别是在法国，作为对纯粹的现代主义禁绝装饰的一种有效平衡。艺术装饰派厚重、多彩和陶艺式的形式，在两次世界大战之间流行于法国的商店和电影院等建筑中。但作为一种建筑风格，到1935年就几乎销声匿迹（图2-75）。

这种新的艺术风尚与比它略早的新艺术运动不无联系，但更强调造型的秩序感和几何感，装饰母题则更为抽象和程式化。这使它具有同新艺术运动类似的装饰感，但由于比新艺术运动更接近于机器美学而更具时代感，装饰艺术派融汇了奢华、魅惑、生机以及对社会和科技进步的信念（图2-76）。

由于装饰艺术派建筑既能满足现代生活的需要，又具有丰富的装饰，因此受到广泛的喜好。上海的装饰艺术派建筑普遍出现在酒店、舞厅、影剧院、俱乐部、银行、公寓、办公楼和独立式住宅建筑上。作为近代上海1920年代末及1930年代新建筑的主流，装饰艺术派建筑构成了上海城市的重要风貌。1929年，公和洋行设计的沙逊大厦（Sassoon House，1929）落成，这座建筑把上海全面推向了装饰艺术派建筑时代，与纽约装饰艺术派建筑时代几乎完全同步（图2-77）。

图2-72　纽约的装饰艺术风格建筑

图2-73　洛克菲勒中心

图2-74　纽约帝国大厦门厅的装饰

（a）外观　　　　　　　　（b）装饰　　　　　　　图 2-76　纽约洛克菲勒中心的装饰

图 2-75　克莱斯勒大楼

三、超现实主义

超现实主义这个名词是法国诗人和作家阿波里耐（Guillaume Apollinaire, 1880-1918）1917 年 5 月在评论一场由多位艺术家合作创作的舞剧《游行》（Parade）时，尤其是对毕加索的艺术设计所创建的，这场芭蕾舞由法国作曲家和钢琴家萨蒂（Erik Alfred Leslie Satie,1866-1925）作曲，毕加索参与创作，设计大幕和立体主义风格隐喻城市建筑的服装（图 2-78）。

超现实主义是 1920 和 1930 年代流行的艺术和文学运动，法国诗人、散文作家和评论家安德烈·勃勒东（André Breton,1896-1966）是超现实主义的首要理论家，于 1924 年发表《超现实主义宣言》（Manifeste dusurréalisme）。他以奥地利心理学家弗洛伊德（Sigmund Freud, 1858-1839）的潜意识和梦境理论为基础，把无意识作为想象力的源泉，主张超现实主义是一场艺术的革命运动，是对于"理性主义"造成的毁灭的反动，将超现实主义定义为：

"纯粹的精神的无意识活动，人们凭借它，用口头、书面或其他方式来表达思想的真实过程。在不受理性的任何控制，又没有任何美学或道德的成见时，思想的自由活动。"[71]宣称超现实主义的目的是消除梦幻与现实、理性与疯狂、客观与主观的界限，并通过艺术演化为现实。主张：

"超现实主义认为，过去被忽视的某些联想形式具有很大的真实性，相信梦幻无所不能，相信思想活动能不带偏见。超现实主义要最终废除一切其他的心理机械论，取而代之，以解决生活中的主要问题。"[72]

图 2-77　沙逊大厦

（a）服装　　　　　（b）服装

图 2-78　毕加索为《游行》设计的服装

　　超现实主义艺术家专注于幻想与想象的自发性意象，相信"除了奇妙，没有任何东西是美好的。"而且这种奇妙只能偶然在大街上遇见。[73]

　　超现实主义的影响遍及绘画、雕塑、戏剧、文学、电影和建筑。超现实主义受 1916 年在苏黎世兴起的达达主义（Dada）的虚无主义影响，达达主义追求偶然性的表现，表现无法理解的东西，对 20 世纪艺术产生重要的影响，也是 1960 和 1970 年代概念艺术（Conceptual Art）的根源，达达主义艺术家在 1920 年代转向超现实主义。与达达主义的混乱和自发性不同的是，超现实主义是具有学术意义的高度组织的艺术运动，主张艺术批评，同时也不同于达达主义的一味反艺术，而是对世界充满乐观，只是要改变人们思维的方式，消除内在世界和外在世界的屏障。

　　1936 年伦敦的国际超现实主义展代表了超现实主义的高潮，这次展览也成为以后各种展览的样板，描绘非逻辑的场景。超现实主义艺术家的代表人物有法裔美国画家、雕塑家马塞尔·杜尚（Marcel Duchamp，1886-1968），德裔美国画家马克斯·恩斯特（Max Ernst 1891-1976），西班牙画家、雕塑家胡安·米罗（Joan Miró,1892-1983），西班牙画家达利（Salvador Dalí，1904-1989）以及德·希里科等（图 2-79）。超现实主义在 1960 年代已经发展成为 20 世纪最重要的艺术运动之一。

　　德国达达派艺术家和诗人施维特斯（Kurt Schwitters,1887-1948）的风格涉及达达派、构成主义、超现实主义等，他的艺术领域涵盖绘画、雕塑、诗歌、装置艺术等。他从大街上捡来各种零碎物件制作拼贴艺术品,他的拼贴营造（Merzbau,1923）是一种构成的拼贴装置,是一个扩散的结构,将大城市中的各种空间以洞穴的形态加以组合,既是未来的空间形态艺术,

图 2-79　马克斯·恩斯特的《家中的天使》

图 2-80　拼贴营造

也是现代城市的隐喻（图 2-80）。在技术不断发展与数字化动荡的情境下，超现实主义的观点、概念和非现实生活似乎比现代主义令人厌烦的教条和有限的手法更具现实性。[74]

1934 年，南加州美国艺术家隆特伯格（Helen Lundeberg，1908-1999）和弗特尔逊（Lorser Feitelson，1898-1978）宣称创立后超现实主义（Post-surrealism），反对达利和其他超现实主义艺术家的疯狂的、无理性的梦幻。力图抵制欧洲超现实主义运动的怪异性，试图用理性思维同化幻觉，用思想性的符号表现复杂的生理信息，同时又具有美的秩序。[75]

正是后超现实主义思想和异样性影响了建筑，建筑的异样性建筑与超现实主义的联系有着漫长的历史，1970 年代末超现实主义在建筑中得到发展，但主要是在建筑构思上的幻想，表现想象的建筑（visionary architecture）或将现实的城市和建筑以超现实的手法加以诠释。德国建筑师、画家、诗人芬斯特林（Hermann Finsterlin，1887-1973），捷克裔美国建筑师、艺术家和建筑教育家约翰·海扎克（John Hejuk，1929-2000），意大利建筑师和设计家阿尔多·罗西（Aldo Rossi，1931-1997），荷兰建筑师库尔哈斯（Rem Koolhaas，1944-），瑞士建筑师、作家屈米（Bernard Tschumi，1944-），美国建筑师和艺术家伍兹（Lebbeus Woods，1940-2012），波兰裔美国建筑师里伯斯金（Daniel Libeskind，1946-）等的思想和作品显示出超现实主义的影响。

阿尔多·罗西在摩德纳的圣卡达尔多墓园（1971）设计中，显然表达的是德·希里科绘画的超现实主义意境，至今，这座墓园只有部分建成。死亡的世界是超现实的，罗西用超现实主义的设计去表现这个世界。他以简单的立方体、圆锥体以及三角形等几何造型，以一无所有的洞口隐喻生与死的意识。罗西的表现图犹如一幅超现实主义的画，有着浓烈的德·希里科式的阴影（图 2-81）。

库尔哈斯和屈米于 1978 年在英国的《建筑设计》（*Architectural Design*）"建筑与超现实

图 2-81　圣卡达尔多墓园

图 2-82　《被捕获的星球之城》

主义"专辑上发表文章，讨论超现实主义建筑。库尔哈斯在 1970 年代将研究聚焦纽约大都会，意识到纽约是一座典型的超现实城市，建筑犹如孤立的石碑，相互分离。他宣称超现实主义的城市是一种脑白质切断术和分裂的建筑，专注于外表的形式主义和内部的功能主义：

"被捕获的星球之城，致力于人工构想以及加速制造各种理论、诠释、心理建构、方案以及它们在世上的纷扰。它是自我王国的首府，在此，科学、艺术、诗歌和形形色色的疯狂在理想的情形下进行竞争，从而发明、摧毁和再造使人叹为观止的现实世界。"[76]（图 2-82）。

库尔哈斯在《癫狂的纽约》（*Delirious New York*，1978）中以超现实主义的思维讨论纽约这座城市，表现后城市主义现实与幻想的并行不悖。封面引用了荷兰艺术家马德隆·弗里森多普（Madelon Vriesendorp，1945-）的《捉奸在床》（Flagrant Delit，1975），将克莱斯勒大楼和帝国大厦加以超现实的变形处理（图 2-83）。

屈米有意识地违反传统的规则，肢解城市和建筑，他在《曼哈顿手稿》（*The Manhattan Transcripts*，1977-1981）中，改变传统的空间和功能之间的表现方式。城市展现为建筑舞台，建筑不仅是空间和功能，也是事件和活动，空间中发生的行为。《曼哈顿手稿》既不是真正的设计，也不是纯粹的幻想，而是扩展的理论文本，记录建筑的现实意义，表达 20 世纪超现实城市的空间关系，表现空间与活动，实体化表现事件，颠覆传统的空间表现形式。《曼哈顿手稿》关注建筑发生了什么，而不是故事的发生，应用公园、街道、塔楼和摩天

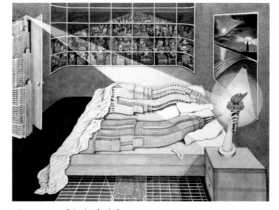

图 2-83　《捉奸在床》

图 2-84 《曼哈顿手稿》

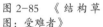

图 2-85 《结构草图: 受难者》

图 2-86 《战争与建筑》

图 2-87 马尔多罗方程

楼这四种原型,以连环画式的特殊表现方式将叙事引入建筑,仿佛电影般的编排,表现物体、运动、事件之间随机复杂的关系。[77](图 2-84)。屈米的命题是"没有事件、程序、暴力,就没有建筑"。《曼哈顿手稿》把特定的程序化和形式化关系插入建筑的话语和表现中,试图将建筑引入它的极限。

海扎克把建筑隐喻为"假面舞会",相互之间既是演员又是观众,他的草图《结构草图: 受难者》(Victims:Sketches of Structures,1984)以一组超现实手法精心安排位于不同城市的建筑,犹如假面舞会。他的建筑既批判过去,也鲜明地批判现在。受难者的基地曾经是二战时的酷刑地,海杜克用半类似人形的装置"住宅"占据场地,提取场所精神和场所的精髓,仿佛一个记忆剧场,表达他对城市建筑的超现实意象(图 2-85)。[78]

伍兹在 1980 年代绘制了相当多的幻想建筑,绝大部分是突破传统的实验性建筑,充满奇思妙想。他的想象回到前现代,寻找立足点,以重新定义未来,表现未来的超现实城市。[79]更为激进的是,他将建筑比拟为战争,战争就是建筑(图 2-86)。

里伯斯金用超现实的手法表现建筑和未来的城市,他很喜欢将绘画作为建筑语言,早年作为专业音乐家的经历影响了他对于建筑语言表达的方式。他认为绘画好比乐曲的总谱，绘画传达出的内涵不只是形态，而更应该包含精神层面。[80] 里伯斯金在 1979 年借用法国启蒙运动作家、历史学家、哲学家伏尔泰（Voltaire，1694-1778）在 1752 年的一部小说名称绘制了《米克罗梅加斯》（Micromegas）系列建筑图，共有十幅，名称采用科学和数学术语，诸如：法律、方程、微积分等。这是一系列违反通常认知规则的超现实表达，他认为绘画的作用并非呈现思想内涵，而更像是一种内在的经验状态（图 2-87）

四、社会主义现实主义

社会主义现实主义是在苏联发展的现实主义艺术风格，是在苏联的政治、经济和美学体系中的理想化的现实主义，致力于研究形成中的社会生活，反对形式主义，表现记录性的美学。[81] 社会主义现实主义在 1934 年莫斯科全苏作家联盟大会上正式宣告为官方艺术风格，随后即扩展到所有的艺术领域。自 1930 年代至苏联解体，社会主义现实主义对于所有的苏联艺术家是唯一官方认可的创作方法。按照官方的定义，社会主义现实主义是"现实的形式，社会主义的内容"[82]，主张"艺术是现实的反映"。国家主导的艺术成为政治和意识形态的通俗化表现，成为观念性艺术。就通常的意义而言，社会主义现实主义并非一种风格和流派，而是一种思维、宣传和生活方式。事实上，在艺术表现上，除了先锋派的表现方式，在现实主义艺术方面仍然在探索多元的创作手法。

社会主义现实主义涉及的艺术领域以绘画为主导，遍及雕塑、建筑、音乐、舞蹈、文学、电影、戏剧等。流行的时期自 1920 至 1970 年代，第二次世界大战后流传到东欧和中国。社会主义现实主义的艺术方法具有两个特征：

"第一，这是现实主义，也就是说，是一贯力求按照生活的真正社会内容来全面地真实地反映和认识生活的艺术。第二，社会主义现实主义是具有共产主义党性的艺术，也就是说，构成它的活的灵魂的是为共产主义的胜利而进行自觉的和有目的的斗争，是从共产主义理想的高度来评价生活。马克思列宁主义的世界观和共产党的思想是社会主义现实主义的基础。社会主义现实主义的艺术是以艺术创作同生活、同建设新社会的实践的紧密联系为依据的。"[83]

社会主义现实主义绘画表现宏大叙事，有时候像宣传画，表现英雄主义、阶级斗争和工农群众的生活。社会主义的内容往往以政治集会、游行、党的会议及领袖人物、军事题材、工人建筑和劳动人民的生活等作为艺术表现的主题。艺术不是为了娱乐大众，而是为了教育、激励和指导大众，艺术形式必须为大众所接受。[84] 俄国画家和舞台设计师波利斯·库斯托蒂耶夫（Boris Kustodiev，1878-1927）的油画《布尔什维克》（1920）是早期的典型作品（图 2-88）。苏联画家雅布隆斯卡娅（Tatyana Yablonskaya,1919-2005）的《粮食》（1949）表现了第二次世界大战后苏联社会的无阶级斗争，迈向共产主义社会的艺术思想，作为范式，代表了社会主义现实

图 2-88 《布尔什维克》

图 2-89 《粮食》

图 2-90 苏维埃宫

图 2-91 《工人和集体农庄
女庄员》

主义盛期的作品。图面上丰收时欢乐的气氛洋溢在劳动者的脸上，画面以金色调为主（图 2-89）。

1932 年 4 月召开了苏共代表大会，通过了"关于改造文学、艺术组织"的决议，决议从统一所有的苏联艺术和文学大师们的思想和创作立场的角度出发，敦促组成统一的创作联盟。1932 年，所有的建筑团体、所有的建筑师都统一到"苏联建筑师联盟"中，成为苏联建筑发展方向的分水岭。[85]1937 年召开全苏建筑师大会，确定了社会主义现实主义的建筑发展方向。1930 年代至 1950 年代逐步形成新古典主义的社会主义现实主义建筑，社会主义现实主义被认为是一种方法，而并非一种风格。[86] 按照社会主义现实主义理论，苏联建筑艺术与社会主义社会物质文化有着必然的联系，直接依靠工业发展，依靠社会主义工业所创造的可能性。[87] 这种新古典主义植根于十月革命前的俄罗斯古典主义传统，俄罗斯古典主义已经深入俄罗斯人的审美意识，社会主义现实主义意味着古典建筑艺术中的进步方法的复兴，同时也是发展民族艺术的进步形式。[88] 也有评论将这一时期的社会主义现实主义建筑归为现代古典主义。

苏联建筑师波利斯·米哈伊洛维奇·约凡（Борис Михайлович Иофан，1891-1976）在苏维埃宫第四轮的设计竞赛中获选。苏维埃宫的设计高度从最初的 280m 增至 415m，顶部是 103m 高的列宁塑像，建成后会是全世界最高的建筑。[89] 方案于 1934 年正式公布，这座建筑成为苏联艺术的象征（图 2-90）。

1937 年巴黎世博会的苏联馆也是约凡的设计，苏联馆的顶部

（a）外观

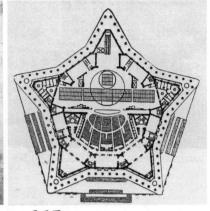

（b）平面图

（c）红军大剧院现状

图 2-92　红军大剧院

树立着女雕塑家薇拉·穆希娜（Vera Mukhina，1889-1953）的巨型不锈钢雕塑《工人和集体农庄女庄员》，整座雕塑高 24m。高举锤子与镰刀的工人与农民的形象放在建筑顶部作为构图的中心，约凡的设计呈台阶形，成为雕塑的基座，整座展馆仿佛一座纪念碑（图 2-91）。

　　阿拉比扬（Karo Halabyan，1897-1959）设计的莫斯科红军大剧院（1934-1940），是当年欧洲最大的剧院。以苏联红军军徽的五角星形作为平面布局，突破了传统的剧院布局，具有象征性。与广场上原有的历史建筑相媲美，成为苏联红军的纪念丰碑，反映苏联红军的文化，富有表现力（图 2-92）。

图 2-93 莫斯科办公楼设计　　图 2-94　莫斯科大学

图 2-92 是莫斯科市总建筑师和规划师切丘林（Дми́трий Никола́евич Чечу́лин，1901-1981）设计的莫斯科办公楼（1948），位于克里姆林宫附近。婚礼蛋糕式样的建筑风格被称为"斯大林式摩天楼"，显示战后苏联建筑的新古典主义和折衷主义倾向以及反现代的审美（图 2-93）。战后社会主义现实主义的建筑代表作有苏联建筑师列夫·鲁德涅夫（Лев Владимирович Ру́днев，1885-1956）设计的新古典主义风格的莫斯科大学校舍（1953），主楼 36 层，高 240m，是当时世界上除纽约的超高层建筑之外最高的建筑，所有的走道总长 33km，一共有 5000 间房间（图 2-94）。

第五节　波普艺术与后现代主义

1945 年以来，相继出现了新粗野主义（New Brutalism）、波普艺术（Pop Art）、光效应艺术（Op Art）、极简主义（Minimalism）、概念艺术（Conceptual Art）、装置艺术（Instalation）、大地艺术（Land Art）、后现代主义（Postmodernism）、高技术派（High-Tech）、新表现主义（Neo-Expressionism）、新波普（Neo-Pop）等艺术流派。其中与建筑密切相关的是波普艺术和后现代主义。

一、波普艺术

波普艺术是 1950 年代中至 1950 年代末在英国和美国兴起的基于消费主义和大众文化的艺术

运动，波普艺术可以追根溯源达达主义的影响，法裔美国画家、雕塑家和作家马塞尔·杜尚、法国先锋派画家和诗人毕卡比亚（Francis Picabia，1879-1953）等的艺术思想和作品预示了波普艺术的发展。波普艺术也与1960年代在纽约兴起的新达达主义（Neo-Dada）相提并论，波普艺术和新达达主义沿袭了平凡和通俗的艺术语汇，对现实采取虚无主义的态度。[90]波普艺术并没有在艺术和生活之间划出界限，这场运动以诸如广告、连环漫画以及世俗艺术等大众文化和通俗艺术挑战传统艺术。波普艺术强调大众文化中的媚俗和玩世不恭，用通俗的形象和常见的物品作为主要的艺术材料组合在作品中，运用机器复制手段，商业技巧或渲染方法，反对极端个性化的抽象表现主义艺术的无定形绘画。波普艺术的名称最先由英国艺术批评家和策展人阿洛韦（Laurence Alloway，1926-1990）在1954年提出，起先称之为"大众通俗艺术"（mass popular art），在1960年代称之为"波普艺术"。阿洛韦对于波普艺术的社会背景有如下的描述：

"能准确地复制文字、图画和音乐的大批生产的技术，已引起了大量可消费的符号和象征物。再想用以文艺复兴为基础的'美术是独一无二的'思想来处理这个正在爆炸的领域是无能为力的。由于宣传工具被社会接受，使我们对文化的概念发生了变化。文化这个词不再是最高级的人工制品和历史名人的最高贵的思想专用的了，人们需要更广泛地用它来描述'社会在干什么'。"[91]

英国画家和拼贴艺术家理查德·汉密尔顿（Richard Hamilton，1922-2011）将波普艺术定义为："通俗的，短暂的，可消费的，便宜的，大批生产的，面向青年的，机智诙谐的，性感的，诡秘狡诈的，刺激和冒险的，大生意。"[92]他在1959年的一幅拼贴画《是什么使今天的家庭如此别致，如此动人？》是波普艺术的代表作，"波普"（POP）在画中鲜明地在一根棒头塘上标示出来，成为波普艺术的主要形象，波普艺术家利希滕斯坦（Roy Lichtenstein，1923-1997）和罗森奎斯特（James Rosenquist，1933-2017）的作品，以及时兴的电视机、吸尘器、磁带录音机等都浓缩在这幅画中（图2-95）。

波普艺术的影响遍及绘画、雕塑、音乐、文学、电影、电视、艺术设计、建筑等领域，也在戏剧表演中推出了偶发艺术（Happening）。主要的波普艺术家有美国画家、雕塑家利希滕斯坦、画家劳申伯格（Robert Rauschenberg，1925-2008）、艺术家安迪·沃霍尔（Andy Warhol，1928-1987）、瑞典裔美国雕塑家奥顿伯格（Claes Oldenburg，1929-）、美国艺术家罗森奎斯特等。利希滕斯坦的作品从漫画和卡通作品中获得灵感，作品主题选自大众文化，具有鲜明的色彩和清晰的轮廓（图2-96）。出生于商业插图画家的沃霍尔喜爱大量产品特有的呆板性，他的作品探讨艺术表现与广告之间的关系，应用绘画、丝网印刷、摄影、电影和雕塑等艺术手段，表现如同实物一样的绘画，如肉汁罐头标签、肥皂盒和成排的软饮料瓶等（图2-97）

事实上，波普艺术并不是民间美术，也远不是大众美术，它是由"受过高等专业训练的专家为广大观众"创造的，它是为人民群众而做的。[93]波普艺术适合注重高技术和大众传媒的社会，美国艺术家昆斯（Jeff Koons，1955-）的新波普风格作品甚至将媚俗转化为高雅艺术，他断言："公

图 2-95 《是什么使今天的家庭如此别致，如此动人？》

（a）外观

（b）细部

图 2-96 利希滕斯坦的雕塑

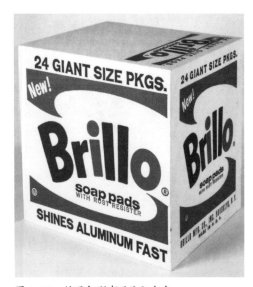

图 2-97 丝网印刷布里洛肥皂盒

图 2-98 在凡尔赛宫展出的昆斯的《充气狗》（1994-2000）

众就是我的现成艺术作品"[94]（图 2-98）。

波普自始至终都与建筑紧密联系在一起。英国建筑师艾莉森·史密森（Alison Margaret Smithson，1928-1993）和彼得·史密森（Peter Denham Smithson，1923-2003）夫妇是1950 年代初最早的一批波普艺术的发起者，也是新粗野主义（New Brutalism）的创始人。他们反对现代主义国际式建筑，也反对战后英国建筑怀旧式的优雅。主张：

"粗野主义试图面向大量生产的社会，从当前混乱和强大的力量中挖掘简略的诗意。"[95]

史密森夫妇的作品试图把城市生活中粗犷的一面带入新艺术中，显示出"社会现实主义"的风

图 2-99 亨斯坦顿学校

格，推崇一种基于变化的美学。[96] 代表作有被誉为最早的粗野主义的建筑，位于诺福克郡的亨斯坦顿学校（1949-1954）和罗宾汉花园住宅（1969-1972）等（图 2-99）。

1960 年代在英国发端的建筑电讯派（Archigram）发扬了波普艺术的表象性、大众媒体和消费性，将精英文化和通俗文化结合在一起，创造了一种融合 19 世纪的工业建筑、20 世纪的制造业、军用仪表、生态学、电子学和波普艺术为一体的建筑风格。[97] 建筑电讯派的创始人彼得·库克（Peter Cook，1936-）曾经师从彼得·史密森，深受粗野主义建筑的影响。建筑电讯派采用的广告式的绘画表现也类似于波普艺术（图 2-100）。

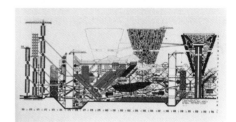

图 2-100 彼得·库克的《插入式城市》

图 2-101 文丘里的《建筑师之梦》

美国建筑师文丘里（Robert Venturi，1925-2018）的作品相当大程度上表现出波普艺术风格，主张建筑是符号表现，他的绘画表现也采用通俗的波普艺术手法，将精英文化与通俗文化，甚至艳俗文化拼贴在一起（图 2-101）。文丘里声称当今的时代不再是表现主义的时代，而是手法主义时代。在这个时代与其说建筑是空间，不如说建筑是符号。[98] 他的作品注重形象性，提倡显而易见的视觉传达，信息和装饰的多样性变换以及日常和普通元素的因袭（图 2-102）。

图 2-102 加州大学研究中心

图 2-103　孟菲斯的设计

二、后现代主义

后现代主义是 20 世纪中至 20 世纪末兴起与发展的思想及艺术运动，这个运动试图与现代主义分道扬镳，反对现代主义的大叙事和意识形态。后现代主义艺术在材料、风格、结构、环境的多元化，表明后现代主义不是单一的艺术风格。[99] 后现代主义涉及哲学、文化研究、语言学、经济学、女权主义，哲学中的科学哲学、解构和后结构主义得到普遍发展。后现代主义的影响遍及视觉艺术、音乐、电影、艺术设计、文艺、建筑、城市规划等领域，多媒体、虚拟现实、装置艺术、概念艺术、电子艺术、数字艺术等得到充分表现。

后现代主义可以广泛地应用在文化现象上，属于一种多元和通俗的方法，基本上是与任何传统形式的折中混合。[100] 实际上，1880 年代就已经出现了后现代主义这个名词，用来描述与法国印象派有所区别的绘画风格，1914 年已经用来表述宗教信仰态度的变化，1920 年代在视觉艺术和音乐中出现后现代主义的概念，1940 年代在阿根廷作家和诗人博尔赫斯（Jorge Luis Borges，1899-1986）的作品中已经出现了后现代主义的倾向。

后现代主义既是一种艺术风格，也是对这个后现代时期艺术的界定，既是精英文化，也是大众文化和消费文化。难以对后现代主义艺术加以统一界定，彼此之间往往有很大差异。艺术界的代表人物有英国画家、雕塑家、舞台设计师霍克内（David Hockney，1937-），英国画家霍奇金（Howard Hodgkin，1932-2017），设计界的代表有意大利设计和建筑师事务所孟菲斯（Memphis Group）。意大利建筑师和设计师索特萨斯（Ettore Sottsass，1917-2007）领导的设计和建筑师事务所孟菲斯的作品属于重要的波普艺术，作品包括家具、珠宝、玻璃器皿、灯具、家用器具和办公设备，以及建筑和室内设计。作品有鲜艳的色彩和丰富的造型，有些作品刻意反功能（图 2-103）。

后现代主义的视觉艺术关注社会现实和弱势群体，以多元方式表现过去被边缘化的问题。美国画家、雕塑家和实验艺术家朱迪·芝加哥（Judy Chicago，1939-）的装置艺术作品《晚餐会》（1974-1979）是一件女权主义作品，赞扬女性在历史上的作用。[101] 每边长 14.63 米的三角形餐桌排布了 39 位历史上神秘与著名的女性人物的餐具，总共有 998 位女性的名字镌刻在铺地的瓷砖上（图 2-104）。

后现代主义建筑对艺术产生重要的影响，作为对现代主义国际式建筑的教条和正统已经破灭的乌托邦的反叛，回归地域风格和历史传统。后现代主义建筑反对采用纯粹的形式和完美的细部，而是采用色彩丰富的装饰，应用各种形式、设计手法和材料。主要的代表人物有美国建筑师查尔斯·穆尔（Charles Moore，1925-1993）、格雷夫斯（Michael Graves，1934-2015）、文丘里等，查尔斯·穆尔抵制主流现代主义的排他性，他设计的新奥尔良的意大利广场（1975-1978）雕刻了意大利的地图，将西西里岛放在广场的中央，隐喻意大利移民来自西西里岛。广场上布置了科林斯柱式的凯旋门，它的设计为了娱乐和消遣。整个构图具有歌剧舞台背景的特征，力求表达美国大众文化的建筑风格（图2-105）。格雷夫斯设计的俄勒冈州波特兰大厦（1982）成为后现代主义风格的代表作，具有强烈的纪念性和历史主义。节俭得像盒子形的波特兰大楼，装饰着从退台墩座上升起的七层高的巨大壁柱，支撑着四层高的红色拱心石。建筑侧面，壁柱的柱头以石头系带的花环装饰（图2-106）。

就普遍的观点而言，后现代主义建筑的概念已经不再局限于后现代历史主义建筑。后现代主义所反对的现代主义本身就是一个无法统一界定的概念，后现代主义是一个不断拓展的概念，甚至是现代主义的延续和超越。[102] 在英国文化理论家、景观设计师和建筑史学家查尔斯·詹克斯（Charles Jencks，1939- ）的《后现代主义史》（*The Atory of Post-Modernusm*，2011）中已经将各种风格的当代建筑纳入后现代主义建筑的范畴，包括英国建筑师比尔·邓斯特（Bill Dunster，1960- ）设计的伦敦贝丁顿"零能耗"生态住宅（BedZED，

图2-104 《晚餐会》

图2-105 意大利广场

图2-106 波特兰大厦

图 2-107　伦敦蛇状展览馆

2002）、挪威斯讷山建筑师事务所（Snøhetta）设计的埃及亚历山大图书馆（1989-2001）、
日本建筑师伊东丰雄（Toyo Ito，1941- ）的伦敦蛇状展览馆（Serpentine Galleries，2002）等（图
2-107）。

本章注释：

［1］雅各布·布克哈特.意大利文艺复兴时期的文化.何新译.马香雪校.北京：商务印书馆，1979.第 143 页.

［2］威廉·弗莱明.艺术和思想.吴江译.上海：上海人民美术出版社，2000，第 276 页.

［3］同上，第 325 页.

［4］范景中主编《美术史的形状》，傅新生、李本正译，杭州：中国美术学院出版社，2003.第 160 页.

［5］Robin Middleton, David Watkin. *Neoclassicism and 19th Century Architecture*. Electa/Rizzoli. 1980.p.7.

［6］萨莫森《建筑的古典语言》，张欣玮译，杭州：中国美术学院出版社，1994.第 41 页.

［7］这幅画表明了建筑史走向新古典主义的乌托邦，这种乌托邦代表了新古典主义建筑师梦寐以求的理想.

［8］皮拉内西高度赞赏古罗马的废墟，并且在他描绘虚构的监狱建筑的 16 幅《监狱组画》中以空间作为主题，在形象中重建这些建筑，使整个欧洲都重新审视对待文物的观点和态度。在新古典主义建筑中探讨宏伟的多重空间。皮拉内西的多重空间对后现代主义建筑的空间产生了重要的影响，这里选择的图片是《监狱组画》中的第六幅.

［9］David Blayney Brown. *Romanticism*. Phaidon. 2001. p.10.

［10］休·霍勒《浪漫主义艺术》，袁宪军、钱坤强译，上海：三联书店上海分店，1992.第 194 页.

［11］David Blayney Brown. *Romanticism*. Phaidon. 2001. p.10。

［12］休·霍勒《浪漫主义艺术》，袁宪军、钱坤强译，上海：三联书店上海分店，1992.第 13 页.

［13］保罗·亨利·朗格《十九世纪西方音乐文化史》，张洪岛译，北京：人民音乐出版社，1982.第 5 页.

［14］马尔科姆·安德鲁斯《寻找如画美 英国的风景美学与旅游，1760–1800》，张箭飞、韦照周译，南京：译林出版社，2014.第 36 页.

［15］罗伯特·休斯《新艺术的震撼》，刘萍君、汪晴、张禾译，上海：上海人民美术出版社，1989.第 235 页.

［16］约翰·罗斯金《建筑的诗意》，王如月译，济南：山东画报出版社，2014.第 4 页.

［17］Amy Dempsey. *Styles, Schools and Movements*. Thames & Hudson. 1999.p.41.

［18］罗伯特·休斯《新艺术的震撼》，刘萍君、汪晴、张禾译，上海：上海人民美术出版社，1989.第 112–113 页.

［19］Klaus Reichol, Bernhard Graf. *Paintings that changed the World, from Lascauxto Picasso*.Prestel. 1998. p.170.

［20］陈英德，张弥弥《契里柯》，石家庄：河北教育出版社，2005.第 14 页.

［21］Wiiliam J.R. Curtis. *Modern Architecture since 1900*. Phaudon.1996. p.54.

［22］拉雷·文卡·马西尼《西方新艺术发展史》，马风林等译，南宁：广西美术出版社，1994.第 7 页.

［23］Wiiliam J.R.Curtis. *Modern Architecture since 1900*. Phaudon.1996. p.58.

［24］John E.Bowlt.*Moscow and St.Petersburg in Russian's Silver Age*. Thames & Hudson.2008. p.9.

［25］Manfredo Tafuri, Francesco Dal Co. *Modern Architecture/1*.Electa/Rizzoli. 1986. p.105.

［26］Paolo Vincenzo Genovese. *Cubismo in Architettura*. m.e.architectural books and review.2010. p.7.

［27］萨拉·柯耐尔《西方美术风格演变史》，欧阳英、樊小明译，杭州：浙江美术学院出版社，1992.第 199 页.

［28］Neil Cox. *Cubism*. Ohaidon.2000.p.4.

［29］同上，p.11.

［30］罗伯特·休斯《新艺术的震撼》，刘萍君、汪晴、张禾译，上海：上海人民美术出版社，1989.第 14 页.

［31］Neil Cox. *Cubism*. Ohaidon.2000.p.98.

［32］萨拉·柯耐尔《西方美术风格演变史》，欧阳英、樊小明译，杭州：浙江美术学院出版社，1992.第 201 页.

［33］Paolo Vincenzo Genovese. *Cubismo in Architettura*. m.e.architectural books and review.2010：68.

［34］Neil Cox. *Cubism*. Ohaidon.2000.p.331.

［35］Paolo Vincenzo Genovese. *Cubismo in Architettura*. m.e.architectural books and review.2010：84.

［36］同上，p.84.

［37］Neil Cox. *Cubism*. Ohaidon.2000.p.337.

［38］Paolo Vincenzo Genovese. *Cubismo in Architettura*. m.e.architectural books and review.2010：156.

［39］Christian Benedik. *Master Works of Architectural Drawing from the Albertina Museum*. Prestel.2018：316.

［40］Paolo Vincenzo Genovese. *Cubismo in Architettura*. m.e.architectural books and review.2010.p.166.

［41］罗伯特·休斯《新艺术的震撼》，刘萍君、汪晴、张禾译，上海：上海人民美术出版社，1989.第 35 页.

［42］Giovanni Lista, Ada Masoero. *Futurismo 1909–2009*. Skira. 2009. p.77.

［43］圣埃利亚《未来主义建筑宣言》，汪坦、陈志华主编《现代西方建筑美学文选》，北京：清华大学出版社，2013.第 30 页.

［44］John E.Bowlt.*Moscow and St.Petersburg in Russian's Silver Age*. Thames & Hudson.2008. p.116.

［45］Giovanni Lista. Art and Architecture in Futurism. Germano Celant. *Architecture, Kaleidoscope of the Arts*.
Architecture & Arts 1900/2004 – A Century of Creative Projects in Building, Design, Cinema, Painting, Photography, Sculpture. Skira. 2004. p.21。

［46］马里奈蒂、博乔尼等《致威尼斯人书》，载《现代西方文论选》，上海：上海译文出版社，1987.第 71 页.

［47］帕皮尼《未来主义与马里奈蒂主义》，见西方文艺思潮论丛《未来主义·超现实主义·魔幻现实主义》，北京：中国社会科学出版社，1987.第 64 页.

［48］Didier Ottinger. *Futurism*. Centre Pompidou. 5 Continents.2008. p,30.

［49］Giovanni Lista. Art and Architecture in Futurism. Germano Celant. *Architecture, Kaleidoscope of the Arts*.
Architecture & Arts 1900/2004 – A Century of Creative Projects in Building, Design, Cinema, Painting, Photography, Sculpture. Skira. 2004. p.21.

[50] Germano Celant. *Architecture, Kaleidoscope of the Arts. Architecture & Arts 1900/2004 – A Century of Creative Projects in Building, Design, Cinema, Painting, Photography, Sculpture.* Skira. 2004. p.98.

[51] Hal Foster. *Neo–Futurism:Architecture and Technology.* AA Files, No. 14 (Spring 1987), p. 25.

[52] 安娜·莫斯金斯卡《抽象艺术》，黄丽娟译，台北：远流出版，1999. 第 78 页 .

[53] Amy Dempsey. *Styles, Schools and Movements.* Thames & Hudson. 1999.p.108.

[54] А.В. 利亚布申、И.В. 谢什金娜《苏维埃建筑》，吕富珣译，北京：中国建筑工业出版社，1990. 第 23 页 .

[55] 尤里·谢尔盖耶维奇·里亚布采夫《千年俄罗斯：10至 20 世纪的艺术生活与风情习俗》，张兵、王加兴译，北京：生活·读书·新知三联书店，2007. 第 298 页 .

[56] А.В. 利亚布申、И.В. 谢什金娜《苏维埃建筑》，吕富珣译，北京：中国建筑工业出版社，1990. 第 13 页 .

[57] Giovanni Lista. Art and Architecture in Futurism. Germano Celant. *Architecture, Kaleidoscope of the Arts.*
Architecture & Arts 1900/2004 – A Century of Creative Projects in Building, Design, Cinema, Painting, Photography, Sculpture. Skira. 2004. p.23.

[58] 卡米拉·格瑞《俄国的艺术实验》，曾长生译，台北：远流出版，1995. 第 201 页 .

[59] Neil Cox. *Cubism.* Ohaidon.2000.p.402.

[60] Christian W. Thomsen. *Visionary Architecture.from Babylon to Virtual Reality.* Prestel. 1994.p.66.

[61] 穆·波·查宾科《论苏联建筑艺术的现实主义基础》，清河译，北京：建筑工业出版社，1955. 第 33 页 .

[62] 袁志英 "表现主义" ，伍蠡甫主编《现代西方文论选》，上海：上海译文出版社，1983. 第 149–150 页 .

[63] 威尔汉姆·沃林格"抽象和移情作用"，载弗兰西斯·弗兰契娜、查尔斯·哈里森主编《现代艺术和现代主义》，张坚、王晓文译，上海：上海人民美术出版社，1988. 第 254 页 .

[64] 同上，第 264 页 .

[65] Amy Dempsey. *Styles, Schools and Movements.* Thames & Hudson. 1999.p.70.

[66] Amy Dempsey. *Styles, Schools and Movements.* Thames & Hudson. 1999.p.130.

[67] 弗兰克·惠特福德《包豪斯》，林鹤译，北京：生活·读书·新知三联书店，2001. 第 44 页 .

[68] 同上，第 71 页 .

[69] 威廉·弗莱明《艺术和思想》，吴江译，上海：上海人民美术出版社，2000. 第 590 页 .

[70] 李欧梵《上海摩登——一种新都市文化在中国 1930–1945》，毛尖 译 .Oxford University Press，2000. 第 10 页 .

[71] 勃勒东 "什么是超现实主义？" ，伍蠡甫主编《现代西方文论选》，上海：上海译文出版社，1983. 第 169 页 .

[72] 同上 .

[73] Amy Dempsey. *Styles, Schools and Movements.* Thames & Hudson. 1999.p.151.

[74] Neil Spiller. *Architecture and Surrealism.* Thames & Hudson. 2016. p.9.

[75] 易英主编《西方当代美术批评——文选》（上册），石家庄：河北美术出版社，2008. 第 72 页 .

[76] 库尔哈斯《癫狂的纽约》，唐克扬译，北京：生活·读书·新知三联书店，2015. 第 449 页 .

[77] 安东尼·维德勒《建筑的异样性：关于现代不寻常感的探寻》，贺玮玲译，北京：中国建筑工业出版社，2018. 第 88 页 .

[78] 同上，第 159 页 .

[79] Christian W. Thomsen. *Visionary Architecture.from Babylon to Virtual Reality.* Prestel. 1994.p.124.

[80] Daniel Libeskind. *The Space of Encounter.* Universe. 2000.p.84.

[81] 俄罗斯年——俄罗斯文化节《太阳城——社会主义现实主义的辉煌》，2006. 节 7–8 页 .

[82] Boris Groys. Educating the Masses : Socialist Realist Art. *Russia! Nine Hundred years of Masterpieces and Master Collections.* Guggenheim Museum. 2005.p.118.

[83] 苏联科学院哲学研究所、艺术史研究所《马克思列宁主义美学原理》下册，陆梅林等译，北京：生活·读书·新知三联书店，1962. 第 699 页 .

[84] Boris Groys. Educating the Masses : Socialist Realist Art. *Russia! Nine Hundred years of Masterpieces and Master Collections.* Guggenheim Museum. 2005. p.120–122.

[85] А.В. 利亚布申、И.В. 谢什金娜《苏维埃建筑》，吕富珣译，北京：中国建筑工业出版社，1990. 第 78 页 .

[86] 穆·波·查宾科《论苏联建筑艺术的现实主义基础》，清河译，北京：建筑工业出版社，1955. 第 38 页 .

[87] 同上，第 14 页 .

[88] 同上，第 197 页 .

[89] Alesandro De Magistris. Realisms in Soviet Architecture from 1930s to the 1950s. *Socialist Realisms: Soviet Painting 1920–1970.* Skira. 2012. p.174.

[90] 威廉·弗莱明《艺术和思想》，吴江译，上海：上海人民美术出版社，2000. 第 618 页 .

[91] 罗伯特·休斯《新艺术的震撼》，刘萍君、汪晴、张禾译，上海：上海人民美术出版社，1989. 第 302 页 .

[92] Amy Dempsey. *Styles, Schools and Movements.* Thames & Hudson. 1999.p.217.

[93] 罗伯特·休斯《新艺术的震撼》，刘萍君、汪晴、张禾译，上海：上海人民美术出版社，1989. 第 303 页 .

[94] Amy Dempsey. *Styles, Schools and Movements.* Thames & Hudson. 1999.p.281.

[95] 同上，p.206.

[96] William J. R. Curtis. *Modern Architecture Since 1900.* Phaidon.1996.p.531.

[97] Simon Sadler. *Archigram: Architecture without Architecture.* The MIT Press. 2005. p.8.

[98] Robert Venturi &Denise Scott Brown. *Architecture as Signs and Systems: for a Mannerist Time.* The Belknap Press of Harvard University. 2004. p.7.

[99] Amy Dempsey. Styles, Schools and Movements. Thames & Hudson. 1999.p.269.

[100] Ian Chilvers. *Dictionary of 20th Century Art.* Oxford. 1998. p.489.

[101] Amy Dempsey. *Styles, Schools and Movements.* Thames & Hudson. 1999.p.27.

[102] Charles Jencks.*The Story of Post–Modernism.* Wiley.2011.p.181.

第三章

建筑与雕塑

第三章

建筑与雕塑

在所有的艺术中，建筑与雕塑的关联度最高，因此也产生出建筑／雕塑（ArchiSculpture）的特殊指称。建筑和雕塑在造型、空间、几何形、物质性方面具有某些共性，这是基于它们在自然中的空间关系所决定的。建筑师和雕塑家都向自然学习，从中获得灵感，建筑和雕塑一般都具有人性的尺度和城市空间的尺度。随着社会生活和观念的演变，当代雕塑也在转型过程中，从古代附属于建筑的装饰雕塑、架上雕塑转向城市雕塑，从注重体量转向空间和场所，从外在于人的体积转向包容并与人互动的环境，从静态空间走向四度空间。

关于建筑与雕塑的关系，奥地利建筑师和设计师汉斯·霍莱因（Hans Hollein，1934-2014）认为在特殊的情况下，建筑与雕塑没有区别。他以"空间发射器"来指称建筑雕塑：

"存在一种没有目的的建筑，绝对的建筑……建筑雕塑是一种空间现象。建筑／雕塑放射出空间。'空间发射器'是一种辐射出空间的结构。" [1]

然而，建筑与雕塑的区别也是显然的，功能、空间以及建筑与环境场所的整体关系，社会的、经济的、技术的、构造的等复杂的因素是雕塑所不具备的，造型上的相似性仅仅是一种表象，只是最后的结果。雕塑家的培养和知识面、技术与建筑师的培养有着巨大的差异，雕塑家不是建筑师，建筑师也不是雕塑家，尽管他们之间可以跨界，但不能消除建筑与雕塑的界限。

第一节 建筑的雕塑性

在许多情况下，建筑与雕塑的界限并非如传统美学理论所阐述的那样清晰。古典建筑的拟人化表现使古典建筑成为宇宙的象征，古典雕塑以人作为模仿的对象，成为宇宙的具象，正是在这点上，使建筑与雕塑具有共性，雕塑成为建筑的重要组成部分，而建筑就整体而言也成为一种雕塑。一些建筑可以称之为雕塑性建筑，一些雕塑也可以称之为建筑性雕塑。

历史上的皇宫、教堂、钟塔、市政厅、法院、城堡、府邸、桥梁等，都是标志性建筑，突出在城市环境之中，具有雕塑性，成为一种公共艺术。这种标志性建筑在现代城市中由超高层建筑、百货公司、博物馆、火车站、航空港等所取代。

一、雕塑作为建筑的组成部分

长期以来古典主义建筑和雕塑作为造型艺术，都试图表现崇高，表现美，表现永恒，它们在表现上的追求是一致的。尤其是在博物馆、陵墓和纪念性建筑中，建筑的造型性起着主导作用。但是建筑师在设计建筑时，受到功能、材料和技术的制约远比雕塑家复杂。

在古典建筑中，雕塑是建筑的组成部分，甚至起结构支承作用，作为柱子或作为支承建筑出挑部分的牛腿（图 3-1）。[2] 雅典的伊瑞克提翁神庙（Erechtheion，公元前 421- 前 406）的敞廊以女像柱（Maidens）作为廊柱（图 3-2）。建筑史上有许多应用人像柱的案例，希腊人称呼男性

图 3-1　人像柱

（a）外观

（b）女像柱敞廊　　　　（c）女像柱

图 3-2　雅典伊瑞克提翁神庙的女像柱敞廊

图 3-3 奥洛龙—圣玛
丽大教堂的人像柱

图 3-4 圣彼得堡埃尔米塔什博物馆的入口门廊

图 3-5 字林西报大楼
的阿特兰特雕像

的人像柱为阿特拉斯或阿特兰特（Atlas, Atlantes），罗马人则称为第拉蒙（Telemon），阿特兰
特的处理手法常见于巴洛克建筑，往往用来取代柱子。在古典主义建筑中，用女像雕饰称为卡立阿
基特（女像柱，Caryatid），按罗马人的说法称为卡尼福莱（Canephorae）。男像柱多用以较大
的承重，女像柱上承受的重量则比较小，能轻易地顶住。

　　中世纪的建筑也用雕塑作为支柱，以法国 12 世纪建造的奥洛龙—圣玛丽的大教堂人像柱为代
表（图 3-3）。19 世纪建造的圣彼得堡埃尔米塔什博物馆的入口门廊以男像柱作为装饰（图 3-4）。
建于 1921 ～ 1924 年的上海外滩的字林西报大楼檐部的腰线用阿特兰特雕像承托，一方面使托座
的过渡比较自然，另一方面又有强烈的装饰效果（图 3-5）。

　　在特殊的环境中，雕塑成为建筑，而建筑性也成为雕塑的重要表现，尤其是景观建筑，雕塑与
建筑存在对话关系。在抽象艺术的基础上，建筑与雕塑在某些类型上具有同一性，印度公元 1 世纪
的桑吉大窣堵波（Stupas）是佛教最高等级的纪念建筑。它的基本形式是一个实心的、穹顶式的覆
钵体，上面罩着一个伞盖。以垂直轴表现世界轴线的窣堵波形式，隐喻宇宙。[3] 半球形的覆钵建造
在一个直径约 40 米的圆形台基上。在顶部，栏楯围合出一个被称为宝匣的方形平台，在重要位置
上布置宏伟的大门，其上排列着精美的浮雕（图 3-6）。

　　历史上有一些建筑就是从岩石上以雕塑的方式刻出来的。公元前 2 世纪到公元 6 世纪印度的岩
窟寺、支提窟大厅，从天然岩石中开凿圣殿和石窟寺。中国的敦煌莫高窟、克孜尔石窟、龙门石窟、
云冈石窟、麦积山石窟等也是从山岩中开凿出的礼拜空间和寺庙（图 3-7）。

　　7 世纪中期左右从花岗岩中开凿而出的印度泰米尔纳德邦默哈伯利布勒姆的"五战车神
庙"，犹如石雕，是集各种神殿形式的大成。五战车指的分别是货车、马车、战车、山车和寺
院（图 3-8）。

　　山东历城神通寺四门塔（公元 611 年），为单层庭阁式塔，也可称为石佛龛。塔身通体以青
石块砌成，平面为边长 7.38m 的正方形，高约 13m，四面各开辟一个半圆形拱门，塔内正中有一

图 3-6 桑吉大窣堵波

（a）敦煌莫高窟

（b）龙门石窟
图 3-7 中国的石窟

图 3-8 默哈伯利布勒姆的"五战车神庙"

图 3-9 山东神通寺四门塔

图 3-10 柯克比的装置艺术

根塔心方柱，方 2.3m，柱身四面有佛像。塔的顶部为四层石砌叠涩出檐，收成截头方锥形。[4] 整个建筑宛如一座独立的石砌雕塑（图 3-9）。

今天的人们也可以说丹麦画家、雕塑家、电影制片人、作家珀尔·柯克比（Per Kirkeby，1938-2018）的砖砌雕塑实际上是一种建筑。图 3-10 是他在 1911 年为德国法兰克福国家图书馆所做的砖雕（图 3-10）。1973 年他在日德兰半岛所作的雕塑《房屋》（Huset）就可以说完全是一座独立式的建筑，甚至比神通寺的四门塔更像建筑（图 3-11）。

中世纪大教堂那独特的造型，布满雕塑的外墙，缀满彩色玻璃的玫瑰花窗，精致的细部，室内的祭坛和雕塑，布道坛和歌坛，既是建筑的组成部分，也是雕塑。图 3-12 是始建于 1163 年的巴黎圣母院，西立面的塔楼于 1250 年建成，南立面上的玫瑰花窗十分精美（图 3-12）。[5] 始建于 1211 年的兰斯大教堂西立面和两翼的正立面都有巨大的玫瑰窗，西入口的门楣中心也有玫瑰窗。

图 3-11　柯克比为丹麦日德兰半岛
所做的雕塑

（a）外观

（b）南立面的玫瑰花窗

图 3-12　巴黎圣母院

（a）外观

图 3-13　兰斯大教堂

（b）绘画中的兰斯大教堂

（c）兰斯大教堂室内

教堂内外的雕刻都异常丰富，以适合其国王加冕仪式的地位。拱廊的柱头上有着华丽而常常是自然主义的雕饰，人物雕像布满了西立面（图 3-13）。[6]

　　图 3-14 是意大利中世纪城市锡耶纳的大教堂，以其奢华的装饰闻名于世，色彩和雕塑十分丰富。1360 年落成的立面上有意大利画家、雕塑家、建筑师乔瓦尼·皮萨诺（Giovanni Pisano，约 1250 ～ 1315）雕刻的许多雕像。图 3-14（a）是 1790 年的一幅版画，表现锡耶纳大教堂建筑的平面和立面（图 3-14）。[7]

　　自 20 世纪以来，现代雕塑所经历的潮流和发展变化，几乎在现代建筑运动中都有所反映。而建筑也独立于造型艺术，不再是雕塑以房屋形式的一种延续，同时也往往由传统意义上的空间变成超级雕塑。雕塑从建筑中汲取元素，建筑也从雕塑中获得形式感，它们在艺术手法上有许多共同之处。19 世纪末诞生的现代雕塑曾经从建筑史中获得启示，20 世纪艺术有一个令人迷惑的现象就是雕塑与建筑的相互作用和相互影响，1920 年代的表现主义和立体主义建筑则用塑造的方式处理建筑造型。1970 年代出现的装置艺术更是一种雕塑走向建筑的变体。雕塑和建筑在格构、变形、叠置、排比、

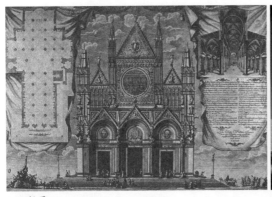

（a）版画

（b）外观

（c）祭坛

（d）布道坛

（e）雕塑

图 3-14 锡耶纳大教堂

（a）建筑的格构

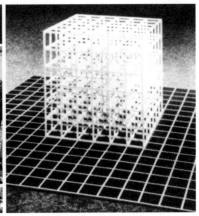

（b）美国雕塑家勒维特的格构

图 3-15 建筑与雕塑的格构

旋转、简约等手法上有许多共同之处，甚至雕塑中的现成艺术在建筑中也有真实的表现（图3-15）。

　　奥地利裔美国建筑师、理论家、舞台艺术家、雕塑家弗雷德里克·基斯勒（Frederick Kiesler，1890-1965）早年是"风格派"的成员，与欧洲先锋派艺术家有很多的交流，1926年移居纽约，曾经与超现实主义艺术家合作。他设计过一系列的想象中的建筑、装置艺术和家具。在

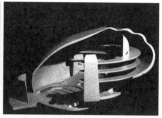

（a）住宅 　　　　　　　　　　（b）剧院 　　　　　　　　　（c）剧院剖面

图3-16　基斯勒的设计

1947年发表《魔幻建筑》（Magic Architecture）一文，他认为19世纪见到了建筑—绘画—雕塑作为一个整体的曙光，而20世纪却在没落，主张"现代功能主义已经死亡"，建筑—绘画—雕塑应当在新的水平上整合，并邀请雕塑家、画家和建筑师共同实现他的计划。[8]他在1965年发表《全面现实主义第二宣言》（Second Manifesto of Correalism），宣称"一个造型艺术的新时代已经来到"，继续宣扬艺术家的相互关联。[9]基斯勒本人也设计了一些具有强烈雕塑感的住宅和剧院，然而都只是想象中的建筑，始终没有建成（图3-16）。

二、建筑作为雕塑

古典建筑的三角形山墙是重点装饰雕塑的部位，雕塑的题材根据建筑的性质而定。希腊雅典卫城的帕提农神庙（Parthenon，公元前447-前436），东山墙雕刻装饰描绘雅典娜的出生，西山墙雕刻装饰则描绘雅典娜与波塞冬为争当雅典保护神而进行的竞争（图3-17）。罗马帝国时期重要的建筑山墙也大都饰有雕塑，罗马万神庙（118-约128）的三角形山墙上饰有青铜鹰浮雕，后来被拆卸用来铸造圣彼得大教堂内的华盖。新古典主义建筑也刻意表现山墙的雕塑，由于是教堂，巴黎的马德莱娜教堂（1804-1849）的三角形山墙饰有复杂的雕塑，主题是基督教的最后的审判（图3-18）。

法国新古典主义建筑师艾蒂安-路易·部雷（Etienne-Louis Boullée，1728-1799）擅长表现想象的建筑，以夸张的金字塔形、球形以及圆柱形这些象征性的建筑语言来取代功能性的建筑语言。他构想的牛顿纪念堂（Cenotaph for Newton, 1784）采用了球体，球体是一种永恒的造型。部雷的乌托邦式的设计高150m，中间为一个球形空间，不仅是建筑自成体系的原型，也是建筑/雕塑的最早形式之一。同时也是立体主义抽象的古典传统（图3-19）。[10]

球形建筑在建筑史上不断地重现，1900年巴黎世博会的标志是在埃菲尔铁塔旁建造了一个大型的天球（Globe Céleste），直径为45m，顶部有一个观景平台，蓝色和金色组成的天球仪安放在一个18m高的基座上（图3-20）。1939年纽约世博会的世博球继承了牛顿纪念堂的造型，具有深邃的内涵，直径49m的世博球（Perisphere）的形象代表了人类对理性的追索，隐喻未来

（a）复原图

（b）三角形山墙的雕塑

图 3-17　帕提农神庙

（a）山墙正面

（b）马德莱娜教堂的三角形山墙细部

图 3-19　牛顿纪念堂

图 3-18　马德莱娜教堂的三角形山墙

图 3-20　1900 年巴黎世博会
的天球仪

（a）标志－世博球

（b）1964 年纽约世博会的世博球

图 3-21　1939 年纽约世博会

世界。[11] 这个造型在 1964 年纽约世博会的标志地球塔（Unisphere）上重复出现（图 3-21）。
1967 年蒙特利尔世博会的美国馆也采用了球体的造型（图 3-22）。

　　现代建筑不乏以雕塑的方式来表现的实例，最典型的是德国建筑师埃里希·门德尔松以表现主义
手法设计的爱因斯坦塔（1921）（图 3-23）。这座塔楼是为了验证爱因斯坦的相对论而建造的，门
德尔松把相对论作为建筑的表现主题，用混凝土和砖塑造了一座流线型的塔楼，外立面上开出一些形

图 3-22　1967 年蒙特利尔世博会美国馆　　　　图 3-23　爱因斯坦天文台　　图 3-24　博乔尼的雕塑
《空间连续的独特形式》

状不规则的窗洞，象征运动感。成为现代建筑/雕塑的里程碑，扩展了纪念碑的类型学。[12] 这座塔楼
仿佛是意大利未来主义画家、雕塑家博乔尼的雕塑《空间连续的独特形式》在建筑上的演绎。美国建
筑师盖里的雕塑型的建筑设计也显然受到意大利未来主义画家和雕塑家博乔尼雕塑的影响（图3-24）。

　　西班牙建筑师高迪（Antoni Gaudí, 1852-1926）的一些作品是建筑与雕塑融为一体的典范，
高迪堪称建筑师中的雕塑家，他设计的巴特略公寓和米拉公寓（1906-1912）都杰出地表现了建筑
的雕塑性，尤其是米拉公寓立面上的阳台和屋顶上的通风塔造型（图3-25）。

　　自现代主义出现以后，雕塑和建筑的边界也愈益模糊不清。德国现代主义建筑理论家西格弗里
德·吉迪恩（Sigfried Giedion, 1893-1968）指出："建筑正接近雕塑，而雕塑也正向建筑靠拢。"[13]

　　自 1920 年代起，受构成主义、表现主义和立体主义的影响，许多建筑师把建筑塑造得具有丰
富的雕塑形象。1950 年代，由于钢筋混凝土的塑性表现，出现了一大批试图将建筑与雕塑，几何
形与有机造型综合的建筑，成为一种新潮。收藏艺术品的古根海姆博物馆是建筑雕塑的先驱，美国
建筑师赖特（Frank Lloyd Wright, 1869-1959）设计的纽约古根海姆博物馆（1956-1959）表
现的正是建筑的这种雕塑性（图3-26）。赖特的古根海姆博物馆让人联想起欧洲艺术界先锋派领
袖之一，法国雕塑家、画家和诗人让·阿尔普（Jean Arp, 1887-1966）的雕塑（图3-27）。

　　特定环境中的建筑为了融入环境，或者突出在环境中，或者两者兼而有之的情况下，为建筑师
提供了启示和母题，表现出其个性和艺术品质。勒·柯布西耶的作品往往是立体主义雕塑的表现，
他设计的朗香教堂（1950-1954）被看作是至关重要的雕塑作品，他认为建筑是光影在几何体上的
变幻，建筑是秩序、数字与可测量的形体（图3-28）。

　　日本建筑师丹下健三（Kenzo Tange, 1913-2005）是日本现代建筑的奠基人，新陈代谢设
计思想的代表人物，他的作品往往极具雕塑性。他在 1961 年设计的东京圣马利亚教堂将十字形的
平面与采光带组合成一个具有象征意义的建筑雕塑（图3-29）。

　　意大利建筑师吉奥·蓬蒂设计的塔兰托大教堂（1971），建筑的外墙用砂浆粉刷，灰色的瓷

（a）外观　　　　　　（b）细部

图 3-25　高迪的米拉公寓

（a）渲染图　　　　　　　　　　　（b）纽约古根海姆博物馆

图 3-26　纽约古根海姆博物馆

图 3-27　阿尔普的
雕塑

图 3-28　勒·柯布西耶的朗香上圣
母院朝觐教堂

图 3-29　丹下健三设
计的东京圣马利亚教堂

砖用来装饰。建筑造型上采用了许多菱形和方形的洞口，形成丰富的装饰形体。意大利建筑师莫莱蒂（Luigi Moretti,1907-1973）对此有一番评论：

"整面墙的每一部分都可以透风，在直射和反射光的照耀下，与阴影微微的对比，形成无比灿烂辉煌的效果，云朵似乎就聚集在那里……光线如同穿过水晶般进入室内。"[14]（图 3-30）

伊拉克裔英国建筑师扎哈·哈迪德自认是抽象主义者，她的个性十分强烈，她的建筑是数码空

（a）外观

图 3-30　塔兰托大教堂

（b）塔兰托大教堂细部

图 3-31　罗马当代艺术中心

（a）博览会全景

（b）瑞士默顿 2002 年博览会"巨石"

图 3-32　瑞士默顿 2002 年博览会"巨石"

间时代的未来主义雕塑。她认为既然存在 360 种角度，为什么只使用一种 90°的直角建造建筑。哈迪德作品的显著特征是非对称的立面，无柱子的空间，几乎没有垂直的墙面，地面也很少保持平整。她设计的墙面与地面的关系从来就不是直角，而具有像公园内滑板的滑道那样的曲面，她的复杂空间设计应用了船型设计的计算机软件，表现出强烈的流动性。在作品中，她最关注的是运动和速度，建筑的造型表现出内在的运动（图 3-31）。按照对扎哈·哈迪德进行专访的美国新闻记者和作家约翰·希布鲁克（John Seabrook）的描述，扎哈很少谈论空间，用得最多的词汇是"能量"和"场"。[15]

　　今天的建筑在精神意义上日益重要，尤其是对城市空间的重要影响作用，使建筑的雕塑性与雕塑的建筑性的议题成为普遍关注的问题。一些特殊的建筑，例如展览建筑、博物馆、地标性建筑，甚至一些理想和幻想中的未来城市模型，都日益变成雕塑，或者说成为动态的大型雕塑，正如一些大型雕塑正变成装置艺术，成为人们可以进入的空间，雕塑与建筑的界限愈益模糊。法国建筑师让·努维尔为瑞士默顿 2002 年博览会设计的"巨石"，就是无比庞大的建筑雕塑，如同雕塑中纯粹的整体（图 3-32）。

　　英国建筑师诺曼·福斯特（Norman Foster，1935-）设计的 180m 高的伦敦瑞士再保险公司大楼（2004）被评价为"时尚得难以名状的建筑"（图 3-33）。正因为建筑与雕塑的模糊界限，这类难以名状的建筑正在日渐增多。

　　曾被德国媒体戏称为"建筑坏男孩"和"建筑摇滚"的奥地利建筑师组合"蓝天组"成立于 1968 年，

（a）外观　　　　　　　　　　（b）伦敦瑞士再保险公司大楼构　　图3-34　维也纳法尔肯大街6号
　　　　　　　　　　　　　　　　　　思草图　　　　　　　　　　　公寓的屋顶改建

图3-33　伦敦瑞士再保险公司大楼

他们的"非建筑化"的"复杂性建筑"表现出强烈的雕塑性。"蓝天组"的取名源自建筑师希望他们的组合能够听起来像摇滚乐队，他们尝试从艺术、哲学以及教育中寻找设计方法，成名作是维也纳法尔肯大街6号公寓的屋顶改建（1983-1988）（图3-34）。"蓝天组"的沃尔夫·普瑞克斯（Wolf D. Prix, 1942-）主张建筑就像船舶制造，他们采用设计船舶的软件来设计建筑，认为建筑是"将一个场所中存在的张力用强化的视觉方式做出的表达"。普瑞克斯是这样表述"蓝天组"的建筑艺术思想的：

　　"建筑必须是雄伟的、燃烧的、流畅的、坚硬的、有棱有角的、野性的、丰满的、微妙的、五彩的、欲望的、艳丽的、梦幻的、诱惑的、悸动的……

　　生或者死。

　　冷——就要冷得像冰块一样，

　　热——就要热得像燃烧的翅膀。

　　建筑必须燃烧。"[16]

　　由西班牙EMBT事务所设计的巴塞罗那天然气公司总部大楼犹如刚劲的雕塑（图3-35）

　　自设计西班牙毕尔巴鄂的古根海姆博物馆（1997）以来，盖里的建筑作品更趋向无定形的雕塑，他设计的杜塞尔多夫传媒港的海关大楼由三座建筑组成，各自的外观材料和色彩各异，建筑造型仿佛雕塑（图3-36）。西雅图大众文化博物馆（Museum of Pop Culture，2000）与雕塑很难加以区分。这座博物馆用作实验性音乐活动，采用盖里惯用的金属外观材料。媒体形容这座建筑的造型宛如电子吉他，建成后对建筑的评价也是毁誉参半（图3-37）。

　　西班牙建筑师圣地亚哥·卡拉特拉瓦（Santiago Calatrava Valls，1951-）身兼工程师、城市规划师、画家、雕塑家，尤以他设计的单塔桥梁、体育场、博物馆、火车站著称，他设计的大

图 3-35 巴塞罗那天然气公司
总部大楼

（a）远观

（b）近景

图 3-36 杜塞尔多夫传媒港的海关大楼

（a）俯瞰

（b）近景

图 3-37 西雅图大众文化博物馆

多数建筑都具有丰富的造型，结构与造型融为一体，艺术地表现力的平衡，仿佛雕塑。卡拉特拉瓦为 1992 年巴塞罗那奥运会设计的通讯塔（Montjuïc Communications Tower，1989-1992）高 136m，造型独特，由于塔所处的场地，也兼具日晷的作用（图 3-38）。他设计的加那利群岛的圣克鲁斯-德特内里费会堂（Auditorio de Tenerife, 1997-2003）宛如一尊巨型的雕塑耸立在大海边，成为城市和群岛的地标（图 3-39）。

2008 年在威尼斯建成的连接罗马广场和圣露西亚火车站的步行桁架拱桥，圆弧半径为 180m，跨度达 79.72m，作为城市的标志，虽然这座桥的正式名称是"宪法桥"（Ponte della Costituzione），但人们习惯称之为"卡拉特拉瓦桥"（图 3-40）。

当代未来主义风格的建筑多具有雕塑性，日本建筑师渡边诚（Makoto Sei Watanabe，1952-）设计的东京 K 博物馆（K-Museum，1996）宛如未来主义与新陈代谢主义作品的混合。博物馆建造在 1980 年代东京计划扩张城市的基地上，这片基地处于荒芜的状况，只有一些废弃的市政设施。渡边诚设计的这座光怪陆离的博物馆建造在一个黑色的基座上大跨度出挑，外墙采用四种不同的金属，表面处理各异，以不同的色彩反射出周围的环境和天空，强烈的几何形体组合就像一座大型雕塑（图 3-41）。[17]1972 年创立的澳大利亚 DCM 建筑师事务所（Denton Corker Marshall）设计的曼彻斯特法院大楼（2007）造型丰富，大体量的出挑，犹如雕塑般耸立在城市环境中（图 3-42）。

图 3-38　巴塞罗那奥运会通讯塔

（a）俯瞰　　　　　　　　　（b）近景

图 3-39　圣克鲁斯－德特内里费会堂

（a）俯瞰　　　　　　　　　（b）近景

图 3-40　卡拉特拉瓦桥

三、雕塑类比建筑

　　建筑与雕塑的相互关系是 20 世纪最为突出的现象，现代雕塑在 19 世纪出现时，最先就是从建筑史中得到借鉴。法国画家、版画家，20 世纪最重要的雕塑家之一，马约尔（Aristide Maillol，1861-1944）的雕塑受到古典主义建筑的影响，而罗马尼亚雕塑家、画家布朗库西（Constantin Brâncuşi, 1876-1957）的雕塑受到罗马风建筑的影响，俄国构成主义的构架和塔状雕塑则受到哥特式建筑的影响，建筑师用雕塑的方法塑造他们的建筑。1970 年代兴起的装置艺术，雕塑直接成为人们可以进入的建筑。[18] 马约尔的雕塑寻求建筑感和建筑空间：

　　"雕塑与建筑同样寻求事物的平衡……我总是在几何形体的基础上发展，方形、菱形或三角形，因为这些形状在空间中是最起作用的。"[19]

　　乌克兰画家和艺术理论家马列维奇在 1915 年创立至上主义（Suprematism），发表了论文《从立体主义到至上主义》。至上主义试图超越传统，纯感觉地表现抽象的几何逻辑构成，创作纯理性的构图，主张一种创造空间的艺术，以克服绘画的平面表现，摆脱物质世界的束缚。他认为：

　　"建筑作品是一种综合艺术，这也是为何它必能与所有的艺术领域相关联的原因。"[20]

　　马列维奇从 1915 年开始实验三度空间理想建筑素描，他将这些素描草图称为《当代环境》，1916 年还绘有至上主义空间建筑图。1923 ～ 1924 年间他创作了一系列具有构成主义风格的住宅建筑设计构思图，称之为《未来住宅设计计划》《飞行员的住宅》等。他在 1924 年发表《至上主义宣言》（Suprematist Manifesto Unovis），指出：

（a）外观

（b）细部

（c）外观

图 3-41　东京 K 博物馆

图 3-42　曼彻斯特法院大楼

图 3-43　马列维奇的 Bêta 模型

图 3-44　布朗库西的《吻》

图 3-45　布朗库西的雕塑

　　"当代艺术，尤其是绘画进入了所有的领域，意识超越了平面，走向空间的创造"。[21] 他在 1919 年末开始制作由立方体和切割立方体形成的三维雕塑，1922 ~ 1923 年间创造了一系列建构逻辑（Architekton），强调建构的艺术性（图 3-43）。

　　现代雕塑的出现，也受到建筑的启示，布朗库西的作品注重自然的元素，表现原始主义，显示出雕塑家受到罗马风建筑的影响。从他 1907 年起直到 1940 年代初的作品《吻》系列，可以见到史前时期的巨石和罗马风时期教堂建筑柱头的影响（图 3-44）。布朗库西早年的作品专注于人物形象，从 1910 年代中期以后，逐渐从建筑中获得借鉴。他曾经与一些著名的建筑师，诸如奥地利裔美国建筑师基斯勒、芬兰建筑师阿尔托（Alvar Aalto, 1898-1976）、法国建筑师和设计师让·普鲁韦（Jean Prouvé，1901-1984）、勒·柯布西耶等广为接触。布朗库西曾计划于 1927 年在纽约举办建筑模型展，最终没有成功。1928 ~ 1929 年，他曾经设计过一座庙宇，其造型显然受到勒·柯布西耶在 1920 年的新精神杂志中引用的筒仓影响（图 3-45）。

　　当布朗库西在 1926 年经过了长途旅行，来到纽约的哈德逊河畔时，第一眼就认为纽约曼哈顿

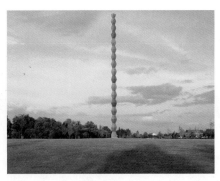

图 3-46　布朗库西的《无穷柱》与世界贸易中心　　图 3-47　《无穷柱》　　　图 3-48　《吻之门》

的天际线与他的工作室十分相似，惊呼道："怎么回事！这就像在我的工作室！"布朗库西认为"真实的建筑就是雕塑。"[22] 布朗库西在访问美国时，为纽约的摩天大楼所吸引，他在 1928 年 10 月 3 日的《纽约时报》上说："纽约的建筑，那些摩天大楼让我产生一种新的伟大的诗性艺术的感觉"。所以，他期望将他的雕塑《无穷柱》（1937）的放大版变成公寓大楼建在纽约中央公园，或者在芝加哥的密歇根湖畔，用抛光的不锈钢建造一座 122 米的无穷柱。在 2004 ~ 2005 年的建筑与雕塑对话展上，策展人将布朗库西的《无穷柱》与世界贸易中心加以类比（图 3-46）。他的《无穷柱》高 29.3m，于 1938 年立在罗马尼亚的特尔古日乌（图 3-47）。

　　布朗库西为罗马尼亚特尔古日乌的第一次世界大战英雄纪念碑设计的《吻之门》（1937-1938），是整个纪念碑英雄大道的纪念门，是一座通向来世的大门（图 3-48）。[23]

　　布朗库西反对把他的作品称为抽象艺术：

　　"有一些白痴把我的作品定义为抽象艺术，他们所称之为抽象的，恰恰是最现实的，现实并不在于外观，而是理念，事物的本质。"[24]

　　俄罗斯裔美国雕塑家和画家路易莎·奈维尔逊（Louise Nevelson，1899-1988）擅长户外环境雕塑，以绘画的手法创作雕塑。她的雕塑多以块状结构相互连接成整体，一种装配集合。她在 1960 ~ 1961 年创作的木质系列雕塑《大潮》（Royal Tide）具有建筑感，以各种有机的形式加以拼贴，涂饰金黄色或黑色，富有纪念性，并成为环境的组成部分（图 3-49）。[25]

　　景观建筑也是建筑与雕塑相互融合的试验场，以色列雕塑家和景观建筑师达尼·卡拉万（Dani Karavan，1930-）设计的比尔谢巴的内盖夫纪念碑（Monument to the Negev Brigade，1963-1968），是为了纪念 1947 年一场保护水源地战争的胜利。纪念碑位于内盖夫沙漠上，有一座 20m 高的瞭望塔，里面装有一架管风琴，还有一条从象征性的水泉引水的混凝土水道，这是雕塑与建筑的结合（图 3-50）。卡拉万的一些雕塑很难在建筑空间与雕塑之间加以区分（图 3-51）。正如德国建筑师汉斯·珀尔齐希（Hans Poelzig，1869-1936）设计的表现主义建筑——柏林大

图 3-49 《大潮 IV》

图 3-50 卡拉万的内盖夫纪念碑

（a）俯瞰

（b）近景

图 3-51 卡拉万的雕塑

（a）外观

（b）维也纳圣三一教堂模型

图 3-53 维也纳圣三一教堂

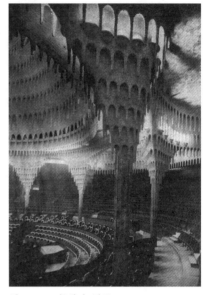

图 3-52 柏林大剧院

剧院（Grosses Schauspielhaus，1919）与雕塑之间很难加以区分一样[26]（图 3-52）。

　　立体主义雕塑在某种程度上也成为建筑雕塑，在第 2 章我们已经介绍过奥地利雕塑家弗里茨·沃特鲁巴以立方体作为基本形塑造抽象的几何形体，他以 152 块不规则的立方体构件作为基本形，塑造出抽象而又具有节奏感的维也纳圣三一教堂几何形体（图 3-53）。

　　英国雕塑家雷切尔·怀特里德（Rachel Whiteread,1963- ）的作品多采用混凝土、砂浆和树脂，表现出她对建筑的兴趣，她的许多作品也与建筑和建筑构件有关。她的作品注重表现内部和外部的翻转，或使用建筑的空间，表现"空的空间"。[27]1993 年在伦敦的一件无题作品就是房屋的隐喻，她将一幢在伦敦东区要拆除的中产阶级住宅作为模板浇注成一座雕塑，将房屋的室内翻成一座雕塑，然后将房屋拆除，形成内部空间。这件混凝土浇筑的作品竖立在一片空旷的场地上，《房屋》的外表是实体的室内墙面。雕塑完成后曾被誉为"本世纪由英国艺术家创作的最杰出和最富想象的雕塑"，但也有评论说是"当年最糟的作品"[28]（图 3-54）。

（a）外观 （b）侧面

图 3-54 《房屋》

（a）外观 （b）局部

图 3-55 维也纳的大屠杀纪念碑

　　采用同样的室内外翻转手法和"空的空间"理念，怀特里德在 2000 年完成的大屠杀纪念碑树立在维也纳的犹太人广场上，这座纪念碑又名"无名的图书馆"，纪念 65000 名遇难的奥地利犹太人。这也是真实建筑比例的雕塑——一座大门紧闭的图书馆，坐落在一块 10m×7m 的基座上，总的高度为 3.8m。外观仿佛是翻转的书架，立面的肌理是图书，书脊朝外，仿佛是无数册同一本书，但无法阅读，象征很多的遇难者[29]（图 3-55）。

第二节 建筑师与雕塑

黑格尔认为建筑是内在的艺术，而雕塑是客观的艺术，在他看来，雕塑是比建筑更高一层的艺术，属于古典艺术类型。

在特殊的环境中，或者在功能性不怎么制约建筑造型的情况下，雕塑性成为建筑的特征，而建筑性也成为雕塑的重要表现，尤其是景观建筑，雕塑与建筑存在一种对话关系。在抽象艺术的基础上，建筑与雕塑在某些类型上具有同一性，也因此称为建筑雕塑（Archisculpture）。

一、建筑师作为雕塑家

历史上的许多建筑师同时也是雕塑家和画家，建筑师也往往跨界做雕塑。纪念碑是三维结构，建筑师设计纪念碑时也就是在做雕塑。有些纪念碑甚至就是建筑，例如罗马的祖国祭坛（Altare della Patria，1885-1935），又称维克多·伊曼纽尔二世纪念堂，由意大利建筑师朱瑟普·萨康尼（Giuseppe Sacconi,1854-1901）设计，以纪念意大利的统一以及第一位国王伊曼纽尔二世。纪念堂前有一个巨大的阶梯平台，平台上伫立着国王的骑马像，背景是巨大的科林斯式柱廊，两端的塔楼支撑着宏伟的青铜雕塑群。纪念堂内是展示意大利复兴运动的博物馆[30]（图3-56）。

在瓦萨里的《意大利杰出建筑师、画家和雕刻家传》中，列出了雕塑家兼建筑师的传记，而且首先是雕塑家，然后才同时是建筑师。米开朗琪罗在1516年已经声名鹊起，完成了西斯廷礼拜堂的天顶画，但是仍被主要看作为雕塑家和画家。[31]巴洛克时期的建筑师吉安·洛伦佐·贝尔尼尼尽管有一系列的建筑作品问世，仍主要是雕塑家，然后才是建筑师。巴黎美术学院于1648年创立，培养画家、雕塑家和建筑师，分别设置绘画和雕塑学院以及建筑学院，直到1998年5月才将建筑系从巴黎美术学院分离出去。18世纪的新古典主义美术学院将建筑师、画家和雕塑家的培养设在同一所学院中学习。1737年，在意大利的费拉拉创建了一所绘画、雕塑、建筑及设计学院，也是在同一所学院中培养画家、雕塑家和建筑师。[32]

建筑师密斯·凡·德·罗曾经设计了柏林的李卜克内西和卢森堡纪念碑，又称革命纪念碑（Revolutionsdenkmal，1926），用红砖砌筑，宽12m，高6m，1935年被

（a）外观

（b）近景

图3-56　维克多·伊曼纽尔二世纪念堂

毁（图 3-57）。

日本建筑师矶崎新（Arata Isozaki, 1931- ）设计的茨城县水户艺术馆的塔楼（1990）受布朗库西的无穷柱的构思启发，矶崎新在低矮的博物馆、剧场和会议厅建筑群之间插入了一座 100.6m 高的钛合金塔楼，建筑师的意图是激发参观者去思考艺术与建筑。矶崎新也做过装置艺术，曾于 1996 年在佛罗伦萨的观景楼城堡的平台上展出（图 3-58）。

西班牙建筑师、工程师、城市规划师圣地亚哥·卡拉特拉瓦的雕塑多为表现力的平衡，他在为 1992 年塞维利亚世博会设计的阿拉米罗大桥（Alamillo Bridge, 1992）上应用了他的雕塑《跑动的躯干》（1985）这个旋转的大理石立方体雕塑的构思，表现力的精巧平衡（图 3-59）。这是一座由 142m 高的斜塔支承的斜拉索桥，跨度达 200m，用 13 对钢索拉住桥梁。斜塔呈 58° 倾斜角，这个倾角源自古埃及的胡夫金字塔（图 3-60）。

彼得·埃森曼设计的柏林欧洲被害犹太人纪念碑群（1997-2005）由 2711 个不同灰度的宽 950mm，长 2375mm 的深灰色水泥碑体组成，整个场地呈正交网格，碑体之间相距 950mm，碑体的比例与棺材相仿，仿佛一片布满灰色棺材的田野，一群敲打着德国灵魂的墓穴。我们可以说这是雕塑，也可以说是一种建筑空间，成为具有震撼力的表现死亡命运的空间（图 3-61）。碑体的高度从 0 到 4.7m，顶面与人的视点形成波动起伏的渐进线，碑群布置在高低起伏的场地上，表现出一种不稳定性和不在场的在场，隐喻空间的迷失，正如埃森曼所说：

图 3-57 李卜克内西和卢森堡纪念碑

图 3-58 茨城县水户艺术馆塔楼

图 3-59 阿拉米罗大桥

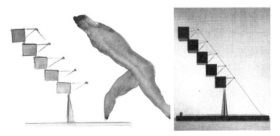

图 3-60 卡拉特拉瓦的画《跑动的躯干》

（a）俯瞰

（b）近景

图 3-61　柏林欧洲被害犹太人纪念碑群

图 3-62　赫尔佐格
和德默龙的《15 号阅
读室》

"这个空间不是墓地。我不想把任何姓名写在上面；它应该是意义的缺失。"[33]

瑞士建筑师赫尔佐格和德梅隆设计的北京奥运会体育场"鸟巢"（2008）也已将建筑化作雕塑。也正因为这种雕塑性，使这座建筑具有独创性。赫尔佐格与德梅龙在金华建筑艺术公园的作品《15 号阅读室》（2004），就是一种进入式建筑雕塑（Walk-in ArchiSculpture），一种装置艺术。平面是一个正方形，立体化后形成一个正方体，这个正方体的每一个面由相同的中国传统的漏窗图案所包装。建筑师将一个可观赏的太湖石转译为一个可游、可居、可行的体验空间，从而将有着流动形态的太湖石抽象为不等边六角形的三维空间（图 3-62）。

奥地利建筑师汉斯·霍莱因在 1984 年威尼斯双年展上曾经展出他的装置艺术作品《最后的舞台》，这是用霓虹灯管和布的组合布置，模仿莱奥纳多·达·芬奇的名画《最后的晚餐》，但将人物换成灯泡，霓虹灯管布置成舞台。

建筑与雕塑在空间、构成、物质性、材料和体量方面有许多共性，贝耶勒基金会（Foundation Beyeler）于 2004 年 10 月至 2005 年 1 月，由瑞士艺术史学家、策展人和作家马库斯·布吕德林（Markus Brüderlin，1958-2014）策展，在瑞士的里恩/巴塞尔举办了主题为《建筑雕塑：18 世纪迄今建筑与雕塑之间的对话》（ArchiSculpture: Dialogues between Architecture and Sculpture from 18th Century to the Present Day）的展览。展示了 100 多位建筑师、雕塑家、画家和摄影家的 190 件作品，展览会将雕塑作品与建筑模型放在一起加以比较，例如将诺尔曼·福斯特的伦敦瑞士再保险公司大楼（2004）的模型与布朗库西的雕塑《鸟》（1923），亨利·摩尔的雕塑《斜倚的人物》（1977）与勒·柯布西耶的朗香上圣母院朝觐教堂并列展示（图 3-63）。

历届威尼斯建筑双年展所展出的许多建筑作品其实是装置艺术或雕塑，尤以 2008 年第 11 届威尼斯建筑双年展为代表，建筑与艺术的融合在这届双年展上达到了高潮。美国建筑师弗兰克·盖里展出了他的作品的综合形象，实质上也是一件装置艺术品（图 3-64）。盖里在他的职业生涯中钟爱雕塑、绘画和文学艺术，他在这届双年展的宣言中说：

图 3-63 摩尔的雕塑《斜倚的人物》

（a）盖里的鱼形灯

图 3-64 盖里在 2008 年威尼斯建筑双年展的作品

（b）盖里的鱼形雕塑

图 3-65 盖里的鱼

"就定义而言，一座建筑就是一件三维的雕塑。在确凿的阶段，艺术与建筑有许多相似性。"[34]

盖里除建筑设计外，也从事家具设计、灯具设计、珠宝设计、舞台设计，甚至设计游艇，他的大多数作品都很难在建筑与雕塑之间加以区分。他受鱼的启发，认为 3 亿年前的人类就是鱼，鱼给了他一整套可以用在设计上的形式语言，鱼也成为盖里的设计母题，他曾经在 1983 年利用新的建筑材料"彩虹心"（Color Core）设计过两款鱼形灯具。[35]他也为巴塞罗那的奥运村设计了一条巨型的鱼（图 3-65）。他在 1986 年为日本神户设计了一座"鱼舞餐厅"，最早的构思是盖里为日本的开发商画在餐巾上的草图，造型上有一尾巨大的鱼雕塑，建成后成为神户的地标。他在 1992 年为巴塞罗那奥运村设计了鱼（El Peix）作为装置艺术（图 3-66）。自 1981 年起，盖里与美国极简主义雕塑家和录影艺术家理查德·塞拉（Richard Serra，1939-）共同探讨艺术家和建筑师的合作，塞拉擅长金属板组合的大型雕塑。

盖里作品的雕塑性甚于建筑，他也深受美国现代画家劳申伯格和瑞典裔美国大众艺术家克莱斯·奥登伯格（Claes Oldenburg，1929-）的影响，使他的作品隐含超现实主义的风格。[36]他曾与奥登柏格共同创作，奥登伯格善长公共装置艺术，尤其是日常事物的大体量翻制。盖里为洛杉矶

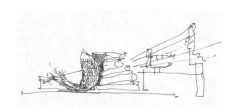

（a）鱼舞餐厅构思草图

（b）外观

图 3-66　鱼舞餐厅

（a）外观

（b）近景

图 3-67　双筒望远镜大楼

一家广告公司设计的俗称双筒望远镜大楼（Chiat/Day Building，1991-2001）的巨大望远镜雕塑就是奥登伯格的作品，艺术家想通过这架双筒望远镜模糊掉雕塑与建筑的界限，三层楼高的望远镜雕塑作为建筑的入口，整个建筑的立面呈现出三种不同的风格，双筒望远镜也成为城市的公共艺术（图 3-67）。

1992 年创办的西班牙曼西利亚和图尼翁建筑师事务所（Mansilla + Tuñón Architects），由路易斯·莫雷诺·曼西利亚（Luis Moreno Mansilla，1959-2012）和埃米利奥·图尼翁（Emilio Tuñón，1959-）组成，作品以博物馆和文化建筑为主，建成的作品基本上都在西班牙，2002 年参加西班牙坎塔布里亚博物馆（Museum of Cantabria）设计竞赛的方案造型宛如一座抽象雕塑（图 3-68）。

由建筑师张轲（1970-）在 2001 年创办的标准营造事务所，在 2013 年为北京大栅栏地区杨梅竹斜街的更新计划所做的"微胡同"（一期），2012 ~ 2014 年的"微杂院"的建造实验，探索在传统胡同局限的空间中创造可供多人居住的超小型社会住宅的可能性。既是城市居住空间，也成为位于较私密生活空间与城市性的街道间的过渡空间，同时也成为可供微胡同居民及社区邻居共同使用的半公共空间。张轲巧妙地将自己的雕塑建筑植入胡同的历史环境中，创造出景观与建筑之间的和谐关系（图 3-69）。

二、作为雕塑的建筑模型

建筑模型是一种按比例缩小的模型，用来形象化地仿真展示建筑，供介绍建筑或在设计过程中进行方案探讨。按照建筑模型的用途和展示意图，可以采用不同的材料，例如泡沫塑料、有机玻璃、木材、纸板、金属材料等，甚至也有利用电脑合成的虚拟模型，同时也可

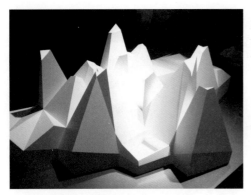

图 3-68　坎塔布里亚博物馆设计方案

图 3-69　张轲的"微胡同"

图 3-70　东汉时期的釉陶明器

图 3-71　唐三彩明器

以根据需要采用不同的比例。建筑模型包括总体模型、景观模型、建筑单体模型、室内模型等。

建筑模型可称之为建筑雕塑，甚至也会把建筑模型作为雕塑陈列或收藏。中国古代有表现建筑物随墓葬的建筑明器，这大约是世界上最早的建筑模型。由于建筑明器为随葬物品，多为模仿真实的建筑，又因材料及制作工艺的原因，相对比较粗糙。目前出土最早的建筑明器是陕西武功游凤仰韶遗址的陶质房屋，距今约 7000～5000 年。[37] 建筑明器的种类包括建筑单体和群体，图 3-70 为东汉时期的釉陶明器，楼阁、斗栱、屋檐细部清晰可见，上面还有人物，显示出建筑的尺度关系（图 3-70）。图 3-71 为唐代的三彩明器，表现建筑群和院落（图 3-71）。中国古代很早就有关于建筑模型的记载，隋朝开始有按比例的建筑模型。公元 610 年，隋文帝诏全国十三州同时建"仁寿舍利塔"，其样式由"有司造样，送往当州建造"，按照塔样，至公元 604 年，共建 111 处，塔样即塔的模型。[38] 宋代的木样亦即工程模型，出现了 1：100 的比例。

称作"烫样"的建筑设计模型是流传至今的"样式雷"图档的组成部分，故宫收藏有 83 件烫样。在当时主要是为了呈给皇帝审阅而制作，因而形象逼真，数据准确，具有极高的历史价值。现存烫样主要是清代同治、光绪年间重建圆明园、颐和园、西苑等地时所做的设计模型。作为清代皇家建

图 3-72　样式雷的"廓然大公"烫样

筑设计御用班底的样式雷家族，烫样用纸板、油脂、水胶、秫秸、木料、沥粉等材料制作，成为精巧的微缩模型。[39] 图 3-72 是样式雷的圆明园四十景之一"廓然大公"烫样，又称"双鹤斋"（图3-72）。

　　古希腊时代已经出现了缩小比例的用陶土或蜡制作的建筑模型，模型相当抽象，可能是作为祭祀的器皿。根据记载，早在古希腊、罗马时期就出现了建筑模型，希腊历史学家希罗多德(Herodotus，公元前 484？ - 前 430 至 420) 曾经在他的著作中描述了德尔斐神庙的模型。公元前 4 世纪末的伊瑞克提翁神庙的希腊雕塑家阿加桑诺（Agathanor）曾经用蜡制作天花藻井的莨苕叶饰模型。[40]古罗马建筑师的坟墓上往往会放置建筑的模型，或者将建筑模型放在那些吩咐建造神庙或建筑的人的坟墓上。[41] 在罗马的博物馆中还保存了一座来自大马士革的建筑师阿波洛多鲁斯（Apollodorus，活动时期为 2 世纪早期）设计的多瑙河桥的木制模型。

　　中世纪的意大利已经比较普遍地应用模型来表达建筑设计，1286 年，建筑匠师和雕塑家阿诺尔福·迪坎比奥（Arnolfo di Cambio，约 1245- 约 1302）设计佛罗伦萨大教堂时，提交了一个模型，随着工程的进展，又陆续做了几个修正的模型，甚至在 1367 年还制作了一座砖砌的模型。[42]从意大利锡耶纳画派画家塔代奥·迪巴尔托洛（Taddeo di Bartolo，约 1363-1422）的一幅绘于大约公元 1400 年的绘画"圣吉米尼阿诺和以他命名的城市模型"，我们可以看到这座历史上早期的建筑模型。画面上，圣吉米尼阿诺手上捧着城市的模型，同这一时期的其他模型一样，这是一种用于庆典和祭祀的模型，纯粹作为表现建筑的模型还没有出现（图 3-73）。

　　建筑模型在中世纪欧洲的其他地方似乎不像意大利那样普遍，但是也有使用建筑模型的记载。9 世纪建造的法国圣日耳曼 - 当克叙尔修道院在建造前，有一座用蜡制作的整体模型。建造法国兰斯大教堂的建筑师于格·利贝热大师（Hugh Libergier,?-1267）的墓石上刻有他的画像，一手拿着尺子，另一手端着大教堂的模型 [43]（图 3-74）。

　　始建于 1028 年的德国瑙姆堡大教堂于 2018 年被命名为世界文化遗产，教堂西端的圣坛建于1250 年，圣像以及众多教堂创立人物雕像的华盖（Baldachine）采用各种造型的教堂建筑屋顶模型，屋顶造型各异，这些模型纯粹起装饰作用 [44]（图 3-75）。1377 年的一尊浮雕展示了乌尔姆的市长和夫人将教堂的模型放在建筑师的肩上 [45]（图 3-76）。

根据文献记载和实物的留存可以判断，从 13 世纪起建筑模型用于建筑的建造过程中，建筑模型的定义大约是 15 世纪出现的，要求匠师在建筑完工后制作建筑模型。[46] 中世纪时期的建筑模型多数在建成后用作展示，始建于公元 792 年的德国亚琛大教堂，整座教堂的建造过程历经 7 个世纪，教堂的造型也十分复杂。教堂的入口旁放了一尊大

图 3-73　圣吉米尼阿诺和以他命名的城市模型

图 3-74　于格·利贝热大师的墓碑

教堂的铜铸模型，既是雕塑，又是对大教堂的最好介绍（图 3-77）。建于 1434 ~ 1521 的法国鲁昂圣马克洛教堂（Saint Maclou）有一个用木材和纸板制作的相当精美的模型。[47]（图 3-78）。

建于 10 世纪的波兰弗罗茨瓦夫（Wrocław，德语称布雷斯劳）的市政厅有一座铜铸的模型放在街角，展示这座约建于 13 世纪的市政厅形象（图 3-79）。波兰的克拉科夫（Kraków）是波兰的经济和贸易中心，城市的纺织会馆的模型放置在市中心的广场上（图 3-80）。丹麦的卡隆堡宫（Kronborg Castle，1574-1585）位于哥本哈根市东北约 45km 处，是北欧精美的文艺复兴时期的城堡，是莎士比亚名剧《哈姆雷特》的真实发生地，也因为这样的不解渊源，城堡每年都会举办莎士比亚戏剧节。城堡外的广场上放置了城堡的模型，模型还展示了城堡的环境（图 3-81）。

文艺复兴时期的建筑师习惯于用建筑模型向业主展示他们的设计，一些博物馆留存了这个时期的建筑模型。文艺复兴时期对建筑模型的贡献具有重要的意义，模型主要是向建筑师的赞助人，有时也向公众展示建筑，同时也作为工匠施工时的依据。1418 年，布鲁内莱斯基为了清晰地表达他所设计的佛罗伦萨大教堂穹顶的结构，制作了鼓座和穹顶模型，另一座采光塔的模型大约在 1436 年完成。[48] 模型刻意忽略细部装饰和柱头，突出表现主要构件的空间和结构关系，揭示穹顶的拱券技术，可以说是历史上第一座建筑工作模型，也称为草模 [49]（图 3-82）。布鲁内莱斯基在设计圣洛伦索教堂时，也在 1429 年提交了一个穹顶的木质模型。瓦萨里画在佛罗伦萨老宫的一幅湿壁画（1565）中描绘了布鲁内莱斯基向科西莫·德·梅迪契大公展示圣洛伦索教堂的模型场面（图 3-83）。

模型是建筑设计的重要手段，有些模型体积庞大，以便人们走进去观赏建筑内部，实际上已经变成一种装置艺术。有时候，出挑深远的檐口也会制作足尺模型，以推敲并完善其构造。许多建筑师兼细木工匠于一身，他们对模型的关注不言而喻。在罗马圣彼得大教堂的设计竞赛中，有七位参加设计的建筑师提交了模型，以便让教皇了解设计意图。圣彼得大教堂的穹顶最终由米开朗琪罗设

图 3-75　瑙姆堡大教堂

图 3-76　乌尔姆教堂的模型

图 3-77　亚琛大教堂模型

图 3-78　圣马克洛教堂的模型

图 3-79　弗罗茨瓦夫市政厅模型

图 3-80　克拉科夫纺织会馆模型

图 3-81　丹麦的卡隆堡宫模型

计，他也用木模型来表达设计意图，表现外部空间的效果尤为显著，同时还清晰地表现了结构体系与装饰的关系。米开朗琪罗在设计罗马的法尔内塞府邸（1517-1589）时，用木材制作了檐口的足尺模型，并起吊到檐口部位，让教皇可以看见实际的效果。[50] 他在设计佛罗伦萨的劳仑齐阿纳图书馆超大的阶梯时，用黏土制作了一个模型，以便他离开佛罗伦萨时，工匠们也有据可循（图 3-84）。米开朗琪罗在 1517 年为佛罗伦萨圣洛伦佐教堂的立面设计制作了一座木质的模型，教堂的立面是砖墙，需要覆盖饰面。当年邀请了众多著名建筑师提交方案。米开朗琪罗的方案强调水平向的构图，立面上布满供放置雕像的壁龛和柱基，这个方案最终被采纳，但始终没有建成，只留存下来木质的立面模型[51]（图3-85）。

曾经为建筑师小桑迦洛（Antonio da, the Younger Sangallo, 1484-1546）制作极为昂贵的圣彼得大教堂模型的意大利建筑师安东尼奥·拉巴科（Antonio Labacco，1495-？）在1552年曾经编写过一本关于古罗马建筑的专著。圣彼得大教堂的模型采用1：24的大比例，长约7m多，宽6m，高近5m，花费了好几年才完成（图3-86）。

桑迦洛的学生，意大利文艺复兴建筑师多梅尼科·达·科尔托纳（Domenico da Cortona，约1465-约1549）在法国设计尚博尔府邸（1519-1547）时，提交了一个木制模型，他后来又设计了巴黎的市政厅等建筑。文献显示，16世纪中叶开始，工匠们已经可以对照图纸施工，不再依据模型（图3-87）。16世纪的建筑模型有较大的变化，法国建筑师菲利波特·德洛尔姆（Philibert de l'Orme，1514-1570）经常抱怨拙劣的模型用涂层来掩盖设计水平的低下。[52]然而，这个时期的建筑师已经完全利用工程制图进行设计，模型也不再是探索设计的工具，而更多的是解释设计。建造巴黎罗浮宫东翼时，王室建筑师路易·勒沃（Louis Le Vau，1612-1670）除了绘制方案图纸外，还制作了两座模型，一座用木材制作，另一座则用灰泥制作。[53]古典主义的建筑始终与展示的模型相伴，当时的建筑学院也采用模型进行教学，指导学生模拟复

（a）整体模型

（b）采光塔模型

图3-82 布鲁内莱斯基的佛罗伦萨大教堂模型

（a）整体　　　　　　　（b）局部

图3-83 布鲁内莱斯基向科西莫·德·梅迪契展示圣洛伦索教堂的模型

（a）外观

（b）平面图

图3-84　劳仑齐阿纳图书馆的
阶梯

杂的结构和环境。

英国建筑师雷恩（Christopher Wren，1632-1723）在设计圣保罗大教堂时，曾经制作了一座高约5.5米的模型，模型的精确度很高，可以让人进入模型内部观赏[54]（图3-88）。

20世纪初的构成主义建筑也将模型作为艺术表现的方式，构成主义建筑师用纸板、木材、玻璃和塑料制作建筑和构成的三维模型，并涂上色彩。马列维奇从事建筑空间研究，他的理想建筑模型是构成主义的建筑构想。他在1926至1927年间创作了一系列用纸板和石膏板制作的建构逻辑（Architekton，1926-1927），包括水平向的Alpha，Bêta，竖向的Gota（1923）以及Zeta系列，表现至上主义的无限维度。[55]这是一种纯粹的体量空间，描述空间造型的艺术关系，表达抽象的意义。这种建筑雕塑创造出不断扩展的、纯粹的世界，既没有边界，也没有方向性，所有的形式都具有同等的价值，强调的是建构的艺术性。竖向的Gota模型，在玻璃上画上一个圆形，作为未来建筑的模型或多或少直接参照建筑，激发空间想象（图3-89）。马列维奇认为：

"建构逻辑既不是商务建筑，也不是工厂建筑，而是为艺术世界的建筑。"[56]

自1970年代起，由于激进的建筑和后现代主义建筑的发展，建筑模型作为艺术品也开始流行。后现代主义的建筑师们

（a）模型　　　　　（b）米开朗琪罗向
教皇介绍圣洛伦佐
教堂的立面

图3-85　圣洛伦佐教堂的立面模型

（a）模型　　　　　（b）米开朗琪罗向
教皇介绍圣彼得大
教堂的方案

图3-86　圣彼得大教堂的模型

图 3-87　尚博尔府邸

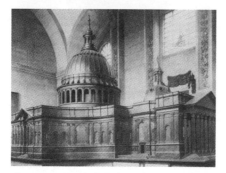

图 3-88　圣保罗大教堂的模型

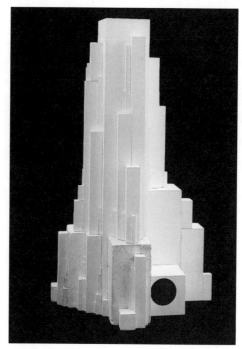

图 3-89　马列维奇的 Gota 模型

图 3-90　翁格斯的《房中房》

图 3-91　翁格斯的高
层建筑模型

图 3-92　挪威奥斯陆斯讷山建筑
师事务所的模型工场

使建筑模型再度流行，雕塑也成为建筑的启示，建筑也不再和环境协调，而是以不可名状的雕塑造型突出在城市环境中，各自争奇斗艳。今天的建筑模型更是向业主介绍设计构思的重要手段。建筑师们都重视用模型展示他们的设计，应用钢、铜、大理石和有机玻璃等材料制作，使模型成为表现主义雕塑。德国建筑师和建筑理论家翁格斯（Oswald Mathias Ungers,1926-2007）在 1984 年为法兰克福的德国建筑博物馆制作的《房中房》（Haus im Haus）是一座大型的建筑雕塑（图3-90）。他在 1991 年设计的位于杜塞尔多夫州议会旁的高层建筑模型采用最基本的立方体造型，比例为1∶200，成为"哲学化的空间"形式（图3-91）。[57]

　　大型的现代建筑师事务所都设有模型工场，制作工作模型和方案模型（图3-92）。

第三节 建筑作为城市公共空间艺术

意大利的锡耶纳市政厅广场是城市公共空间的范例，将围合空间和城市广场的品质发挥到了极致。城市广场所代表的不仅是物质形态的空间，更重要的是城市的识别性，城市的历史和城市文化特质。

在 16 世纪的罗马，为了振兴教皇国，进行了一系列建设活动，兴建了大量的城市广场，广场与建筑物、喷泉、雕塑相互结合，交相辉映，创造了许多优秀的城市空间环境。广场成为一种可进入的大型雕塑，艺术家试图启发人们在非常巨大的尺度上去思考那些永存或短暂的事物。实际上，有许多城市广场和城市建筑就是大地艺术，是从大地和大自然中生长出来的艺术作品。现代雕塑与生活，与城市空间的关系也更为密切，必然会涉及城市、建筑与空间的关系。

一、建筑与大地艺术

1970 年代的装置艺术使雕塑变成人们可以进入的建筑，在雕塑中，观众对自己身体的感知完全得到改变。此外，在艺术界也出现了大地艺术、包裹艺术等，以大尺度、大体量的作品表现融入大自然和城市环境的作品，表达某种艺术追求。保加利亚裔美国艺术家克里斯托（Christo Javacheff，1935-2020）擅长大地艺术，将建筑物和构筑物包裹成为艺术作品，1995 年，他曾经将德国柏林的国会大厦包裹成为一件表现暂时性的艺术品，在织物的包裹下，建筑显示的是纯粹的雕塑性，消解了建筑的时间性和空间性，而艺术家认为这正是这座建筑的本质（图 3-93）。2005 年他在纽约中央公园的大地艺术《门户》（The Gates）已经不再用包裹方式，但是仍然以织物来表现，而且注意色彩与环境的对比（图 3-94）。

许多当代高层建筑可以说是建筑与雕塑的一体化，这是任何尺度、任何题材和材料的雕塑都无法比拟的城市地标。日本的新陈代谢主义建筑师大高正人（Otaka Masato，1923- ）和桢文彦（Fumihiko Maki，1928- ）在为东京新宿的副都心的车站进行再开发规划时，提出"群造形"（Group

图 3-93 克里斯托包裹的柏林国会大厦

（a）效果图

（b）实景

图 3-94 《门户》

图 3-95　群造形

图 3-96　台北 101 大厦

Form) 的理念，这是将城市空间化作大地艺术的设想[58]（图 3-95）。

　　一座建筑可以塑造城市空间，甚至可以塑造一个国家的形象、一个时代的象征。澳大利亚的悉尼歌剧院已经成为悉尼，成为澳大利亚，甚至成为 20 世纪建筑的象征。高层建筑更是城市空间的中心，这也就是为什么高层建筑总是成为城市追求的目标的原因所在。在台湾建筑师李祖原（1938-）设计的台北 101 大厦建造之前，台北这座城市几乎没有地标，101 大厦成为城市的地标，从城市的各个角度都可以见到这座大厦，101 大厦成为城市空间的中心，可以说它塑造了台北城市的形象，统领着城市空间（图 3-96）。

　　在城市环境中，建筑外部和内部，城市广场和建筑广场上需要配置雕塑。城市环境艺术将建筑与雕塑相结合，形成和谐的整体，城市中的雕塑不仅要表达某种主题，切合雕塑放置场所的内涵和空间尺度，表达纪念性、生活性或显示环境的尺度、比例和空间关系，还要与周围的建筑交相辉映。一般而言，城市环境中的雕塑要有宜人的尺度，适宜的材质和色彩。

　　建筑需要与环境融合，就像是从场地中生长出来的那样，也是一种大地艺术。美国建筑师斯蒂文·霍尔（Steven Holl，1947-）认为建筑与环境的关系是一种锚固的关系，具有唯一性：

　　　"建筑物被束缚于所在的场所，不同于音乐、绘画、雕塑、电影与文学，建筑物（非活动房屋）同地方的历史发展背景相缠结。从概念上说，建筑物的场所不仅仅是单纯的组成部分；它还有其自身物质和形而上学的基础。"[59]

　　西班牙建筑师拉斐尔·莫奈欧（Rafael Moneo，1937-）在西班牙北部城市圣塞巴斯蒂安设计的库尔萨尔文化中心（Kursaal Congress Centre and Auditorium，1999）如同坠落在海滩上的巨石，仿佛景观中偶然出现的地质现象，成为大地艺术（图 3-97）。实际上，雕塑也具有同样的锚固在场所的意义。而与建筑相联系的雕塑也需要相互配合，相互映衬，相互增色。建筑和雕塑都需要精心构思，发挥创造性。

图 3-97　库尔萨尔文化中心

二、城市雕塑

在城市公共空间领域，在所有的艺术中，建筑师与雕塑家的合作是最卓有成效的，而随着装置艺术的发展，建筑与雕塑在造型上也逐渐趋向一体化。作为围合的公共空间，城市广场是城市公共生活的缩影。城市广场往往是城市的中心，是开敞的公共空间，提供公共活动、集会、礼仪、纪念、休憩、市场、交通、疏散等活动的空间场所，广场根据功能可以分为市政广场、交通集散广场、街心广场等。城市广场往往与雕塑、喷泉、纪念碑、柱廊等公共艺术结合在一起，成为地景艺术。广场的意义不在广，而在于场所感。

贝尔尼尼设计的罗马圣彼得大教堂广场（Piazza S. Pietro，1656 年始建）是一个巨大的椭圆形广场，周围环绕着一圈多立克柱式的柱廊。狭窄与开敞的空间对比使广场显得更加宏大（图3-98）。

罗马的西班牙广场（Piazza di Spagna，1723-1725）是一座极富戏剧性的大台阶，由建筑师弗朗切斯科·德·桑克蒂斯（Francesco de Sanctis，1693-1740）设计建造。广场底部有贝尔尼尼的船形雕塑，构思巧妙，泉水从一艘破船漏出（图3-99）。

罗马的特雷维喷泉（Fonte Trevi，1723-1727）由意大利建筑师尼科洛·萨尔维（Niccolo Salvi，1696-1751）设计，将一座府邸建筑的立面与喷泉组合在一起，取代了一座建于 15 世纪的建筑。建筑采用凯旋门式的母题，喷泉与建筑融合在一起。水从人造的岩石喷泉中涌出，向上喷射的高度可达到基座层（图3-100）。

美国建筑师查尔斯·穆尔设计的新奥尔良意大利广场（Piazza d'Italia，1975-1978）是意大利移民社区的中心，宛如城市广场尺度的雕塑，将意大利的地图以浮雕雕塑设置在圆形的广场上，广场融合了喷泉、水景和霓虹灯，建筑并没有功能作用，而是作为舞台布景般的雕塑衬托整个广场（图3-101）。

（a）全景　　　　　　　　　（b）广场

图 3-98　圣彼得大教堂广场

（a）俯瞰　　　　　　（b）人群　　　　　　　（c）喷泉

图 3-99　西班牙广场

图 3-100　特雷维喷泉

　　现代雕塑与生活，与城市和建筑空间的关系也更为密切，自 20 世纪 60 年代起，工业制造技术有了很大进步，可以制作大尺度的在视觉形象上与建筑相匹配的雕塑。雕塑也往往会展示在城市环境中，雕塑的题材和形象必然会涉及城市、建筑与空间，人们会感觉得到，城市、

图 3-101　意大利广场

建筑和空间成为雕塑的组成部分。建筑与雕塑往往相伴组合在城市空间之中，英国裔法国雕塑家马松（Raymond Mason，1922-2010）的作品表现城市的生活和街道的场景，他的雕塑往往有大量的人物，并放置在城市的街头。他的雕塑《人群》（The Crowd，1965）中的人物多达 99 个，蒙特利尔的街头有一座马松的群雕《观看失火的人群》（La foule Illuminée，1981），描述了一群人在观看失火的建筑，虽然建筑没有出现，但是人们可以感到它的存在，雕塑与所在的城市环境也成为雕塑的主题和造型的组成部分（图 3-102）。

西班牙艺术家、雕塑家和建筑师曼里克（César Manrique，1919-1992）的主要作品在他的家乡兰萨罗特岛上，由于他的城市设计和雕塑作品，使这座小岛成为假日旅游的天堂。[60]（图 3-103）。

德国的明斯特自 1977 年起举办"明斯特雕塑项目"展，每 10 年举办一次，城市文脉成为艺术家作品的场景，整座城市成为一个美术馆。每次雕塑项目展都有一些作品永久保存下来，并留存在城市的公共空间中。西班牙雕塑家奇利达（Eduardo Chillida，1924-2002）起初在马德里学建筑，然后转学绘画和雕塑。他的作品以锻铁、钢、混凝土和花岗岩雕塑为主，应用传统的焊接技术做大型的雕塑，有些作品可以称之为建筑雕塑，可以让人进入。[61]作品注重体积和抽象的表现，往往有强烈的扭曲和交织。他的作品《对话和宽容》（Toleranz durch Dialog）放置在明斯特的城市环境中（图 3-104）。他的作品《柏林》（2000）以开阔的构图表现铁的坚实性，放置在德国柏林的总理府，与环境形成对比（图 3-105）。

由英国扬·里奇建筑师事务所（Ian Ritchie Architects）创作的爱尔兰都柏林的《光柱塔》（Spire of Dublin，2003）用不锈钢制作，高 120 米。表现艺术与技术的融合，成为城市的标志（图 3-106）。由澳大利亚两位女性艺术家塔尔平（Jennifer Turpin）和克劳福德（Michaelie Crawford）创作的悉尼《光晕》（The Halo，2012）位于城市的老城区中央公园的绿地上，高 12 米，黄色的光晕每天要旋转上万次，属于动态公共艺术，雕塑的加工工艺复杂（图 3-107）。

大地艺术（land art）、场所雕塑（site sculpture）与大自然融为一体，成为永恒变化中的环境的一部分，城市雕塑也表现了这种特质，尤其是城市广场和城市公共空间成为一直处于变化中的环境的一部分。印度裔英国雕塑家阿尼什·卡普尔（Anish Kapoor，1954-）的作品受印度神话的影响，注重纯净的表现。[62]他的《云门》（Cloud Gate，2006）位于芝加哥的千禧公园广

图 3-102　马松的雕塑《观看失火的人群》

图 3-103　曼里克的雕塑

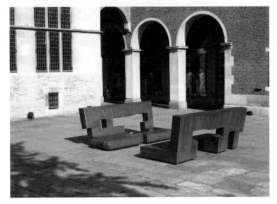

图 3-104　《对话和宽容》

图 3-105　奇利达的《柏林》

图 3-106　都柏林光柱塔

图 3-107　《光晕》

图 3-108　卡普尔的雕塑《云门》

（a）近景

（b）近景

（c）远观

图 3-109　千禧公园舞台

场，作品的造型受液态水银启示，平面尺寸为 10 m×20m，高 13m，重 100t。[63] 这件拱门造型的雕塑被芝加哥人戏称为"云豆"，在城市环境中创造了一种坚实的整体感，将周围的建筑以变形的方式全景般反射在闪亮的不锈钢雕塑的表面上（图 3-108）。

盖里为芝加哥千禧公园设计的舞台（2004）是一件特殊的城市雕塑作品，作为普利茨克馆（Jay Pritzker Pavilion）的一部分，背靠哈里斯剧院，舞台供草坪室外音乐会演出时起反射声音的作用，以不锈钢作为材料。舞台可以容纳一个交响乐团以及 150 人的合唱团（图 3-109）。[64]

在当代的城市发展中，建筑和雕塑已经成为城市空间重要的构成元素，成为城市文化的象征。表现城市总体水平的建筑的永恒品质和理想，用独特的建筑语言表达城市文化的建筑，以特殊语言表达的雕塑的文化品质已经成为城市的品牌和标志。

本章注释：

［1］ Markus Brüderlin. *ArchiSculpture.*Fondation Beyeler. Hatie Cantz Oublishers.2004.p.50.

［2］ Klaus Jan Philip. *ArchitekturSkulptur.* DVA.1957. p.19.

［3］ Dan Cruckshank. *Sir Banister Fletcher' s A History of Architecture.* Twentieth Edition. Architectural Press. 1996.p.754.

［4］ 傅熹年主编《中国古代建筑史》第二卷，北京：中国建筑工业出版社，2009. 第 544 页.

［5］ Dan Cruckshank. *Sir Banister Fletcher' s A History of Architecture.* Twentieth Edition. Architectural Press. 1996.p.426.

［6］ Dan Cruckshank. *Sir Banister Fletcher' s A History of Architecture.* Twentieth Edition. Architectural Press. 1996.p.436.

［7］ Lando Bortolloti.*Siena.*Editori Laterza.1982.p.38.

［8］ Germano Celant. *Architecture, Kaleidoscope of the Arts. Architecture & Arts 1900/2004 – A Century of Creative Projects in Building, Design, Cinema, Painting, Photography, Sculpture.* Skira. 2004. p.244.

［9］ 同上，p.244.

［10］ Markus Brüderlin. *ArchiSculpture.*Fondation Beyeler. Hatie Cantz Oublishers.2004.p.56–57.

［11］ Andrew Garn,Paola Antonelli,Udo Kurtmann,Stephen Van Dyk.*Exit to Tomorrow.*Universe.2005.p.21.

［12］ Markus Brüderlin. *ArchiSculpture.*Fondation Beyeler. Hatie Cantz Oublishers.2004.p.116.

［13］ Siegfried Giedion. *Space, Time and Architecture: The Growth of a New Tradition.* 5th. Edition. 1955. p.XXIII。

［14］ Ugo La Pietra. *Gio Ponti.Rizzoli.*1995.p.394.

［15］ John Seabrook. Profiles, *The Abstractionist. Zaha Hadid' s vision.* The New Yorker. Dec. 2009.p. 21–28.

［16］ 大师编辑部编著《蓝天组》,武汉: 华中科技大学出版社，2007. 第 29 页.

［17］ Werner Sewing. *Architecture; Sculpture.* Prestel.2004.p.92–93。

［18］ Markus Brüderlin. *ArchiSculpture.*Fondation Beyeler. Hatie Cantz Oublishers.2004.p.9.

［19］ 同上，p.61.

［20］ 曾长生《马列维奇》，石家庄：河北教育出版社，2005. 第 95 页.

［21］ Kazimir Malevich.Suprematist Manifesto Unovis. *Architecture & Arts 1900/2004 – A Century of Creative Projects in Building, Design, Cinema, Painting, Photography, Sculpture.* Skira. 2004. p.166.

［22］ Markus Brüderlin. *ArchiSculpture.* Dialogues between Architecture and Sculpture from the 18th Century to the Present Day. Hatje Gantz. 2004. p.15.

［23］ 曾长生《布朗库西》，石家庄：河北教育出版社，2006. 第 156 页.

［24］ Constantin Brâncuşi.wikipedia.

［25］ Lorenzo Dall' Olio. .*Arte e Architettura* Testo & Immagine.1997.p.43.

［26］ Colin Davies. *A New History of Modern Architecture.* Laurence King Publishing. 2017.p.73.

［27］ *The Prestel Dictionary of Art and Artists in the 20th Century.*Prestel.2000.p.342.

［28］ Philip Jodidio.*Architecture:Art.* Prestel.2005.p.210.

［29］ Klaus Jan Phillip. *ArchitekturSkulptur. Die Geschichte einer Fruchtbaren Beziehung.* Stuttgart and Munich. 2002. p.57.

［30］ Dan Cruckshank. *Sir Banister Fletcher' s A History of Architecture.* Twentieth Edition. Architectural Press. 1996.p.1135.

［31］ Richar Goy. *Florence: the City and its Architecture.* Phaidon.2002.p.232.

［32］ 佩夫斯纳《美术学院的历史》，陈平译，长沙：湖南科学技术出版社，2003. 第 123 页.

［33］ 转引自查尔斯·詹克斯《现代主义的临界点：后现代主义何处去？》，丁宁等译，北京：北京大学出版社，2011. 第 326 页.

［34］ Manifesti. *Out there; Architecture Beyond Building.* Volume 5. Marsilio. 2008. p.49.

［35］ 保罗·戈德伯格《弗兰克·盖里传》，唐睿译，杭州：中国美术学院出版社，2018. 第 294 页.

［36］ Colin Davies.*A New History of Modern Architecture.* Laurence King Publishing.2017.p.388.

［37］ 周俊玲《建筑明器美学初探》，北京：中国社会科学出版社，2012. 第 18 页.

［38］ 刘克明《中国图学思想史》，北京：科学出版社，2008. 第 49 页.

［39］ 刘克明《中国图学思想史》,北京: 科学出版社,2008 年，第 546 页.

［40］ Spiro Kostof.*The Architect.*Oxford University Press. 1977.p.15.

［41］ 同上，p.31.

［42］ 同上，p.109.

［43］ 同上，p.78.

［44］ Klaus Jan Philipp.*ArchitekturSkulptur.*Deutsche Verlags–Anstalt.2002.p.45.

［45］ 同上，p.27.

［46］ 同上，p.45.

［47］ Bill Addis. *Building: 3000 Years of Design Engineering and Construction.* Phaidon. 2007. p.93.

［48］ Richar Goy. *Florence: the City and its Architecture.* Phaidon.2002.p.112.

［49］ Spiro Kostof.*The Architect.*Oxford University Press. 1977.p.109.

［50］ 同上，142.

［51］ Richar Goy. *Florence: the City and its Architecture.* Phaidon.2002.p.232.

［52］ Spiro Kostof.*The Architect.* Oxford University Press. 1977.p.142.

［53］ 同上，p.174.

［54］ 同上，p.186.

［55］ Germano Gelant. *Model as Artwork. Architecture, Kaleidoscope of the Arts. Architecture & Arts*

1900/2004 – A Century of Creative Projects in Building, Design, Cinema, Painting, Photography, Sculpture. Skira. 2004. p.414。

[56] Markus Brüderlin. *ArchiSculpture.*Fondation Beyeler. Hatie Cantz Oublishers.2004.p.37.

[57] 同上，p.68.

[58]《代谢派未来都市展——当代日本建筑的源流》，2013. 第 .54 页 .

[59] 斯蒂文·霍尔《锚》，符济湘译，台北：建筑与文化 出版社，1991. 第 7 页 .

[60] Ed Wall,Tim Waterman.*Urban Design.*AVA Publishing. 2010.p.135.

[61] *The Prestel Dictionary of Art and Artists in the 20th Century.*Prestel.2000.p.78.

[62] *The Prestel Dictionary of Art and Artists in the 20th Century.*Prestel.2000.p.173.

[63] Cloud Gate.wikipedia.

[64] Jay Pritzker Pavilion,wikipedia.

第四章

建筑与绘画

第四章

建筑与绘画

绘画与建筑、绘画与园林，绘画与摄影，绘画与电影等艺术都有深厚的渊源，在历史上，建筑曾被要求表现如画的风格，摄影模仿绘画的画面，电影是活动的绘画等等。

绘画与建筑有着十分密切的关系，绘画是建筑创意的源泉，建筑是绘画表现的重要主题，或者是风景画、历史画、风俗画的重要场景。自文艺复兴时期以来，建筑一直是绘画的主题，建筑画也成为绘画的一个门类。绘画不仅是现实建筑的摹写，绘画也是未来的建筑创造，绘画是人们认识、思考并创造未来的一种方式，建筑也从绘画汲取思想和形象。现实的或想象中的城市和建筑自古以来就是绘画的场景和主题，人们用绘画想象并表现未来。

中国古代的图画崇尚"制器尚象"，界画是世界上最早的建筑画。先秦时代已经出现了建筑图，并逐渐从绘画中独立出来，自成体系。[1] 在古代文献中就有建筑图的记载，先秦时期已经出现了中心投射、平面展开的"鸟瞰法"。[2] 东汉时期的墓葬中，壁画建筑图已经以轴测图的方法绘制。[3] 中国古代的画像石、壁画、界画、地图、碑刻、版画积累了丰富多彩的建筑画。

第一节 界画和建筑画

中国的界画是世界历史上最早的建筑画，在公元前 11 世纪龙山文化时期的陶器上，人们已经可以看到界画的端倪。从建筑画的雏形来看，中国的建筑画起源于春秋战国时代，明代画家董其昌（字玄宰，号思白，1555-1636）在《兔柴记》一文中说："公之园可画，而余家之画可园。"意思是园林可以入画，而按照画家的画也能造园。具有 1000 多年历史的中国古代的界画就是建筑画，表现城郭、楼阁、建筑和舟车等，成为中国画的一个重要门类。界画也是古代建筑工程的参照，一些擅长界画的画家同时也是建筑师，建筑和绘画相辅相成，相得益彰。界画中的建筑大都以正面 - 平行法表现，即正面保持建筑原貌，侧面倾斜并相应缩短。界画的内容包括建筑、园林、桥梁、舟车、器械、家具、陈设等，本文仅专注于建筑。

历史上的一些壁画、地图、碑刻、版画和绘画也着重表现建筑，更注重画面的整体效果，虽然与界画在表现建筑细部方面有较大的差异，仍可归入建筑画一类。

一、界画的兴衰

大约从 4 世纪开始，有一种称之为"界画"，按比例以宫室、楼台、屋宇等建筑为题材的绘画门类，与建筑有着十分密切的关系。"界画"就是用界笔和直尺作为工具绘成的建筑画，将笔管剖开成半圆，将毛笔夹在中间，依照直尺的导引而作画，所画线条粗细均匀，横平竖直。但是在中国绘画史上却不被推崇，认为没有雅趣，缺乏气韵，属于众工之事。

界画的主要特点是借助界笔和直尺划线，使所画的线条达到粗细均匀，横平竖直的效果。界画的取景角度一般为俯瞰，将建筑物置于下方，很少从建筑物的下方取景，形成三维空间的立体效果。界画要求工整细致，在界画的演变过程中，经过许多画家的不断丰富和完善，融入各种表现手法和绘画技巧，使界画从简单的图稿发展成为具有艺术性的独立画种。

界画在东晋顾恺之（字长康，346-407）的《历代名画记》中最早提及，称为"台榭"，南北朝时已有"陆探微屋木居第一"之说，南朝画家陆探微（？ - 约 485）是正式以书法入画的创始人。当时，佛教建筑盛极一时，许多画家都曾参与绘制寺庙建筑图样。界画是一个困难的画种，一般画家望而生畏。

东晋画家顾恺之在《论画》一文中曾经感叹说：

"画人最难，次山水，次狗马，台榭一定器耳，难成而易好，不待迁想妙得也。"[4]

敦煌石窟和唐代墓葬的壁画中，留存有早期界画的遗迹。例如，陕西乾县唐懿德太子李重润墓的墓道西壁上绘有一幅大型的早期界画《阙楼图》。界画到了隋朝已经基本独立，脱离对山水画的依附（图 4-1）。

图 4-1 《阙楼图》

图 4-2 宋人佚名《醴泉清署》

唐代画家、画论家张彦远（字爱宾，815-907）在《历代名画记》中提到六个画科中已分出屋宇，并说"国初二阎（立德、立本），擅美匠学，杨（契丹）、展（子虔）精意宫，渐变所附；"[5]可见"界画"这一画种在唐代已趋成熟。在唐代，"界画"被称为"台阁""屋木""宫室""宫观"等，"界画"也称作"界笔""界作""界划"等。

宋代按照所用的工具和以界尺引线作画的性质，宋代书画鉴赏家和艺术批评家郭若虚的《图画见闻志》将界画归入杂画的门类，称之为"屋木"。宋元符三年（公元 1100 年），将作少监李诫（字明仲，1035-1110）在编写《营造法式》时，详细记录了木结构建筑的形式和技术规范，在创造新的木结构形式的同时，也出现了专门以摹写建筑物为主的界画图样。北宋宣和年间（1119-1125）编纂的《宣和画谱》在序目中写道："画者取此而备之形容，岂徒为是台榭户牖之壮观哉。虽一点一笔，必求诸绳矩，比他画难工"。[6]《宣和画谱》将"屋木"列入宫室的门类，在叙论中对界画极为推崇。宋代的界画达到了辉煌的鼎盛时期，界画家被列为朝廷画院的最高待遇——待诏的六种人之一。界画不但是画院的考试科目，也是必修科目。界画倍受推崇，成就也极高，时称"画院界作最工"。宋徽宗赵佶也亲自创作界画，他的作品描划细腻，功力较深。界画已经发展成为极为严谨而精确的画科。其他画种多有程式，而界画则无法形成程式，应有规矩准绳（图 4-2）。

金代岩山寺南殿的东壁和西壁壁画（1167）的画师是王逵，细致入微地描绘了金中都的大安殿建筑群，在一定程度上也是宋代宫殿的复制。西壁壁画绘有前殿、主廊、后殿和香阁等建筑，前殿设有斗栱，重檐，黄琉璃瓦屋顶，殿前接有勾栏的月台，前檐明间设有踏步通向月台。图中的阙楼采用十字脊，城楼为重檐[7]（图 4-3）。

宋元时期的图学已经有很大的进步，对建筑构件的表现也愈益精确，推动了界画的发展。元

代是一个界画名家辈出的时代，
元人陶宗仪（字九成，号南村，
1329-1417）在《辍耕录》一
书中，曾将绘画划分为十三科，
其中一科即"界画楼台"，并置
于十三科之末。元代批评家和艺
术理论家汤垕（字君载，号采真
子，生卒年不详）在他论画的著
作《画鉴》中认为界画虽位于绘
画的最低一级，但是绝非易事。
他指出：

（a）岩山寺西壁壁画摹本

（b）岩山寺东壁壁画摹本

（c）岩山寺南殿东壁壁画局部摹本

图4-3 岩山寺壁画摹本

"世俗论画必曰画有十三
科，山水打头，界画打底，故人
以界画为易事，不知方圆曲直，
高下低昂，远近凹凸，工拙纤丽，梓人匠氏有不能尽其妙者。况笔墨规尺，运思于缣楮之上，求合
其法度准绳，此为至难。"[8]

界画要求有严谨的法则，精细的形象以及与山水环境的契合。关于界画的评价，元代画家饶自
然（字太虚，号玉笥山人，1312-1365）的《绘宗十二忌·论楼阁错杂》提到：

"重楼叠阁方寸之间，向背分明，角连栱接，而不杂乱，合乎规矩绳墨，此为最难。不论江村
山坞间作屋宇者，可随处立向，虽不用尺，其制一以界画之法为之。"[9]

明代画家唐志契（字元生，又字敷五，1579-1651）在《绘事微言》中有一节专论楼阁，对
建筑群的表现，对其构造和细部，画法及关键部位的描述相当周全，主张以九成宫、阿房宫、滕王阁、
岳阳楼等图作为楷模（图4-4）。他指出：

"盖一枋一栱，有反有正，有侧二分正八分者，有出梢飞梢，有尖头平头者，若差之毫厘，便
失之千里，岂得称全完。

凡写一楼一阁非难，若至十步一楼，五步一阁，便有许多穿插、许多布置、许多异式、许多枋
栱楹槛阑干，周围环绕，花木掩映，路径参差，有一犯重处，便不可入目。"[10]

界画的式微自元代始，界画细部已蜕化为纤弱琐细的装饰。明代的界画笔墨粗重，设色浓艳，
建筑形象的写实功力和艺术手法已大为逊色，乏人传习。清代戏曲家徐沁（字野公，号委羽山人，
1626-1683）在《明画录》中仅列两位专长界画的画家石锐（活动于1426-1470）和杜堇（字惧男，
活动于15世纪和16世纪初）："有明以此擅长者益少。近人喜尚玄笔，目界画者鄙为匠气，此派
日就渐灭矣。"[11]

二、界画家

界画不受文人器重，几乎没有大师，至清代已经几乎消亡。清代戏曲家徐沁推崇公元 10 世纪南唐时期的画家卫贤（生卒年不详）和郭忠恕（字恕先，又字国宝，约 910-977）的作品，徐沁撰写的《明画录》中论述画宫室山水时认为：

"昔人谓屋木折算无亏，笔墨均壮深远空，一点一画，均有规矩准绳，非若他画可以草率意会也。故自晋宋隋唐，迄于五代，三百年间，仅得一卫贤，至宋郭忠恕之外，他无所闻焉。"[12]

历代都有一些擅长画楼阁宫观的画家，例如隋代的展子虔（约 550-604）、杨契丹、郑法士等，郑法士是北周末隋初画家，师法 6 世纪上半叶南朝画家张僧繇，善画人物，尤工楼台。据《历代名画记》所载：

"郑法士每于层楼叠阁间，衬以乔木嘉树，碧潭素濑，旁施群英芳草，令观者煦煦然动春台之思。"[13] 说明当时的画家在台阁建筑图样上，还有花木草石配景，也表明了山水画与界画的关系。

唐代的檀智敏、桓言、桓骏、楚安、郑涛、阎立德（约 596-656）和阎立本（约 601-673）兄弟、大小李将军李思训（字建，一字建景，651-716）和李昭道（字希俊，约 675-741）父子、"画圣"吴道子（约 680-759）等善长界画，但《历代名画记》载唐山水画家三十余人，属楼阁画家仅檀智敏一人。李思训和李昭道父子的金碧青绿山水画对界画的发展起了重大的作用，他们倡导了工谨细巧，雍容典雅的绘画风格。李思训《江帆楼阁图》中的建筑造型清晰，界划匀整，俯瞰的构图使观画者可以窥透房屋院内。画中的正堂为重檐歇山，檐下有斗栱，阑额上有补间铺作，施一斗三升。由于现存唐宋木构建筑极少，这幅画可以补足实物资料的缺乏（图 4-5）。他的另一幅画《宫苑图卷》是迄今留存的最早而又完整的界画作品，画中描写了帝王后妃、朝臣贵戚闲散游乐的生活，图中楼阁错综复杂，连绵环绕于山间和溪畔，卷首的一组画面结构缜密，飞檐重叠达三、四层。台

图 4-4　夏永《岳阳楼图》

（a）整体　　　（b）细部
图 4-5　李思训的《江帆楼阁图》

榭阁道相连，人马舟车往来不息，令人目不暇接。

李昭道留有《洛阳楼图》一幅，画幅较小，仅 376mm×394mm，但画面上楼阁交互，精整有序。画中所描绘的洛阳楼为中轴对称的建筑群，座落在双层台基上，殿前有月台。正殿是相连的二层重檐歇山顶，正前方向外突出歇山顶"抱厦"，左右有平台伸出，平面呈十字形，四周有环廊，屋顶前低后高错落，表明采用"勾连搭"的形制。图中部分建筑用徒手画就，不用界尺[14]（图4-6）。"画圣"吴道子将界画提升到一个新的艺术性水平，他画宗教壁画中的建筑和器物，"不假界笔直尺"，达到自由表现的境界。[15]

五代的界画家有李昇、郭忠恕（字恕先）、尹继昭（874-888）、卫贤、李成（字咸熙，919-967）、王士元、赵忠义、胡翼等。郭忠恕能篆籀书法，善画楼观木石，他还精通建筑设计，特别擅长界画，以准确精细著称。他的画有三种比例，如果把所画的建筑看作百分之一比例尺的图，几乎就是建筑的施工图。据记载："郭忠恕画殿阁重复之状，梓人较之，毫厘无差。"[16]他的界画工整而不呆板，合乎尺寸比例。宋李廌《德隅斋画品》记载：

"屋木楼阁恕先自为一家最为独妙……以毫计寸，以分计尺，增而倍之，以作大字，皆中规度，曾无小差。"[17]

据北宋僧人文莹（字道温，活动年代约公元1060年前后）撰写的野史笔记《玉壶清话》（1078）记载，郭忠恕曾经指出开宝塔的建造者，北宋初年建筑师喻皓放样的尺寸错误。[18]郭忠恕的界画突破了界画作为建筑图样的局限，收藏在美国堪萨斯博物馆的郭忠恕的作品《雪霁江行图》表现了空间的深度感，所画的屋木舟车具有高度写实的风格，宋代郭若虚在《图画见闻志》评述郭忠恕的界画：

"画楼阁多见四角，其斗栱逐铺作为之，向背分明，不失绳墨。"[19]

又如李廌《德隅斋画品》所述：

"栋梁楹桷望之中虚，若可蹑足，阑楯牖户，则若可扪历而开阖之也。"[20]（图4-7）

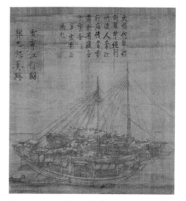

（a）整体　　　　　　　　　（b）局部

图4-6　李昭道的《洛阳楼图》

图4-7　郭忠恕的《雪霁江行图》

图 4-8 《闸口盘车图》

图 4-9 李昇的《岳阳楼图》

图 4-10 《清明上河图》局部

汤垕在《画鉴》中评价王士元的界画时说：

"善画山水屋木……屋木师郭忠恕，凡所下笔，皆极精微。"[21]

相传为五代的画家卫贤的《闸口盘车图》绘出一座用水力推动的磨房，是功能性很强的建筑，画家也将它作了艺术化的处理，画面十分细腻，细部清晰。磨房为一座二层建筑，面阔三间，下层木柱架立水上，上层开敞，内部结构历历可见，屋顶为歇山顶，带有斗栱。画面构图严谨，整体形象十分丰富（图 4-8）。

五代李昇的《岳阳楼图》中的岳阳楼楼高两层，重檐歇山顶，耸立于台基之上。建筑上的脊饰、兽头、悬鱼、博风板细致入微。楼前竖一旗幡，两侧有两座寺庙（图 4-9）。

郭若虚《国画见闻志》曾记载这一时期画家 91 人。其中画佛道人物者最多，界画家与山水画家（包括兼善者）各 11 人。北宋的张择端（字正道，1085-1145）、王希孟（1090-？）、刘文通等，南宋的赵伯驹（字千里，约活动于 1120-1162）和赵伯骕（字希远，1123-1182）兄弟、李嵩（约活动于 1190-1264）、李唐（字古晞）等都是界画家。

宋人张择端的《清明上河图》以全景式的构图，精细的笔法，真实细致地描绘了北宋宣和年间首都汴京东南隅，从内城到虹桥，以及城郊在早春的繁华景象（图 4-10）。张择端擅长界画舟车、房屋、城郭、桥梁和人物，并具有自己的风格，除《清明上河图》外，张择端还绘有《金明池争标图》等。他笔下的汴梁城内外的舟车、桥梁、屋庐、城郭均不失之规矩准绳，绝无板滞之嫌，笔精墨妙，各极其态。画面中出现了一座城楼，110 座屋宇，170 多棵树木，除了一般的商铺、住宅外，还包括四座楼房，衙署、公廨、亭子各一座，寺院一所，农舍 13 间，水井 2 口。屋顶的形式有庑殿顶、硬山、悬山、歇山、十字脊等。其它还有八座彩楼欢门，四座独立的门屋，近 20 辆车子。画面上还描绘了三条河流以及 28 艘舟船，著名的虹桥就横跨在汴河上。《清明上河图》的画面布局紧凑，人物形象生动，建筑的细部清晰，比例合乎透视原理。是研究宋代都市组织，街道空间和生活形态的范本。

南宋画家李嵩早年曾从事过木工，也是一位建筑师。善于界画。他的界画重视建筑与环境的搭配，空间布局灵活自由，楼阁与廊庑、亭桥相环绕形成建筑与园林空间。建筑细部美轮美奂。他的《朝回环珮》是与《营造法式》约略同时期的界画，描绘宫殿宦官退班，临水而建的平台上有多座建筑组群前殿为重檐十字脊歇山顶，殿内两侧各有台阶通入廊内 [22]（图 4-11）。

元代的界画家有王振鹏（又名王振朋，字朋梅，1280-1329）、李容瑾（字公琰）、夏永（字明远，活动于 14 世纪中叶）等。元代界画建筑群体的组合胜于单体建筑，风格以细致精巧见长，但往往流于程式化。[23] 王振鹏是浙江永嘉人，元代最杰出的界画家之一，他也是一位建筑师，曾建造开平的大安阁。[24] 现存传为王振鹏的界画约 30 件左右。[25] 他的界画风格准确细腻，气势恢宏，布局生动，既有法度，又能打破法度的局限。作品以宫廷建筑为主题，造型经过精心构思，专用墨线白描法画建筑，以墨线的疏密、平行、交叉的不同来表现建筑的材料、质感和体积感。所画的楼阁细致入微，曲折有度。他的《龙池竞渡图》根据宋代孟元老《东京梦华录》的记载，描绘宋太平兴国七年（公元 982 年）争标演习水军景象，对金明池中的建筑物的描绘极为淋漓尽致。金明池是皇家春日嬉游和戏水之地，每年三月初一至四月初八向百姓开放，赛船夺标（图 4-12）。王振鹏所画的这类题材一共有三幅：《龙池竞渡图》、《宝津竞渡图》和《龙舟图》，构图均极相似。元代学者袁桷（字伯长，1266—1327）称王振鹏的画艺：

图 4-11　李嵩《朝回环珮》

图 4-12　王振鹏的《宝津竞渡图》局部

图 4-13　夏永《黄鹤楼图》局部　　　　图 4-14　李容瑾《汉苑图》

"运笔和墨，毫分缕析，左右高下，俯仰曲折，方圆平直，曲尽其体，而神气飞动，不为法拘。"[26]

夏永师法王振鹏，他的界画也代表了元代界画的高峰，所作《滕王阁图》《黄鹤楼图》《岳阳楼图》用细若发丝线条描绘，刻画细腻，气势宏伟，把巍峨楼阁融于浩渺旷远之自然景观中（图4-13）。

元代界画画家中水平最高的当推李容瑾，他的《汉苑图》全景画采用俯视的角度，描绘宫苑建筑群，层次分明，错落有致，建筑结构准确清晰，展现了元代殿堂建筑的形制。画中山石林木掩映其中，建筑之间有廊庑和院落，构图严谨，建筑群占据了大约60%的画面，如同大部界画构图那样布置于画面右侧（图4-14）。

元代宫廷界画家林一清的界画师承王振鹏，元代文人许有壬（字可用，1287-1364）称赞他的界画结构明细，符合建筑章法，但又不受制于绳矩：

"若夫千门万户，正斜曲折，广狭高下，毫厘之间，不悖绳矩，寓算家乘除之法，此画有合于学而有用于事也。故界画有可据以缔构者，有但观美而施用缪悠者。释者谓之，可以拆架，乃为得法，此真知画者哉。"[27]

明清以降，随着文人画思潮的兴起和讲求笔墨情趣的绘画愈益成为主流，界画的地位也降至末流，不被重视。《明画录》所列专长界画的画家只有石锐（活动于1426-1470）和杜堇（字惧男，约1465-1509）。此外明代宫廷画家安正文（活动于15世纪晚期）、沈周（字启南，号石田，1427-1509）、唐寅（字伯虎，1470-1524）、仇英（字实父，号十洲，1498-1552)也善长在绘画中表现建筑。安政文传世作品有《黄鹤楼图》和《岳阳楼图》。仇英擅写人物、山水、车船、楼阁等，也绘有《清明上河图》，描绘苏州的城市景象。他的《汉宫春晓图》仿宋画，画中的园庭殿宇和台阁栏杆均用界画笔法[28]（图4-15）。

清代的李寅、焦秉贞（字尔正，约活动于1698-1726）、丁观鹏（约活动于1708-

1771）、冷枚（字吉臣，约 1669-1742）、袁江（字文涛，
1671？ -1746？）和袁耀（字昭道，？ -1778）父子、
吴嘉猷（字友如，？ – 约 1893）等都被列为界画家。扬
州画坛的袁江、袁耀父子是清初著名的青绿金碧山水楼阁
界画家，他们继承了唐代李思训和李昭道父子和宋代赵伯
驹、赵伯骕兄弟的青绿山水的传统画法，画风富丽堂皇，
饶有装饰趣味，曾流传下来许多精致工细的作品。袁江初
学仇英，代表作有《瞻园图》《东园图》《竹苞松茂图》
和《阿房宫图》等，他在作品中也描绘了神话传说中的蓬
莱仙境和按古代诗意虚构的景观。袁江的《梁园飞雪图》
描绘了汉代梁孝王刘武的园林的界画（图 4-16）。袁耀
曾画过以唐玄宗和杨贵妃的传奇故事为题材的《骊山避暑
图》以及多幅以《汉宫秋月》为题的作品。这一类带有理
想与虚构的建筑景观，成为清代的圆明园及其他皇家苑囿
的设计原型（图 4-17）。

图 4-15　《汉宫春晓图》局部

　　清初康熙、乾隆年间宫廷画家和科学家，德国天主教
传教士汤若望（Johann Adam Schall von Bell, 1592-1666）的门徒焦秉贞、丁观鹏受西洋绘画
的影响，引入透视技法，并结合传统题材，所画的宫殿楼阁具有立体空间感。清代的界画由于受欧
洲传入的几何学的影响，建筑的表现融入了焦点透视法和明暗法，使界画呈现出中西合璧的特点。
焦秉贞曾从事天文和历法工作，精通天文、地理和数学，同时又擅长绘画，"取西法而变通之"（图
4-18）。丁观鹏曾师从意大利耶稣会传教士郎世宁（Giuseppe Castiglione, 1688-1766）学习

图 4-16　袁江的《梁
园飞雪图》

图 4-17　袁耀的《阿房宫图》局部

图 4-18　焦秉贞《山水楼阁》

油画（图 4-19）。乾隆曾命宫廷画师绘有一幅《万国来朝图》，这幅画也用界画的技法描绘，画中描绘了紫禁城中的元旦朝贺活动，从画风来看，可能是郎世宁的作品（图 4-20）。

当代画坛大师黄秋园（名明琦，字秋园，1914-1979）以山水画见长，也是专攻界画的画家，他的画融入了现代手法。

图 4-19　丁观鹏的建筑画局部　　图 4-20　《万国来朝图》

图 4-21　汉代画像石中的建筑

三、界画之外

早在春秋战国时期，就出现了关于透视的早期观念，中国古代绘画中的透视表现为"远近法"，即透视投影，以上下错位表示远近，近的在低处，远的在高处。[29]而中国绘画中的"远"则有高远、深远、平远之分，形成散点透视的表现手法。宋代山水画家郭熙（字淳夫，约 1000- 约 1090）在《林泉高致》中总结了中国山水画取景的"三远法"，即仰视、平视和俯视的透视关系."自山下而仰山巅，谓之高远""自山前而窥山后，谓之深远""自近山而望远山，谓之平远"。[30]

中国有关建筑的绘画集中表现在传统绘画和界画中，此外还表现在壁画、画像石、碑刻、地图和版画等作品中。秦始皇"每破诸侯，写放其宫室作之咸阳北阪上"。由此可见，当时的工匠已经能将各种形式的建筑基本准确地描摹下来，并根据摹稿将建筑建造起来。古代的建筑画集中表现在画像砖、画像石、石窟和墓葬的壁画中，汉代画像砖或石刻线画中，已经出现了刻画工整的城池、粮仓、阙楼、住宅等形象，主要作为人们活动的场景出现。图 4-20 描绘了汉代建筑的门屋（图 4-21）。

敦煌壁画中的建筑空间多采用中心透视的表现手法刻画园林、宫苑、佛寺、坛庙等建筑。敦煌莫高窟第 360 窟的一幅壁画生动地描绘了中唐时期的佛寺，画面左右对称，两侧的建筑向中轴汇聚，属于典型的中心透视表现（图 4-22）。敦煌莫高窟第 237 窟的一幅壁画表现的时中唐时期的佛寺院落空间形象（图 4-23）。唐代长安大慈恩寺门楣上有一幅线刻的佛殿（图 4-24）。敦煌莫高窟第 61 窟的西壁有一幅《五台山图》，是五代（907-960）画师根据唐代流传的底稿绘制的，壁画

图 4-22 中唐壁画中的佛寺

图 4-23 中唐壁画中的佛寺院落空间

图 4-24 唐长安大慈恩寺门楣石刻佛殿

图 4-25 《五台山图》

图 4-26 西魏壁画中的宫殿

的尺寸为 13000mm×4600mm。图中有城垣 8 座,建筑 170 多处,其中包括大小寺院 60 多处,只是建筑的规模与现状有所不同(图 4-25)。

甘肃天水麦积山石窟第 127 窟的西魏壁画表现了宫殿的全景,宫殿周围有高耸的城墙,建筑略西安质朴[31](图 4-26)。

我国古代的地图和碑刻将建筑和建筑群以线条的方式记录下来,我国具有悠久的制作地图的传统,地图的出现可以追溯到原始社会晚期和奴隶社会早期。记载先秦时期社会政治、经济、文化、风俗、礼法诸制,于汉代成书的《周礼》中所载的地图品种极为繁多。[32] 相传中国在夏代(约公元前 21 世纪 - 前 16 世纪)铸过九鼎,鼎上分别绘有不同地区的山川、草木和禽兽图,现存最早的地图在汉代的墓葬(公元前 168 年)中发现。[33]

宋代以来的碑铭和石刻在表现城池和建筑群时,往往在平面的地图上将建筑的立面竖在其位置上,既展现了空间关系,又有建筑的真实感受。金代天会十五年(1137)的《后土皇地祇庙图》描绘了北宋祥符年间(1008-1016)汾阳的大型土地庙建筑群的形象,后土祠有九进院落,南北长约 1102.1m,东西宽约 524m[34] 中轴线上依次布置了太宁庙、承天门、延禧门、坤柔殿、寝殿等建筑(图 4-27)。图 4-27 是南宋绍兴二十四年(1154)的石刻《鲁国之图》,图碑的尺寸为884mm×1715mm,以孔子讲学的杏坛为构图的中心,用山水画形式表现城垣、宫殿、寺观以及山川、河流、树木、飞鸟等,反映了北宋时期对孔子及历代圣贤的尊崇[35](图 4-28)。

《大金承安重修中岳庙图》的图幅尺寸为 500mm×1160mm,表现的是金代承安五年(1200)重修的中岳庙的总体布局和自然风貌,在平面地图上以立体的方式表现建筑群。中轴线上自南而北分别为石阙、重檐方亭、望柱、正阳门、下三门、中三门、上三门、降神小殿、琉璃正殿、琉璃后殿、后门及左右配殿等。与现存的中岳庙仍有不少共同之处[36]（图4-29）。

南宋绍兴二十二年（1152）的《关中创立戒坛图经》刻本，表现的是唐代佛寺建筑群的布局。虽然描绘的是唐代的佛寺，以印度的祇洹寺为原型，但实际上是城市规划的布局，而且是南宋时期版画的代表作（图4-30）。宋代的《平江府图碑》刻于南宋绍定二年（1292），所绘官廨营寨等军政机构93所，寺33处，庙18座，庵4座，观4处，院31处，坊65个，亭15个，园林4处，桥梁310座。[37]平江府子城位于平江府中部略偏东南，是平江城的府衙，由大厅、府属办事机构、府后宅、郡圃四部分组成。图4-30系平江府子城的拓本（图4-31）。

明代的《苏州府学之图》刻石于洪武六年（1373），图中表现了北宋年间创办的府学和文庙（980-1052），显示左庙右学的规制，文庙和府学各有一条中轴线。文庙的棂星门、戟门、大成殿，以及府学的明伦堂、尊经阁等建筑均以立面图布置在总平面图上（图4-32）。《北京城宫殿之图》于明嘉靖十年至四十年（1531-1561）成图，包括今北京城的整个内城，以表现宫殿建筑为主，此外还包括衙署、坛庙、城垣和主要街道。以图画的形式将北京的主要建筑都形象地加以描绘当时的故宫三大殿仍称奉天殿、华盖殿和谨身殿（图4-33）。

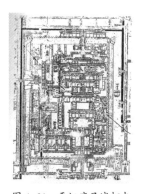

图4-27 《后土皇地祇庙图》　　图4-28 《鲁国之图》　　图4-29 《大金承安重修中岳庙图》　　图4-31 平江府子城拓本

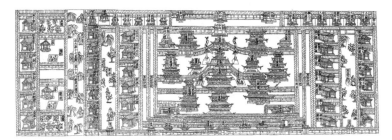

图4-30 《关中创立戒坛图经》

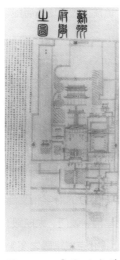
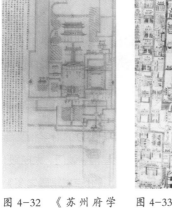
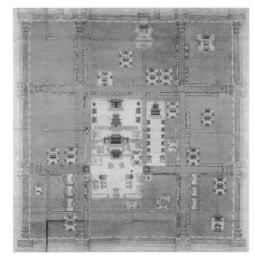

图 4-32 《苏州府学 图 4-33 《北京城宫殿 图 4-34 《盛京城阙图》
之图》 之图》

图 4-35 《西岳华山寺庙图》 （a）明代版画中的武当山 （b）明代版画中的石钟山

图 4-36 明代版画

　　清代的《盛京城阙图》是一幅彩色工笔绢画，盛京是清朝入关前的都城，是盛京城——沈阳的城阙和宫殿的示意图。图中城垣呈方形，房屋和门墙均为写意的半立体形。宫殿建筑以黄绿两色绘制，木结构均涂以红色[38]（图 4-34）。《西岳华山寺庙图》为乾隆四十二年（1777）陕西巡抚毕沅绘呈皇帝的绘本，图中绘有西岳庙建筑群，画面采用工笔画法，庙宇及房屋描绘十分精细（图 4-35）。

　　自明代起，版画在小说的插图中大量涌现，表现故事中的场景，也有山水图册，表现山林、水泽、建筑及其环境（图 4-36）。明代初期的版画继承宋元遗风，描绘宫廷的版画镌刻，都比较工整细微。明代中期以后，版画印刷出现了异彩纷呈的高潮，作为书籍的插图广泛地应用在各类图书之中，版画呈现空前繁荣的局面。以图画为主的图谱和版画集，已大量出现。明代万历年间的徽派版画《环翠堂园景图》（约 1602-1605）是其中的典型代表，表现的是明代曲坛文人和徽派园林艺术家汪廷纳（字昌朝。生于嘉靖年间，卒年不详）所建的位于安徽省休宁县的坐隐园，全图的图幅尺寸为

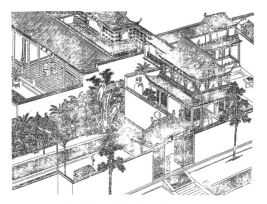

图 4-37 《环翠堂园景图》环翠堂大门

图 4-38 避暑山庄图咏

图 4-39 《西峰秀色》

图 4-40 《水流云在图》仓殿

14860mm×240mm，由明代杰出的画家钱贡（字禹文，号沧州）绘图，由版画家黄应组（字仰川）刻版。表现海阳松罗山下的坐隐园及其环境，画中记载的游览点有 120 处 [39]（图 4-37）。

清代版画集明朝版画技艺之大成。初期两代交替之际，明末刻工艺匠大都健在，所以，康乾时期的版画承袭明代遗风，多有精品佳作。清代除了重视印刷图书之外，对于版画的刻印也很热衷。从各地延请名工巧匠入京，为宫廷镌刻图书之插图，或其他各类版画。清代的宫廷画院创造了许多关于宫苑的图咏，往往作为园林建筑的表现图，并刻印成图集（图 4-38）。清代版画《西峰秀色》表现的是圆明园四十景之一的西峰秀色，刻画细腻，是代表清代版画的典型作品（图 4-39）。《水流云在图》是清同治年间的版画图集，图 4-40 是《水流云在图》图集下册的仓殿图，图中刻画了宫殿的入口大门及其环境，刻工精细，从两种透视视点描绘建筑（图 4-40）。

清代后期，版画绘刻优秀的作品已不多见。如乾隆五十六年（1791 年）程氏萃文书屋活字本《红楼梦》附图二十四幅，是该书最早的一种版画，非常珍贵。清代晚期，戏曲、小说等通俗读物

图 4-41　《红楼梦》图咏

图 4-42　建筑中的绘画

（a）卢浮宫藏画

（b）绘画中的建筑

图 4-43　绘画中的建筑

中也多有插图，石印、铜版印刷相继传入中国，传统的木刻版画更迅速地走向衰落（图 4-41）。

第二节　西方绘画中的建筑

西方的建筑画最早可以追溯到公元前 1 世纪庞贝的壁画，表现斗兽场及其周围的场景。在长期发展的过程中，建筑画逐渐呈现透视和比例关系。虽然早在 2000 年前的古罗马壁画中就曾经描绘过建筑，而在洛伦采蒂以前的在古希腊和古罗马时代，壁画、地面的镶嵌画就是建筑的不可分割的部分。从拜占庭时期到哥特时期，镶嵌画、湿壁画既是独立的艺术，又与建筑成为一个整体。文艺复兴时期以及手法主义时期的天顶画、湿壁画已经是建筑艺术的组成部分和重要表现手段（图 4-42）。

无论是风景画、建筑画、历史画、想象画、宣传画或是生活画，无论是写实的、抽象的、叙事的、象征的或是超现实的绘画，无论是油画、粉彩画、水彩画或是版画，建筑往往是绘画涉及的场景，甚至成为主题（图 4-43）。

一、透视与建筑空间

意大利文艺复兴时期的建筑师和雕塑家布鲁内莱斯基通常被公认为科学的透视结构的创始人，他的定点透视结构大约成型于 1415 年。他在 1415 年用一面镜子发现了平行线的透视灭点，并推广到绘画中。文艺复兴艺术家将绘画引入批评，他们在绘画和雕塑中引入了线透视

的方法（图4-44），并用
来表现空间的深度，源于几
何学的透视是文艺复兴时期
的人们观察世界的一种全新
的思维方式。

　　对于15世纪的艺术家来
说，透视是人文主义的组成部
分，是哲学的一个里程碑，它
展示了一个可以量度的、准确
的世界图像。透视既是一种认
识世界的方式，又是再现世界
的一种手段。借助透视法，
绘画从一个展示客体的装饰

图4-44　文艺复兴时期的透视

图4-45　马萨乔的《神圣的三
　　　　位一体》

平面，变成了一个包容客体的图画空间。文艺复兴时期的意大利建筑师、数学家安东尼奥·马奈蒂
（Antonio Manetti，1423-1497）写的传记中把美术家从此开始运用的透视法则归功于布鲁内莱斯
基，马奈蒂这样赞誉布鲁内莱斯基：

　　　　"那被今天的画家称为透视法的东西的再发现者和发明人，透视法之所以得名，是因为它是一
　　种科学的组成部分，该种科学目的在于确切而又合理地制定人看远近物体（诸如建筑物、原野、山
　　峰和各种风景）时的不同大小，以及那分派给人物和其他东西的与他们在画上位置相适应的恰当尺
　　寸。"[40]

　　阿尔伯蒂通过透视法在二维的平面上创造出三维的空间，使绘画艺术变成了一门空间的科学。
他的空间透视几何学宣告了空间的独立自主，他那充满光线的空间透视几何学向人们揭示了物质世
界的空间本质。阿尔伯蒂在这个基础上使艺术与人文科学相结合，艺术与科学联系在一起。阿尔
伯蒂的空间透视几何学宣告了艺术家征服空间并把艺术家的个人观点强加给他所创造的空间的新能
力，也正是空间透视几何学使巴洛克建筑的魔幻空间和古典主义的宏伟空间得以实现，并影响了建
筑师直至今天的空间观念。[41]

　　文艺复兴绘画的创始人之一，意大利画家马萨乔（Masaccio，1401-1428）在1425年为佛
罗伦萨的新圣母教堂（1246-1380）绘了一幅题为《神圣的三位一体》的湿壁画，画家采用了强
烈的仰角透视表现三维空间的深远感，这是艺术家首次运用透视错觉的例子。[42]这幅壁画表现了
新艺术的许多本质特征和精神气质。画面中央是十字架上的基督，他的上方有象征圣灵的鸽子，而
在背景上，则是威严的上帝的形象，在十字架的脚边站立着圣母和施洗约翰，马萨乔为了加强空间
效果，把画面中的人物放在一个古典建筑的环境中（图4-45）。尽管他的一生十分短暂，他和意

图 4-46 《圣母子与众圣徒》

大利哥特时期的画家和建筑师乔托（Giotto, 1266/67-1337）、雕塑家和建筑师尼科洛·皮萨诺（Niccolo Pisano, 约 1220/5- 约 1280）等人奠定了意大利文艺复兴艺术的基础，他的成名作品都是在他生命的最后四年中完成的。

意大利早期文艺复兴画家皮耶罗·德拉·弗朗西斯卡（Piero della Francesca, 1415-

图 4-47 莱奥纳多·达·芬奇为《三王来朝》所作的素描稿

1492）也是数学家和几何学家，他在绘画中应用几何方法表现空间。他在 15 世纪 70 年代中期曾撰写《绘画透视学》。他的祭坛画《圣母子与众圣徒》（1472-1474）预示了文艺复兴的建筑空间，画中的人物位于十字交叉穹顶的下方，古典形式的拱顶，远处的穹顶和神龛成为画面的背景[43]（图 4-46）。

在绘画中用透视表现空间的还有其他许多文艺复兴艺术家，例如文艺复兴的伟大艺术家和思想家莱奥纳多·达·芬奇在为一幅描绘来自东方的三位贤哲参拜圣母与圣子的油画素描稿（约 1481-1482）中，表现了建筑与人物的空间关系，画面左上方的两座台阶成为建筑空间构图的中心，另外有一幅素描，莱奥纳多·达·芬奇在这幅素描中探索用透视方法表现空间的深远感和真实感[44]（图 4-47）。

图 4-48　塞里奥的《古典的城市场景》　　　　图 4-49　拉斐尔的《圣母马利亚的订婚仪式》

图 4-50　拉斐尔《雅典学院》　　　　　　　　图 4-51　德弗利斯的透视分析

　　意大利建筑师和理论家塞巴斯蒂亚诺·塞里奥（Sebastiano Serlio, 1475-1554）的版画《中世纪和古典的城市场景》，以透视方法表现舞台场景，文艺复兴建筑师将舞台象征宇宙，而并未将空间视为几何体[45]（图 4-48）。

　　盛期文艺复兴的艺术大师拉斐尔在 1504 年所作的《圣母玛利亚的订婚仪式》一画中，拉斐尔以一座理想的集中式教堂作为背景，这座教堂明白无误地应用了古典建筑语言，画面上的教堂拥有轻灵典雅的柱廊，柱廊承托着一个高耸的多边形鼓座，上面覆盖着轻盈的穹顶，整体比例十分完美，这座集中式教堂的构思奠定了古典主义建筑的基础[46]（图 4-49）。六年后，拉斐尔又在梵蒂冈宫内的教皇签字室完成了一幅湿壁画《雅典学院》（1509-1510），画面表现了宏大的空间理想，画中所展示的建筑空间已成为 18、19 世纪新古典主义建筑的原型（图 4-50）。

　　荷兰文艺复兴建筑师、工程师和画家汉斯·维德曼·德弗利斯（Hans Vredeman de Vries, 1527- 约 1607）曾经潜心研究维特鲁威和塞里奥。他的绘画往往刻意描绘视错觉，对透视也有深入的研究，他在 1600 年的一幅蚀刻画中表现空间的透视关系（图 4-51）。他的《基督在马塔和马利亚家中》（1566）以完美的透视关系表现空间的纵深感（图 4-52）。

二、绘画生成建筑

意大利素描画家、铜版画家、建筑师和美术理论家皮兰内西关于古代建筑的铜版组画，尤其是他的描绘虚构的监狱建筑和多重空间的 16 幅《监狱组画》，不仅对于新古典主义和浪漫主义运动有着极其重要的影响，而且还对当代建筑的空间构想和设计思想产生了深刻的影响。

图 4-52　《基督在马塔和马利亚家中》

借助绘画的表现技巧、表现的角度和表现的方式，画面的处理可以具有特殊的效果。绘画可以表达摄影和传统的建筑表现方法无法展示的空间，尤其是表现城市空间和大范围建筑时更是如此。图 4-29 是克罗地亚的杜布罗夫尼克老城的表现图，杜布罗夫尼克在 1979 年被联合国教科文组织命名为世界文化遗产，图案化的表现图有很强的概括性，产生戏剧性的效果（图 4-53）。

有两幅表现图用球形透视的方法来展示意大利山城阿西西（Assisi）的画面，阿西西有将近 2400 年的历史（图 4-54）。由于山城的特殊地形和地貌，画面所采用的视角是肉眼无法看到，

（a）绘画中的杜布罗夫尼克

（b）鸟瞰

（c）1667 年的杜布罗夫尼克

图 4-53　杜布罗夫尼克

图 4-54　摄影中的阿西西城

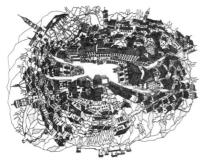
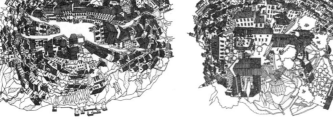

图 4-55　图画中的阿西西城

图 4-56　莫奈的鲁昂
大教堂

用其他艺术手段都不能表现的全景效果。关于阿西西有许多表现图和照片，但是都不如这两幅画生动（图 4-55）。

　　我们关于许多城市和建筑的记忆来自摄影和绘画，有时候绘画给人们提供了充分的想象空间，甚至比真实的空间更为丰富，更具有普遍意义，更能触动人们的心弦。法国印象派画家莫奈（Claude Monet，1840-1926）的鲁昂大教堂组画具有丰富的表现力（图 4-56）。美国建筑评论家保罗·戈德伯格（Paul Goldberger，1950- ）在《建筑无可替代》（Why Architecture matters，2009）中提出了一个很有趣的观点：

　　　　"在为许多人创造鲁昂大教堂的形象上，作为画家，克劳德·莫奈的作用可能比任何一位摄影师，甚至任何一位建筑史学家都更重要，与亲自参观大教堂相比，他那一系列非凡的画在让人们记住大教堂方面的力量更强大。"[47]

　　对同一座城市的绘画、电影、摄影和文学的描述极大地丰富了人们对这座城市的回忆，而绘画对空间的表现是最富想象力和创意的。法国画家莫奈、英国画家透纳（William Turner，1775-1851）、美国画家萨金特（John Singer Sargent，1856-1925）和普伦德加斯特（Maurice Prendergast，1858-1924）等关于威尼斯的不同风格的绘画会深深感动我们，勾起并丰富我们对这座城市的回忆，给予我们对这座城市更多的想象，产生更多的美感共鸣（图 4-57）。

　　俄国画家连图洛夫在 1913 年创作的油画表现莫斯科瓦西里·布拉仁教堂（1555-1561）时，抓住教堂穹顶和丰富的色彩特征，着意表现堆垛的体块和绚丽的装饰（图 4-58）。

图 4-57　普伦德加斯特的水彩画《威尼斯大运河旁的府邸》

意大利建筑师泰拉尼（Giuseppe Terragni,1904-1943）在他的家乡科莫湖畔设计了一座纪念第一次世界大战的死难者的纪念碑（1931-1933），建筑的原型源自未来主义建筑师圣埃利亚的一幅想象画《灯塔》（1914），只是在尺度上没有《灯塔》那么巨大（图4-59）。这也可以说是唯一建成的未来主义建筑（图4-60）。

电子时代的建筑再一次与绘画有着密切的关系，并深刻影响了现代建筑。电子时代的建筑先驱可以追溯到法裔美国画家、达达派代表人物之一，马塞尔·杜尚，他在绘画中引进了主题的要素——动作、情绪和个性，从而影响到现代艺术的许多流派，包括立体主义、未来主义、达达主义、超现实主义等。他的《下楼梯的裸女，第2号》（1912）于1913年在纽约的军械库展览会上展出，引起了轰动，在当时被比喻为"锻造工厂的大爆炸"，这幅画成为现代艺术的一个象征（图4-61）。在画中，楼梯是用严格的几何图形表现的，而人物则是几个破碎并叠合在一起的抽象形体。人物向下的运动迅速而断断续续，呈涡旋线和弧形虚线，在静止的画面上展示出了连续的机械化运动的过程，表现时间和空间的抽象运动。杜尚认为：

（a）细部　　　（b）外观

图4-58　瓦西里·布拉仁教堂

图4-59　圣埃利亚的《灯塔》　　图4-60　泰拉尼设计的纪念碑

　　"我想创造一个固定在运动中的形象……在时间中运动的形式不可避免地引导我们转向几何和数学。这和你造一个机器是同样的……"[48]

艺术家的独特视角影响了建筑师的思维方式，英国建筑师扎哈·哈迪德的设计思想反映了杜尚的达达主义影响，她的建筑是生活和运动的具体化表现，总是想要挣脱环境的限制。哈迪德的风格十分鲜明，她的作品中的建筑造型，有如爆炸中的建筑碎片，以夸张的弧线，激烈的动感效果和具有震撼力的构图，表现超时空的建筑形象。她为德国莱茵河畔的维尔市设计的维特拉家具工厂园区内的消防站所画的表现图（1990-1994）就是杜尚的《下楼梯的裸女，第2号》在建筑构思上的延伸。这个设计倾向于将体量解构为分隔建筑的平面，充分表现了力度感。这个消防站也是整个园区的围墙的一部分，同时也用作自行车棚。哈迪德的设计把建筑做成一片一片钢筋混凝土墙体、锥体和体块，使空间按照消防站的功能相互穿插并分解，充满了空间的动感，与墙面垂直布置的红色消防车是空间的主题，并成为园区景观的一个组成部分。在获普利兹克建筑奖以前，哈迪德的大多数作品都停留在纸面上，维特拉家具工厂园区内的消防站可以说是她的建筑处女作（图4-62）。

图 4-61 杜尚的《下楼梯的
裸女，第 2 号》

图 4-62 维特拉家具工厂消
防站的构思

图 4-63 《一条街道的神秘与忧郁》

意大利画家乔治·德·希里科的形而上绘画对意大利建筑师阿尔多·罗西的超现实主义建筑的影响是显而易见的。他的《一条街道的神秘与忧郁》(1914) 被誉为改变了世界的绘画之一，画中的拱廊表现了隔绝的世界的意象，表现看不见的力量、恐惧和情感，以及隐藏在可见世界背后的阴影[49]（图 4-63）。罗西设计的米兰加拉拉泰塞住宅区（1970-1973）、摩德纳的圣卡塔尔多墓园（1971-1984）、威尼斯的世界剧场（1979）等建筑均深受德·希里科的形而上绘画影响。罗西对这种思想进行了更为强化的发展，包含更多的功能元素。他的加拉拉泰塞住宅区构思草图（1969）宛若德·希里科画中的街道，住宅在装饰和构造上处处加以抑制，只剩下一个白色的幽灵般的建筑造型，颀长而空旷的拱廊，是对德·希里科绘画的缅怀，在简洁的构图和冷漠的空间处理中重现并解读艺术的静谧的美（图 4-64）。

杜尚的透明玻璃板上的组合拼贴作品《大玻璃》（又称《被光棍们剥光衣服的新娘》，The Large Glass,1915-1923）中，玻璃的透明而又具有丰富艺术表现力，启示了法国建筑师让·努维尔的上海

图 4-64 加拉拉泰塞住宅区构思草图

浦东美术馆（图4-65）。浦东美术馆位于黄浦江畔，地理位置十分显著，面对外滩，但新设立的美术馆又是全新的，完全没有艺术的基础。努维尔将一个IPAD屏幕放置在镜面玻璃之后，当屏幕关闭时，镜面玻璃如同镜子般完全反射周围的环境，大面积透明的屏幕表现建筑的第四度空间，面向外滩的美术馆西立面是一座双层叠加的镜廊，一面镜子，成为不停变换的一幅图画。建筑本身和大屏幕成为美术馆的艺术作品（图4-66）。

意大利建筑师格里戈蒂（Vittorio Gregotti, 1927-2020）设计过许多享誉世界的建筑，曾经在2003年为法国的普罗旺斯地区的艾克斯设计了一座剧院（Teatro di Aix-en-Provence）。普罗旺斯地区的艾克斯是公元前123年由罗马人建立的一座古老城市，具有深厚的文化积淀，是马赛－普罗旺斯2013年欧洲文化之都的一部分。

图4-65 《大玻璃》

法国印象派画家塞尚于1839年在这座城市诞生。艾克斯的东面有一座高1011m的圣维克图瓦尔山（Mont Sainte-Victoire），塞尚曾经以这座山为主题画过多幅画（图4-67）。受塞尚的《圣维克图瓦尔山》以及其他作品启示，格里戈蒂在设计普罗旺斯地区的艾克斯剧院时，深入研究塞尚的绘画，塞尚1890年的一幅农舍绘画的构图和色彩也成为格里戈蒂设计的原型（图4-68）。在剧院建筑的设计上应用了塞尚画中的立体色块表现、构图、空间和结构元素，选取了塞尚偏爱的暖黄色色块，表现"静谧的优雅"，同时又将建筑的体量设计成层层叠叠种满树木的山体[50]（图4-69）。

图4-66 浦东美术馆

图 4-67 塞尚的《圣维克图瓦尔山》　　图 4-68 塞尚 1890 年绘画中的农舍

（a）局部　　　　　　　　　　（b）局部

（c）整体

图 4-69 普罗旺斯地区的艾克斯剧院

约翰·海杜克在担任库珀联盟的教师期间（1964-2000），在绘画上倾注的精力和热情甚至超过建筑设计。他以荷兰抽象画家，风格派的创始人蒙德里安（Piet Mondrian，1872-1944）的绘画作为原型重组空间，实现了从静态空间向动态空间的转变。我们在第二章讨论过他的超现实主义建筑思想，他在晚年的建筑画尤为变形，他的建筑画《死亡天使礼拜堂》（1986）也带有超现实主义的想象，画中有传统教堂的穹顶和塔楼，绿色传送带围绕的塔楼装有吊钩（图 4-70）。

西班牙建筑师塔利埃布在 2010 年设计的四川内江张大千博物馆，以毕加索于 1956 年在巴黎与张大千会面时所绘的张大千像作为建筑造型的母题，同时又融合了张大千的画作为平面布局的底图，表现东西方文化的对话（图 4-71）。

第三节　建筑的绘画表现

建筑画本身就是一种艺术，建筑画有悠久的历史传统，是以已建成或计划建造的建筑及其环境作为主题的绘画，建筑师的设计草图、设计表现图或渲染图、全景画等，以区别于建筑作为场景和

图 4-70　《死亡天使礼　　(a) 平面构图　　　　　　(b) 效果图
拜堂》

图 4-71　张大千博物馆

配景的绘画，前面论述的界画就是建筑画的一种。建筑画的内容包括城市全景、建筑物、构筑物、广场、庭园、喷泉、纪念碑、桥梁和建筑装饰等。建筑画往往使用铅笔、墨水笔、毛笔、水彩、油画等工具以徒手渲染或绘画，但在现代的条件下，也采用印刷、照片拼贴以及数字技术渲染。我们平常所说的建筑画主要特指表现图，这是一种渲染图，俗称"示意图""透视表现图"或"效果图"。效果图更多地关注计划建造建筑的效果，这种表现图往往请专业的画家或用电脑来完成，有效地表达建筑师的创意和能力，展示建筑的主题和品质。建筑画在设计方案竞赛或投标过程中，会给评委留下深刻的印象，起着十分关键的"推销"作用。

一、绘画中的理想建筑

历史上，曾经有许多建筑师和艺术家都曾经构思理想的城市与建筑，并且把这些构想表现在绘画中，成为建筑和城市空间的思想源泉，绘画也会成为建筑创造的原型。赖特设计的纽约古根海姆博物馆和塔特林的第三国际纪念碑的螺旋形空间都受到尼德兰画家勃鲁盖尔的油画《巴比伦通天塔》中那螺旋形塔楼的启示。

绘画也是表现建筑师和规划师的理想的表现手段，追求设计未来城市。意大利中世纪城市锡耶纳的市政厅内有一幅洛伦采蒂的壁画《良好政府管辖下的城市》（1338-1339），表现安居乐业的理想城市的祥和景象[51]（图 4-72）。最著名的理想城市画当推意大利早期文艺复兴画家皮耶罗·德拉·弗兰西斯卡的油画《理想的城市》（La Città ideale，约 1420-1479），画面以严格的数学透视关系，用近乎建筑渲染图的风格表达了人文主义者的城市理想，成为文艺复兴理想城市的范式（图 4-73）。城市以世俗建筑——市政厅或者洗礼堂作为中心，而不再像中世纪的城市那样以大教堂和

图 4-72 《良好政府管辖下的城市》

图 4-73 《理想城市》

图 4-74 卡内瓦莱的《理想城市》

图 4-75 小神殿

主教府为中心。这座理想的城市有着按几何图形设计的道路，每座建筑物都严格按照秩序布置，城市的各个部分都按比例与整体协调，[52] 这样一种图画中的理想的城市成为文艺复兴城市的原型。并且在一些城市，例如意大利北部城市比恩察（Pienza）的中心广场及其周围建筑上得以实现。15世纪后期也有一幅由来自意大利乌尔比诺的卡内瓦莱修士（Fra Carnevale, 1420/5-1484）的《理想的城市》（1480-1484）（图 4-74）。

意大利画家费代里科·巴罗奇（Federico Barocci, 1528-1612）曾 经 为 布 拉 曼特（Donato Bramante, 1444-1514）设计的蒙托里奥修道院的圣彼得小神殿（Tempietto, 1502-1510）画过一幅渲染画（约1590），表现了文艺复兴建筑师的圆形集中式建筑的理想（图 4-75）。

法国画家洛兰的风景画《示巴女王登岸》（1648），属于英国的如画风格建筑的原型，成为理想美的典范。[53] 这幅画表现犹太教传说中的建筑和场景。这幅画也被誉为改变了世界的绘画之一，画家对建筑空间以及建筑的细部在他的素描画稿中得到充分的表现（图 4-76）。

由法国新古典主义建筑的奠基人苏夫洛（Jacques-Germain Soufflot, 1713-1780）设计的巴黎圣热内维埃夫教堂（1757年始建）的室内空间受拉斐尔的壁画《雅典学院》的宏大建筑空间的影响，这座教堂又称为先贤祠（Pantheon），是法国新古典主义建筑最早的代表作品。苏夫洛曾经从1731年起，花了7年的时间在罗马学习建筑，

（a）整体 　　　　　　　　　　　（b）素描稿 　　　　　　　　　　　（c）素描稿细部

图 4-76 　《示巴女王在海港登岸》

1750 年再度去罗马取经，他从 1757 年起用了 23 年的时间设计这座教堂（图 4-77）。

法国新古典主义建筑师克劳德 - 尼古拉斯·勒杜（Claude-Nicolas Ledoux, 1736-1806）构思了一些想象中的宏伟的公共建筑，如纪念堂、教堂、图书馆、博物馆、议会大厦等，高大而雄伟，具有新古典主义的纪念碑式的拱顶和穹顶，强烈的光影和明暗对比[54]（图 4-78）。他曾经说过：

"如果你想成为一名建筑师，先从一名画家做起。"这是那个时代的信条（图 4-79）。

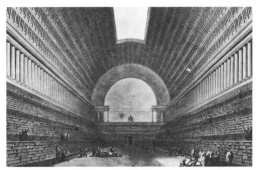

图 4-78 　国家图书馆大厅

图 4-77 巴黎圣热内维埃夫教堂 　　　　图 4-79 勒杜设计的绍村皇家盐场

图 4-80 《美利坚共和国的历史丰碑》　图 4-81　圣埃利亚　图 4-82　洛伦采蒂的《海边的城市》
　　　　　　　　　　　　　　　　　　的《新城》

　　美国画家费尔德（Erastus Salisbury Field，1805-1900）擅长肖像画、风俗画、风景画和历史画，他的《美利坚共和国的历史丰碑》（1867-1888）描绘了想象中的各种美国建筑，表现受欧洲启蒙运动影响的美国建筑理想，都是想象中的古典主义风格的高层塔楼，虽然这类建筑从未实现过（图 4-80）。

　　意大利现代建筑的先驱——未来主义建筑建立在绘画的基础之上，未来主义的绘画对于现代建筑也有很大的影响。未来主义建筑的代表人物是圣埃利亚，他的建筑思想保存在大约 250 幅关于未来建筑的素描和草图中，其中有许多米兰市的规划想象图，标题为《新城》。这些构思展示了机械时代的立体城市的面貌，有摩天大楼和立体的交通系统，从形态上预见了现代城市的发展，它那用公共交通网络把城市的各个部分联成一个整体的理想成为现代建筑师和规划师长期以来的努力目标，并在诸如纽约、旧金山、香港、巴黎的拉德方斯新城等一些大都市中得到实现（图 4-81）。

二、建筑画

　　首先，需要区分建筑画和建筑图，建筑画是以建筑为主题的绘画，是绘画的一种类型，与风景画、历史画、风俗画、人物画、图案画等类型并列。建筑画更趋向建筑的艺术表现，建筑作为建筑画的主体，可以是现实的，也可以是想象的、虚构的。通常所说的建筑图则主要是工程技术图纸，更趋向建筑的技术和工程表现，是为了实现建筑的生产，更接近实际的建筑。

　　绘画中，建筑只是作为一种局部的场景出现。到了 16 世纪，建筑画才成为特殊的绘画种类，建筑才真正成为绘画的主题。最早的建筑画源自风景画，历史上最早以建筑作为主题的风景画是意大利画家洛伦采蒂（Ambrogio Lorenzetti，约 1290-1348）的《海边的城市》（Veduta di città，约 1344）。画中以自然主义手法表现了一座中世纪城市的俯瞰全景，从中可以发现城市的整体结构，以轴测图的形式描绘城市（图 4-82）。

　　建筑画在 16 世纪的欧洲已经成为特殊的画种，并在 17 世纪成为荷兰和佛兰德斯建筑画的巅峰。涌现了一大批建筑画画家，建筑师也是建筑画的主要画家，尤以荷兰、意大利、德国为盛，建筑画的技法影响了以后的浪漫主义绘画。17世纪的荷兰画家用现实主义的手法表现建筑，受建筑师－画家雅各布·范坎彭（Jacob van Campen，1595-1657）和彼得·波斯特（Pieter Post，1608-1669）的影响，彼得·扬松·萨恩勒丹（Pieter Jansz. Saenredam，1597-1665）被誉为西方第一位建筑画家，"教堂肖像画"的先驱，用写实主义的手法表现建筑，题材以教堂建筑居多，擅长表现教堂的室内空间。他的作品在建筑表现方面十分精确，细致入微，以至于当今的学者可以根据他的画判断17世纪建筑空间的真实状况（图4-83）。萨恩勒丹的《阿姆斯特丹的市政厅》（1657）真实地表现了建筑的环境，建筑的细部装饰细致入微，建筑的材质清晰可辨（图4-84）。这样一种艺术表现方式随着19世纪照相技术的出现而不再辉煌。

欧洲画家也曾经有一些描绘中国建筑的建筑画。奥地利巴洛克时期的建筑师、雕塑家和建筑历史学家约翰·伯恩哈德·菲舍尔·冯·埃尔拉赫（Johann Bernhard Fischer von Erlach,1656-1623）在1921年曾经有一幅版画，描绘南京大报恩寺的盛况，画面以中心透视表现建筑和环境。大报恩寺前身是东吴赤乌年间（238-250）建造的建初寺及阿育王塔，是继洛阳白马寺之后中国的第二座寺庙。明成祖朱棣为纪念明太祖朱元璋和马皇后而建，明永乐十年（1412）于建初寺原址重建，历时达19年。大报恩寺琉璃塔高78.2m，毁于1854年（图4-85）。

意大利风景画家卡纳莱托擅长表现宏大的城市节庆场面，他的建筑画融想象和真实于画面中，

图4-83 乌得列支圣马丁教堂

图4-84 《阿姆斯特丹的市政厅》

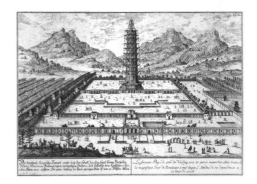

图4-85 大报恩寺塔

图 4-86 《威尼斯大运河的入口》

图 4-87 《想象中的圣西门小教堂》

图 4-88 《圣司提反大教堂》

他集中描绘了威尼斯、罗马的景象，1746～1756年，他在伦敦，也留下许多伦敦和英国城堡城市景象的油画。卡纳莱托的建筑画也是风景画，他的画风影响了欧洲的风景画（图4-86）。他的作品对建筑有深入的研究，甚至可以作为建筑设计方案，图4-87是他的一幅素描《想象中的圣西门小教堂》，场景可能是在威尼斯（图4-87）。

奥地利景观和建筑画画家鲁道夫·冯·阿尔特（Rudolf von Alt，1812-1905）的《圣司提反大教堂》（1832）采用古典绘画的浓重色彩，注重细节的真实性（图4-88），德国画家阿道夫·泽尔（Adolf Seel，1829-1907）曾经游历伊斯兰地区，他的《艾勒汉卜拉宫》受当时的东方主义影响，描绘西班牙的阿拉伯王宫的景象（图4-89）。

现代风格的建筑画引入了印象派绘画的技法，画风明快，色彩鲜艳，具有特殊的效果，以美国印象派建筑画画家库佩（Colin Campbell Cooper，1856-1937）为代表。库佩以美国建筑为主题，擅长描绘纽约、费城和芝加哥的摩天大楼，现代城市和建筑，被誉为"美国最杰出的摩天大楼艺术家"，代表作有《哈德逊河畔》（1913-1921）（图4-90）。

瑞士艺术家保罗·克利的绘画风格受新艺术运动、表现主义、立体主义和超现实主义影响．他在1920年加入包豪斯，曾经负责彩画玻璃班的教学，也承担设计课和绘画教学。在进入包豪斯之前，他已经在探索建筑画，在包豪斯，他的建筑画变得更为前卫，全由色块和三角形组成[55]（图4-91）。

与克利同时期在包豪斯教学的德裔美国画家和音乐家利

图 4-89 《艾勒汉卜拉宫》

图 4-90 《哈德逊河畔》

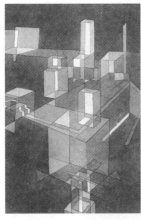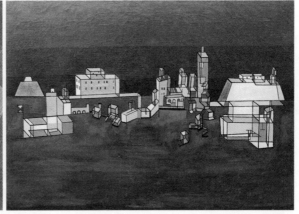

(a)《意大利城市》　　　(b) 保罗克利的建筑画

图 4-91

图 4-92　费宁格的《大教堂》　　(a)《教堂》　　　　　(b) 费宁格《教堂》的原型

图 4-93　费宁格的《教堂》

奥奈尔·费宁格（Lyonel Feininger, 1871-1956）是表现主义的代表人物，也是柏林分离派的成员，他于 1919 年加入包豪斯，负责印刷工场。他的画主要以建筑为主题，尤其是纽约曼哈顿的高层建筑，画面色彩丰富，表现建筑的体积感，建筑几乎布满画面。费宁格在 1919 年有一幅流传甚广的版画《大教堂》，作为介绍包豪斯文本的封面，用立体主义的手法表现包豪斯的工业化理想（图 4-92）。图 4-93 是他在 1930 年的一幅油画《教堂》（Marktkirche von Halle），描绘哈勒市的马尔克特教堂，费宁格的画把握教堂的整体感，突出双塔，强调建筑的立体空间（图 4-93）。

美国建筑美术家和幻想家、诗人休·费利斯（Hugh Ferris, 1889-1962）曾为许多建筑师的作品绘制效果图，曾绘有数百幅建筑渲染图。他的建筑画在 1920 年代对美国建筑的发展产生了重

163

图 4-94　休·费利斯画中的商务中心

要的影响，尤其偏爱以摩天楼作为建筑画的主题，被誉为"建筑肖像画家"。[56] 他在《明日大都市》（*The Metropolis of Tomorrow*, 1929）和《建筑中的力量：一位艺术家对当代建筑的畅想》(*Power in Buildings: An Artist's View of Contemporary Architecture,* 1953) 两本论著中用图像表述了他的设想，被誉为"建筑师中的诗人"。[57]

　　曾有人将《明日大都市》评价为比勒·柯布西耶的方案《当代城市》（*Ville contemporaine,* 1922）和建筑师、规划师路德维希·希尔伯赛默的设想《摩天楼城市》（*Hochhausstadt,* 1924）更具影响力的设计。费利斯根据纽约市颁布的规划分区管制法，设想未来城市的景观。他认为按照这个法令，纽约市将成为"塔楼之都"。因此，费利斯设想在摩天大楼之间用类似布鲁克林桥那样的天桥来连接，使塔楼上的居民无需下到地面层，就可以来往交通（图 4-94）。

　　他那简化了的新古典主义摩天大楼在城市中的布局对苏联的构成主义有着重要的影响。苏联建筑师、列宁墓的设计者舒舍夫（Aleksei Viktorovich Shchusev, 1873-1949）和扎戈尔斯基（L.E.Zagorsky）在 1934 年曾经这样评价费利斯的《明日大都市》：

　　"在费利斯看来，艺术、科学和商业中心在建筑上应当有差异，他所设计的商务中心的摩天大楼是十分壮观的建筑，这些建筑由简洁的几何形体构成。科学中心又不同于商务中心的建筑，沿着相互交错的大街布置，它们根据各自的功能而有着不同的体量。科学中心显然要比其他各种中心要大得多，其摩天大楼也是比较高的塔楼，里面布置了实验室，建筑物之间的距离也比较靠近。

　　艺术中心也有自己的特征，由台阶式的建筑和轻盈的圆形塔楼构成。建筑密度相对较低，布置也比较自由，其建筑形式也更为丰富，带屋顶花园，主要的大街就是公园。

　　费利斯提出的建筑艺术原则引起了我们的关注，这些原则涉及并回应了当代城市中的建筑问题。费利斯的建议奠定了美国摩天大楼的形式，偏爱对称，而这种形式如果作为城市的普遍结构是有争

图 4-95　雅各比为福斯特的设计所作的建筑画

议的。显然，这位建筑师所主张的《明日大都市》的形式已经获得了成果。"[58]

作为一个独立的画种，也有专门从事建筑画的画家，美国当代建筑画家赫尔穆特·雅各比（Helmut Jacoby，1926- ）被誉为建筑绘画大师，他曾经为美国建筑师菲利普·约翰逊、埃罗·沙里宁（Eero Saarinen，1910-1961）、贝聿铭（Ieoh Ming Pei, 1917-2019）、马塞尔·布罗伊尔（Marcel Breuer, 1902-1981）、凯文·罗奇（Kevin Roche,1922-2019），英国建筑师诺曼·福斯特（Norman Foster，1935- ），德国建筑师赫尔穆特·扬（Helmut Jahn，1940- ）、京特·贝尼施（Günter Behnisch，1922-2010）等许多著名的建筑师绘制建筑画，他的作品记录了 20 世纪下半叶世界建筑的发展，在某种程度上也可以说是现代建筑发展的组成部分（图 4-95）。

建筑画以想象的方式将未来的建筑或已建的建筑，以最理想的视角艺术地加以呈现。建筑画也是设计过程的一个组成部分，是在设计过程中深入推敲建筑方案，并使之进一步完善的重要手段之一。建筑画可以十分突出地表现建筑师的个性，为建筑作品增添情趣。一项设计能否最终被业主及建筑设计的管理部门所接受，并建造起来，取决于许多复杂的因素。在这种情况下，建筑画就成为建筑师们交流设计与构思的重要手段。对于一般人而言，建筑画只是一种描绘并真实地表现建筑的工具。然而，对于建筑师来说，建筑画就不仅是一栋建筑的具体形象的仿真表现，更重要的是建筑师的思维方式和创作心态的反映，也是建筑师和艺术家的艺术作品和表现手段。建筑画可以用来阐述建筑理论，表达建筑的哲理，成为表达建筑设计思想的一种艺术形式。正如美国建筑师西萨·佩里（Cesar Pelli, 1926-2019）所说的，建筑画是交流的一种基本手段：

"一幅好的建筑画能激励并加强建筑的构思意图。表现画要体现建筑美妙之处，它自身也必须优美。建筑画要表现建筑形态的力度感，其自身的风格也必须强烈；倘若要表现建筑布局的规整和严谨，表现图同样要清晰有序。"[59]

建筑画不仅是建筑师或画家专门用来表现建筑设计的所谓"效果图"，也包括画家描绘建筑物或者建筑群的艺术作品。尤其是超级写实主义画家，往往很喜欢用建筑与城市之美作为表现的对象，超级写实主义又被称为照相写实主义。人们普遍认为，这一类建筑画甚至比照相更为真实，因为艺术家已经在宛如身临其境的画面中加进了对事物的外表及其实质的认识。

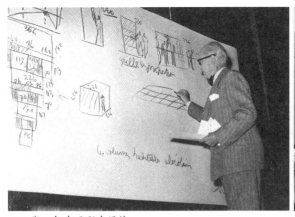

（a）勒·柯布西耶在设计　　　　　　　　　　（b）挪威建筑师 斯韦勒·费恩
　　　　　　　　　　　　　　　　　　　　　　　在设计

图 4-96　建筑师在设计

三、建筑师和建筑画

建筑师对绘画有着特殊的爱好，一方面是因为传统上建筑师在培养过程中需要学习绘画，有时甚至是作为画家来培养的，集建筑师和画家于一身，许多著名建筑师的建筑画或草图都成为艺术品。勒·柯布西耶既是建筑师，同时又是艺术家，他在 32 年的建筑生涯中，每天上午在画室画画，下午到事务所做设计（图 4-96）。勒·柯布西耶和法国画家、艺术理论家奥藏方的纯粹主义绘画、俄罗斯构成主义的建筑画等，都在建筑与绘画之间架起了一座桥梁。他认为；

"雕塑家、画家与建筑师是无法严格区分的。"[60]

主要的建筑画画家是建筑师，历史上的建筑师是在艺术院校培养的，他们受过绘画的专业训练。直到今天，有些建筑院系仍然设在艺术学院或应用艺术学院内。许多建筑大师如意大利巴洛克建筑师弗朗西斯科·博罗米尼（Francesco Borromini, 1599-1667）、米开朗琪罗、拉斐尔、奥地利建筑师奥托·瓦格纳（Otto Wagner,1841-1918）、美国建筑大师弗兰克·劳埃德·赖特、芬兰裔美国建筑师埃利尔·沙里宁（Eliel Saarinen,1873-1950）、阿尔多·罗西等都留下了杰出的建筑画。

16 世纪末的荷兰建筑师、画家和工程师德弗利斯是杰出的建筑画画家，他的一幅哥特教堂室内画（1612）现藏美国洛杉矶县立美术馆，十分精确地描绘了建筑空间和光影，细部如器物、雕塑、绘画、服饰等都有丰富的表现（图 4-97）。

建筑师要会用绘画表现建筑，许多建筑师同时也是画家。现代建筑大师阿尔瓦·阿尔托（Alvar Aalto，1898-1976）也认为："建筑始于绘画"。瑞士建筑评论家和史学家吉迪恩（Sigfried Giedion，1888-1968）和德裔英国建筑理论家佩夫斯纳（Nikolaus Pevsner,1902-1983）也认为绘画是推动建筑发展的力量。

图 4-97　哥特教堂室内

图 4-98　智慧之星圣伊夫教堂光塔

图 4-99　奎里纳尔宫入口

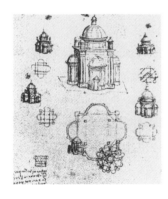

图 4-100　莱奥纳多·达·芬奇的构思草图

图 4-101　万维泰利的米兰大教堂立面草图

　　意大利巴洛克建筑大师博罗米尼是罗马的三位大师中最具革新的一位。以建筑空间的复杂性和大胆应用的建筑曲面而著称，他设计的智慧之星圣伊夫教堂（1649-1652）光塔仍然是今天罗马天际线重要的组成部分，有一幅设计图流传下来（图 4-98）。贝尔尼尼也是一位建筑画家，他留存有一幅他设计的罗马奎里纳尔宫入口的素描（图 4-99）。

　　建筑师在创作过程中的分析和构思在大多数情况下用草图来表达并成形，转而将概念变成实体。在与业主和同事进行交流时，也往往用图来说明，这些都是一种过程中的建筑画。这种建筑画十分简练，概括性地表达了建筑师的创意，保持了建筑的本质。莱奥纳多·达·芬奇留下了一幅他表现教堂建筑的构思草图（图 4-100）。意大利建筑师和工程师路易吉·万维泰利（Luigi Vanvitelli，1700-1773）是 18 世纪意大利最著名的建筑师，他在 1745 年受邀为米兰大教堂的立面进行哥特风格的改造，他向教堂的修士会提交了一份表现建筑的三维草图，建筑师在原有建筑的立面上添加了一个五开间的门廊[61]（图 4-101）。

图 4-102　《古代的罗马》

图 4-103　《现代的罗马》

图 4-104　约翰·索恩的建筑作品

也有的建筑画将各种建筑拼贴在同一个画面中，意大利 18 世纪画家和建筑师帕尼尼（Giovanni Paolo Panini，1691-1765）被称为场景艺术家，他绘有大量以罗马的建筑为主题的建筑画，他的《古代的罗马》将古罗马的建筑、雕塑和废墟表现在无数幅绘画中，仿佛放置在博物馆中，实际上是一种虚构的场景（图 4-102）。同时也有一幅《现代的罗马》，以同样的表现方法描绘 18 世纪的罗马建筑和雕塑，场景也是 18 世纪的建筑（图 4-103）。

英国艺术家和建筑师约瑟夫·迈克尔·甘地（Joseph Michael Gandy，1771-1843）在 1818 年将英国建筑师约翰·索恩（John Soane，1753-1837）设计的所有作品汇集在一幅画中，索恩认为这幅画真实地表现了他 35 年设计生涯的作品[62]（图 4-104）。

奥地利建筑师和规划师奥托·瓦格纳、荷兰建筑师贝尔拉格（Hendrik Petrus Berlage，1856-1934），美国建筑师埃利尔·沙里宁、赖特、保罗·鲁道夫（Paul Rudolf，1918-1997）和格雷夫斯（Michael Graves，1934-2015），意大利建筑师米凯卢奇（Giovanni Michelucci，1891-1990）和阿尔多·罗西，德国建筑师汉斯·夏隆（Hans Scharoun，1893-1972）等都是优秀的建筑画家，他们各自的绘画表现具有鲜明的个性，代表了不同历史时期的表现风格。

奥托·瓦格纳在维也纳留下了许多地标性建筑，他的建筑画具有古典主义风格，建筑细部表现清晰，色彩鲜明，具有丰富的装饰性，以他的《圣利奥波德教堂》（1902）为代表。圣利奥波德教堂（1903-1907）是新艺术运动风格的代表作品，建筑建成后的效果与设计构思十分吻合（图 4-105）。

赖特也是建筑画大师，他的建筑画有多种表现手法，强调线条的精确和细腻，往往采用俯

（a）效果图　　　　　（b）建成后

图 4-105　《圣利奥波德教堂》

（a）渲染图　　　　　（b）外观

图 4-106　米拉特宅

图 4-107　流水别墅渲染图

视或仰视的角度，画面注重建筑的细部，取得特殊的效果。从赖特的"袖珍屋"（La Miniatura，米拉特宅，1923）表现图中可以看到建筑师受古代中美洲文化和日本木刻版画的影响，他曾经收藏有 6000 幅日本木刻版画。赖特喜欢使用色粉笔画建筑画[63]（图 4-106）。赖特的流水别墅（1936-1937）被誉为改变了世界的建筑，他的渲染图以仰视的角度，突出表现了大体量悬挑的建筑与环境的关系（图 4-107）。

意大利建筑师、规划师和设计师米凯卢奇（Giovanni Michelucci，1891-1991）是意大利理性主义建筑的代表，他的代表作是佛罗伦萨的火车站（1935-1936）和佛罗伦萨高速公路旁的施洗约翰教堂（1960-1964），施洗约翰是佛罗伦萨的主保圣人。教堂十字形的平面和立面上的石材隐喻传统的教堂，造型独特的建筑体现了传统和现代的结合。米凯卢奇在 1963 年手绘的建筑图表现建筑起伏的轮廓和丰富的造型，这幅建筑画是在教堂将近完工时画的[64]（图 4-108）。

（a）构思草图 （b）教堂剖面图

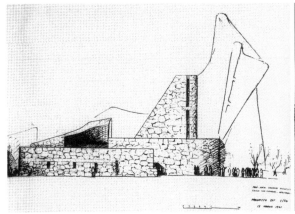

（c）教堂立面 （d）施洗约翰教堂

图 4-108　米凯卢奇作品

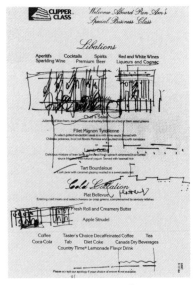

图 4-109　文丘里的构思草图

建筑师往往用徒手草图表现建筑想象，对于任何一个设计，徒手草图都是促成设计理念的最有效方法。徒手草图是每个建筑师都必然采用的手段，将建筑师的灵感及时记录下来，或成为继续发展的基础。徒手草图往往是绘在建筑师的速写本或笔记本中，有时候，兴致所至也会画在随手见到的纸张上，菜单、节目单、餐巾都可以成为创造性构思的及时表现。图 4-109 是文丘里绘在菜单上的伦敦国家美术馆扩建的塞恩斯伯里馆的构思草图（图 4-109）。

德国建筑师汉斯·夏隆曾有过多幅建筑幻想图，他在第二次世界大战时期留在德国，设计一些私人住宅，1943 年的一幅《建筑幻想》是在不能再设计的战争困难年代设想的未来建筑，这幅想象画也预示了他在战后设计的柏林爱乐音乐厅的形象[65]（图 4-110）。

170

图 4-110　《建筑幻想》

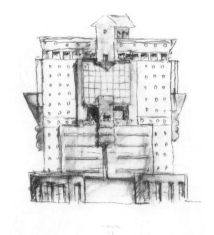

图 4-111　格雷夫斯设计的波特兰大厦立面草图

　　格雷夫斯的建筑画和他的建筑风格都同样注重色彩，建筑画着重表现建筑的局部关系。格雷夫斯在设计波特兰大厦（1982）时有一幅用彩色铅笔画的立面构思草图（1979），这座建筑象征着从现代建筑转向后现代主义的风向标，其体量感甚至比建成的建筑更具表现力（图 4-111）。

　　弗兰克·盖里的设计草图以连续复杂而又生动的线条表现建筑造型，他早期的设计尚未形成独特的盖里风格，线条相对还比较写实，例如他为美国托莱多大学视觉艺术中心设计的构思草图远没有后期的线条流畅（图 4-112）。他的建筑风格自从 1991 年为西班牙的毕尔巴鄂设计古根海姆博物馆之后，逐渐成形，设计草图也更为随心所欲，操控自如（图 4-113）。

　　大多数中国建筑师也都擅长建筑画的表现，我国在培养建筑师的过程中，有美术课的教学，同时在设计作业中也要求有表现图。建筑师在设计方案和设计过程中，建筑画也是重要的设计方法和与业主及管理部门沟通的工具。1987 年在北京还举办了全国建筑画展，从 700 多幅送选的作品中选出 275 幅展出。[66] 建筑画的风格和材料丰富多元，包括水彩画、水粉画、油画、钢笔淡彩、炭笔淡彩、钢笔画、水墨画、素描、镶嵌画等。作品中有一幅吴良镛先生（1922- ）早年的水彩画《威尼斯圣马可广场》（图 4-114）。

　　冯健亲先生用彩墨画表现的南京中山陵，用中国画的构图和透视法表现建筑和环境（图 4-115）。关肇邺先生（1929- ）的建筑画《徐州汉画像石馆》（2002）以水彩画表现，以环境和水面衬托建筑（图 4-116）。彭一刚先生（1932- ）擅长以钢笔淡彩画建筑画，表现细腻，构图严谨，形成自己独特的建筑画风格。他的天津大学建筑系馆方案渲染图以正立面表现，同时也有一幅设计草图（图 4-117）。

图 4-112　托莱多大学视觉艺术中心的构思草图　　　　图 4-113　毕尔巴鄂古根海姆博物馆的设计草图

图 4-114　《威尼　　图 4-115　《南京中山陵》　　图 4-116　《徐州汉画像石馆》
斯圣马可广场》

（a）《天津大学建筑系馆》　　　　　（b）建筑画
图 4-117　彭一刚的建筑画

本章注释：

［1］刘克明《中国图学思想史》，北京：科学出版社，2008. 第 4 页.

［2］刘克明《中国图学思想史》，北京：科学出版社，2008. 第 7 页.

［3］刘克明《中国图学思想史》，北京：科学出版社，2008. 第 10 页.

［4］顾恺之《魏晋流画赞》，俞剑华编著《中国古代画论类编》修订本上册，北京：人民美术出版社，1998. 第 347 页.

［5］张彦远《历代名画记论山水树石》，俞剑华编著《中国古代画论类编》修订本上册，北京：人民美术出版社，1998. 第 603 页.

［6］彭莱《界画楼阁》，上海：上海书画出版社，2006. 第 31 页.

［7］郭黛姮主编《中国古代建筑史》第三卷，北京：中国建筑工业出版社，2003. 第 125 页.

［8］汤垕《画鉴》，潘云告编注《中国历代画论》（下），长沙：湖南美术出版社，2007. 第 8 页.

［9］饶自然《绘宗十二忌》，俞剑华编著《中国古代画论类编》修订本下册，北京：人民美术出版社，1998. 第 697 页.

［10］唐志契《绘事微言》，济南：山东书画出版社，2015. 第 66–67 页.

［11］徐沁《明画录》，俞剑华编著《中国古代画论类编》修订本下册，北京：人民美术出版社，1998. 第 804 页.

［12］同上.

［13］张彦远《历代名画记》.

［14］台北故宫博物院《宫室楼阁之美——界画特展》，2000. 第 96 页.

［15］彭莱《界画楼阁》，上海：上海书画出版社，2006. 第 33 页.

［16］吴葱《在投影之外： 文化视野下的建筑图学研究》，天津：天津大学出版社，2004. 第 100 页.

［17］彭莱《界画楼阁》，上海：上海书画出版社，2006. 第 35 页.

［18］杨永生编《哲匠录》，北京：中国建筑工业出版社，2005. 第 83 页.

［19］郭若虚《国画见闻志》，潘云告编注《中国历代画论》（下），长沙：湖南美术出版社，2007. 第 377 页.

［20］台北故宫博物院《宫室楼阁之美——界画特展》，2000. 第 8 页.

［21］汤垕《画鉴》，俞剑华编著《中国古代画论类编》修订本下册，北京：人民美术出版社，1998. 第 694 页.

［22］台北故宫博物院《宫室楼阁之美——界画特展》，2000. 第 100 页.

［23］林莉娜《明清宫廷绘画艺术鉴赏》 台北：故宫博物院，2013. 第 157 页.

［24］杨永生编《哲匠录》，北京：中国建筑工业出版社，2005. 第 128 页.

［25］余晖 "认知王振朋、林一清及元代宫廷界画"，载范景中、曹意强主编《美术史与观念史Ⅱ》，南京：南京师范大学出版社，2006. 第 61 页.

［26］袁桷《清容居士集》卷四十五，四部丛刊本，转引自余晖 "认知王振朋、林一清及元代宫廷界画"，载范景中、曹意强主编《美术史与观念史Ⅱ》，南京：南京师范大学出版社，2006. 第 66 页.

［27］余晖 "认知王振朋、林一清及元代宫廷界画"，载范景中、曹意强主编《美术史与观念史Ⅱ》，南京：南京师范大学出版社，2006. 第 80 页.

［28］彭莱《界画楼阁》，上海：上海书画出版社，2006. 第 118 页.

［29］刘克明《中国图学思想史》，北京：科学出版社，2008. 第 212–213 页.

［30］同上，第 333 页.

［31］傅熹年主编《中国古代建筑史》第二卷，北京：中国建筑工业出版社，2009. 第 132 页.

［32］谭其骧《中国古代地图集》（战国－元）序，曹婉如等编《中国古代地图集》，北京：文物出版社，1990. 第 2 页.

［33］曹婉如《中国古代地图集》（战国－元）前言，曹婉如等编《中国古代地图集》，北京：文物出版社，1990. 第 1 页.

［34］郭黛姮主编《中国古代建筑史》第三卷，北京：中国建筑工业出版社，1993. 第 145 页.

［35］曹婉如等编《中国古代地图集》，北京：文物出版社，1990. 第 4 页.

［36］曹婉如等编《中国古代地图集》，北京：文物出版社，1990. 第 6 页.

［37］曹婉如等编《中国古代地图集》，北京：文物出版社，1990. 第 6 页，其中数字系根据书中汪前进的 "南宋碑刻平江图研究" 所考证的数字作了调整，310 座桥梁的数字系根据郭黛姮主编《中国古代建筑史》第三卷，北京：中国建筑工业出版社，1993. 第 76 页校正.

［38］曹婉如等编《中国古代地图集》（清代），北京：文物出版社，1997. 第 1 页.

［39］张国标 "徽派版画《环翠堂园景图》，载《环翠堂园景图》，安徽美术出版社，1996. 第 2 及第 6 页.

［40］转引自丹尼尔·J·布尔斯廷《创造者，富于想象力的巨人们的历史》，徐以骅等译，上海：上海译文出版社，1997. 第 605–606 页.

［41］Fredrick Hartt. *History of Italian Renaissance Art: Painting · Sculpture · Architecture.* Thames & Hudson.1994.p.238.

［42］G.C.Argan. *Storia dell' arte italiana* 2. Sasoni.1969. p.114.

［43］同上，p.217–218.

［44］同上，p.266.

［45］Alberto Pérez-Gómez. *Chora 1:Interval in the Philosophy of Architecture.* McGill Queen' s.1994. p.20.

［46］G.C.Argan. *Storia dell' arte italiana* 3. Sasoni.1969. p.23.

［47］Paul Goldberger. *Why Architecture matters.* Yale University Prass. 2009. p.155–156.

［48］卡巴内《杜尚访谈录》，王瑞芸译，桂林：广西师范大学出版社，2001. 第 23 页.

［49］Klaus Reichol, Bernhard Graf.*Paintings that changed the World, from Lascauxto Picasso.*Prestel. 1998. p.170.

［50］Vittorio Gregotti. *L' architettura di Cézanne.* Skira.2011.p.58.

［51］ Ruth Eaton.Ideal Cities:Utopianism and the (Un)Built Environment. Thames & Hudson.2002.p.10.

［52］ 近年来也有研究将这幅画的作者归于意大利文艺复兴画家和建筑师卢恰诺·劳拉纳（Luciano Laurana, 约 1420–1479）或莫洛佐·达弗利（Melozzo da Forl ì，约 1438–1494）.

［53］ 马尔科姆·安德鲁斯《寻找如画美：英国的风景美学与旅游，1760–1800》，张箭飞、韦照周译，南京：译林出版社，2014. 第 36 页.

［54］ Robin Middleton/ David Watkin. *Neoclassical and 19th Century Architecture/1.* Electa/Rizzoli. 1987. p.180.

［55］ 维尔·格罗曼《克利》，赵力、冷林译，长沙：湖南美术出版社 1992. 第 82 页.

［56］ 沃尔夫冈·福格特 "'建筑肖像画家'，1800 年至今建筑图解和专业透视图的命运"，黑尔格·博芬格、沃尔夫冈·福格特《赫尔穆特·雅各比：建筑绘画大师》，李薇译，大连：大连理工大学出版社，2003. 第 17 页.

［57］ Carol Willis.*Drawing towards Metropolis*. Hugh Ferris. *The Metropolis of Tomorrow*.IVES Washburn, Publisher.1986. P.148.

［58］ A.V.Shchusev, L.E.Zagorsky. *Arkitekturnaia organizatsia goroda.* Moscow: Gosstroiizdat, 1934. p.17–20. 转引自 Jean–Louis Cohen. *Scenes of the World to Come, European Architecture and the American Challenge,* 1893–1960. Paris: Flammarion, 1995. p.155.

［59］ 西萨·佩里 "论建筑画和设计草图"，乐民成、吕晓敏译，北京：中国建筑工业出版社，《建筑画》，第 5 期，1988. 第 24 页.

［60］ 沈奕伶编译《前卫艺术的终身探索：建筑大师柯比意的绘画与雕塑世界》，《艺术家》，2009. 第 9 期. 第 360 页.

［61］ Christian Benedik. *Masterworks of Architectural Drawing from the Albertina Museum.* Prestel.2017. p.20.

［62］ 沃尔夫冈·福格特 "'建筑肖像画家'，1800 年至今建筑图解和专业透视图的命运"，黑尔格·博芬格、沃尔夫冈·福格特《赫尔穆特·雅各比：建筑绘画大师》，李薇译，大连：大连理工大学出版社，2003. 第 15 页.

［63］ Neil Bingham.*100 Years of Architectural Drawing.* Laurence King Publishing.2013.p.70.

［64］ 同上，p.196.

［65］ 同上，p.145.

［66］《建筑画》编辑部、《建筑师》编辑部《全国建筑画选》前言，北京：中国建筑工业出版社，1988.

第五章

建筑与摄影

第五章

建筑与摄影

　　摄影在 1839 年的出现意味着一种新艺术的诞生，从此以后几乎任何事物都曾经作为对象被拍摄，摄影也是艺术媒介、艺术作品和艺术创作的名称。从早期的摄影开始，人们就已经认识到摄影不能无中生有，然而摄影所复制的世界并不是真实的，而是经过艺术和表现的另一种现实。

　　摄影为世界提供的内容十分广泛，从广袤的宇宙图像，到错综复杂的微观影像。摄影珍藏回忆，摄影既可以反映现实，摄影也可以宣示未来，摄影是艺术、科学、技术、社会和文化的统一体。摄影让我们了解世界，了解人类，了解自己。摄影能启发人们的洞察力，提高人们的认知能力，激发人们的创造能力。甚至在当代技术的条件下，通过摄影，我们几乎可以在瞬间就能看见世界上发生的事件和情景。

　　摄影与建筑有着十分密切的关系，对于绝大部分建筑，无论是历史上的建筑，或是当代建筑，人们通常都是通过摄影才认识的，即使对于专业人士也不例外。从某种意义上说，超越了时空的摄影中的建筑，似乎比建筑本身更为现实，正如西班牙裔美国建筑史学家比阿特丽斯·科洛米纳（Beatriz Colomina，1952- ）在《私密性与公共性：作为大众媒体的现代建筑》（*Privacy and Publicity:Modern Architecture as Mass Media*，1994）一书中所说，影像往往比实际事物更为真实。

第一节 摄影基础

摄影起先只是一种观看外在世界的方式，照相机的原理是暗箱，暗箱曾经是画家作画的辅助工具。摄影是科技和艺术的产物，摄影有赖于摄影对象、摄影师、光线、环境、相机和摄影技术。摄影不只是艺术，而且也涉及建筑、医学、政治、天文学、社会学、人类学、地理学等领域，甚至可以毫不夸张地说，没有摄影的话，有一些学科就很难成立。通过摄影，世间的万事万物几乎都被摄录下来，世界上每年大约拍摄的照片以几十亿张计。摄影的影响力在世界上迅速扩展开来，这种吸纳一切的摄影眼光改变了我们居住的世界中的各种关系。摄影在社会生活、意识形态、公共事务方面有着强大的影响，一张登陆月球的照片，一张导弹的照片，一张人群的照片就有可能激励人们，或者推动某种行动，甚至战争。

摄影与人们对空间的理解有重要的关系，各种图像的空间被重新表现和释义，并促使人们重新考虑时间与空间的关系，摄影已经成为一种生活方式，无处不在。现代摄影器材和手机摄影的发展已经使人们很容易就能成为摄影师（图 5-1）。

一、摄影的故事

摄影（photography）源于希腊文 photos（光）和 graphient（摄取），意思是用光来摄取，用光来绘画。1827 年夏天，法国发明家尼埃普斯（Joseph-Nicéphore Niépce, 1765-1833）在进行他的固定影像方法实验时，由于需要长时间的曝光，就以他在格拉斯的家中窗外院子里的建筑物作为对象，把景物拍摄在白镴片上，成为世界上第一件摄影作品。[1] 当时的曝光时间长达八小时，光线的变化形成了一种现实中不存在的时间影像，因此，整个过程称为阳光摄影法（heliography），拍摄出来的图片称为胶版（heliotype）（图 5-2）。

图 5-1　摄影师

图 5-2　世界上第一件建筑摄影作品

图 5-3　巴黎庙堂大街

（a）1845 年的伦敦街道照片

（b）巴黎的林荫大道照片

图 5-4　伦敦和巴黎街道的照片

法国画家和物理学家达盖尔（Louis-Jacques-Mandé Daquerre, 1787-1851）是摄影之父之一，曾经在一个建筑师那里当过学徒工，最后成为一名巴黎的家具设计师和风景画家。[2] 他发明了达盖尔式照相法（daguerreotype），是最早的一种实用的摄影方法。他从 1829 年起和尼埃普斯合作，发展了尼埃普斯的阳光照相法。1838 年，达盖尔用他的银版摄影技术拍摄了巴黎的庙堂大街。达盖尔银版摄影术在 1839 年由法国科学院和艺术学院正式公布，摄影成为一项推动社会变革的技术（图 5-3）。

1835 年，英国化学家、语言学家、考古学家和发明家塔尔博特（William Henry Fox Talbot, 1800-1877）发明了负相—正像卡罗照相法（Calotype），后改称塔尔博特式照相法（Talbotype）。以"卡罗照相法"命名意味着审美作为重点，"卡罗"源自古希腊文 kallos，意思是"美"。塔尔博特在 1844 ~ 1846 年出版了摄影史上第一部有照片的书籍《自然的铅笔》（The Pencil of Nature），其中有 24 幅碘化银纸照片，图 5-4 是 1845 年用塔尔博特式照相法从负片制作的伦敦和巴黎街道的照片（图 5-4）。塔尔博特的照片工厂生产了大约 2475 张复制照片。[3] 从塔尔博特的书名也可以看出，19 世纪的人们按照绘画来判断照片，以绘画关系作为参照来理解摄影。采用照相负片，可以多次印刷照片，开启了现代摄影法之先河，正如德国哲学家和文化评论家本雅明（Walter Benjamin, 1892-1940）所指出的，摄影使形象复制大大加快，是机械复制时代艺术作品的最佳范例。[4]

摄影史也是摄影技术、照相机和胶片的发明史，在摄影史上有几个划时代的里程碑：1840

年代的达盖尔摄影法的画面小，成本高，操作难，碘化银纸照相法（相纸负片）会褪色而且细节还原差，都限制了摄影术的应用。1851年湿柯璐琔照相法问世，上述缺点逐渐被克服。1871年干板照相法出现。1888年美国企业家和发明家伊斯曼（George Eastman，1854-1932）发明手持柯达相机，次年，伊斯曼柯达公司又发明了软片胶卷（图5-5）。从此，胶片的感光度大幅度改近，胶片感光乳剂的质量不断进步，以至可以制作出比胶片大许多倍的照片，摄影也开始向大众普及。1924年，德国的徕卡公司推出35mm相机（图5-6）。1925年，德国发明电子闪光灯，1928年，柯达公司生产彩色胶卷，1947年拍立得（Polariod）相机问世，1980年日本佳能公司发明35mm自动对焦相机，摄影进入全自动时代，1982年，日本索尼公司发明数码相机，标志着摄影进入了数码时代，使摄影逐步成为日常生活的消费品（图5-7）。

其实早在摄影术发明之前，人们就曾经想象以某种方式固定一个形象，法国作家德拉·罗什（Charles-François Tiphaigne de la Roche，1722-1774）曾经预见过摄影、电视和合成食品的诞生，他在乌托邦小说《吉方蒂》（*Giphante,* 1760）中讲述了摄影固定形象的可能性。[5] 按照美国艺术批评家和社会批评家苏珊·桑塔格（Susan Sontag, 1933-2004）的观点：

　　　"拍摄就是占有被拍摄的东西，它意味着把你自己置于与世界的某种关系之中，这是让人觉得像知识，因而也像权力的关系。"[6]

工业革命推动了摄影的发展，认为人类以其创造精神能够发明创造任何东西的技术，理应大书特书。这些文化因素使建筑照片成了各大城市初期出版的摄影图书中必不可少的题材，还被大量地制成雕印版和石印版，印刷在图书和期刊上。建筑学曾是19世纪具有重要文化意义的学科，当时需要长时间曝光的摄影局限也使建筑物成为早期摄影家可以拍摄的对象，从而使建筑成为具有摄影意义的题材，

（a）第一架商业化生产的达盖尔式相机

（b）最早的柯达相机

图5-5

图5-6　1925年的徕卡相机

图5-7　第一架便携式数码相机

图 5-8　埃及金字塔的摄影　　　　　　　图 5-9　石栏

使建筑和纪念碑成为古代文化的不朽见证（图 5-8）。

　　1930 年代中期可以说是摄影界的转折点，纽约报刊出版商柯立斯兄弟（Cowles brothers）在 1937 年 1 月出版了第一期《视界》（*Look*）双周刊杂志，这是一份以摄影与现实直接联系，以摄影来叙事和报导，创建新型的摄影新闻。摄影新闻记者也成为城市景观和建筑的释读者和传译者。[7]

二、摄影创造现实

　　摄影之父尼埃普斯和达盖尔宣称：摄影是"光作用下的自然的再现""锁定自然提供的影像，没有任何制图员的协助……"。[8] 早期的人们将照相机的镜头看作是等同于人类视网膜上的图像，忽略了照相机的视觉和人类视觉之间的显著差异。

　　传统摄影有五大特点：一是不能无中生有；二是摄影是最客观的写实工具，摄影必须照单全收，尽收眼底；三是拍摄过程的不连续性，摄影在本质上是一种现实的抽样；四是摄影具有复制能力；五是摄影是一种转型，而不是再生。实际上，摄影所复制的外在世界在技艺精湛的摄影艺术家手中，是极具表现力的图像创作媒介，在许多时候都是凡人或者说后人见不到的图像，因此，也是另一种现实。在摄影术发明以后，有一个时期公众将照片理解为威力无比的神造之物，发明摄影术的达盖尔也被奉为天才和英雄[9]（图 5-9）。

　　在现代摄影技术和观念的推动下，摄影并不总是反映现实，摄影往往创造另一种现实，摄影实际上是一种再生。美国艺术评论家苏珊·桑塔格指出，与其说摄影复制了真实世界，不如说摄影改造了真实世界：

　　"摄影不仅仅复制现实，还再循环现实——这是现代社会的一个重要步骤。事物和事件以摄影影像的形式被赋予新用途，被授予新意义，超越美与丑、真与假、有用与无用、好品味与坏品味之间的差别。"[10]

　　摄影需要借助于照相机和镜头，镜头所摄取的图像并没有我们想象的那么客观。此外，正如法国存在主义哲学家保罗·萨特（Jean-Paul Sarte，1905-1980）所说，任何图像在本质上都是一种欺骗。摄影作品并不总是摄影对象的真实影像，而是摄影师通过照相机、镜头、摄影角度、时间和光影选择后加工过的影像，一种特殊的复制品。正如本雅明所指出的：

"技术复制可以突出那些由肉眼不能看见但镜头可以捕捉的原作部分，而且镜头可以挑选其拍摄角度，此外，照相摄影还可以通过放大或慢摄等方法摄下那些肉眼未能看见的形象。这是其一。其二，技术复制能把原作的摹本带到原作本身无法达到的境界。"[11]

摄影作品是一种图像符号，又称类像、肖似记号，以相似性为基础，与其所代表的对象有共同的性质。美国哲学家和心理学家查尔斯·桑德斯·皮尔斯（Charles Sanders Peirce，1839-1914）认为图像是"以本身特征指称对象"。皮尔斯把所有的符号划分为三大类：标志（index）、图像（icon）和象征（symbol）。皮尔斯给符号概念下了确切的定义，对符号的种类进行了划分和描述。皮尔斯的符号理论建立在对意义、表达及符号概念分析的非语言学方向的哲学基础之上，摄影作品是介于图像符号和标志符号之间的一种表示方式。[12] 就理论而言，摄影作品与作品的对象在事实上应当是一致的，但是摄影作品替代了真实的物体或事件，摄影是经过摄影师的选择和加工传达给人们的物体或事件（图 5-10）。

摄影通过"照相机的眼睛"和摄影的思想教会人们一种新的观察世界的规则，并成为一种观察标准，甚至有摄影家把现实世界看作是一套潜在的摄影图片。摄影会让建筑师产生灵感，意大利未来主义建筑师圣埃利亚创造的《新城》高楼，是在翻看 1913 年 3 月版的《意大利画报》（L'Illustrazione italiana）时，受到这期画报中的曼哈顿高层建筑摄影的启示。[13]

现代摄影显示出活力，从三度空间表现向四度空间过渡。1936 年美国的《生活杂志》（Life）创刊，塑造了全新的视觉观念。摄影作品是一种空间与时间的切片，有时候，摄影会扰乱世界的秩序，随意剪接和拼贴，摄影作品本身也在不断被缩小、放大、修剪、窜改、拼贴以及修饰。通常，摄影作品由于是纸制品而出现一些问题，它们会老化、褪色、污染、发霉，甚至消失，它们也会由于偶然的机会而变得价值连城。从家庭和个人收藏、博物馆的展示和收藏、报刊杂志的存档和刊载，到广告、教学、科研和警察局的档案与证据，医院的病历档案，太空探测等等都与摄影有关。

摄影技术的发展使摄影成为世界和艺术的摹本，我们对世界，对艺术作品，对城市和建筑的理解主要是通过摄影得到的，我们理解的现实世界主要是摄影告诉我们的世界。一个人的经历和阅历无论怎样丰富也都是有限的，即使是亲眼见过，亲身经历过的景象往往也是一种偶发现象，需要通过摄影师的摄影来完善和补充。

图 5-10　伦敦考文垂花园

图 5-11 《蒙娜丽莎》和参观的人群

由于摄影，使艺术得到普及，让人们能随时欣赏艺术。一般而言，人们观看绘画通过摄影的机会远远大于亲自观赏原作，而且有时候会有更深切的感受。莱奥纳多·达·芬奇的《蒙娜丽莎》是旷世之作，收藏在巴黎的卢浮宫博物馆中，这幅画的画幅仅 77cm 高，宽 53cm，远小于想象中的画幅。我们如果去看原作，在成堆的参观者中其实是无法静心观赏这件作品的，甚至想要在画前多逗留一点时间都不可能，何况这幅画外面还有防护玻璃和防护隔离栏杆，效果还真不如观赏印刷精良的画册。曾任美国纽约大都会艺术博物馆复制部主任的威廉·伊文思（William Ivins,1881-1961）在 1953 年就指出：

"能够准确地重复视觉所表达的东西，在科学、技术和一般信息中的重要性要大于艺术" [14]（图 5-11）。

摄影推动了现代建筑和现代艺术的发展，勒·柯布西耶和法国画家及艺术理论家奥藏方（Amédée Ozenfant, 1886-1966）创办的《新精神》（L' Esprit Nouveau）以及同时期的德国劳工运动杂志《劳工画报》（Arbeiter Illustrierte Zeitung）、荷兰的《风格》（De Stijl）等杂志，都用摄影作为主要的媒介传播新艺术的价值观，其中，建筑始终处于中心地位。[15]

意大利建筑师朱塞佩·帕加诺（Giuseppe Pagano,1896-1945）对意大利新建筑的发展起着重要的引领作用，自 1920 年代后期起担任《美好的建筑》（La Casa Bella, Casabella-Costruzioni）的主编，这份期刊在世界建筑发展中具有十分重要的地位，他在杂志中广泛应用摄影。帕加诺本人也是一位优秀的摄影师，他拍摄城市和建筑，也将意大利的乡村建筑和普通建筑留在他的摄影作品中，他认为现代建筑的根就在乡村建筑的秩序、简洁和功能性之中。[16]

摄影作品需要我们去阅读，去理解摄影话语和摄影作品之外的话语。摄影作品既反映又创造现实，阅读摄影作品就是去理解摄影对象及其周围环境、摄影对象本身的各个要素、社会文化、摄影师的审美意识，去理解图像的内涵，去揭示掩藏在摄影话语背后存在的现实以及摄影所创造的现实。

第二节　建筑摄影技术和艺术

古话说"工欲善其事，必先利其器"。建筑摄影技术、摄影器材和后期加工在很大程度上会对作品的品质产生重要的影响。实质上，摄影师的焦点就是人们眼睛观察建筑的焦点，照相机的镜头就是摄影师的眼睛，摄影师的取景意味着选择与重组。在大多数情况下，人们对建筑的认识往往来源于摄影，而不是实际的建筑。有时候，摄影会加强或否定一件作品，形成人们对于建筑的印象。一般情况下，建筑摄影作品是从许许多多照片中筛选出来的精品，往往在暗房中或用电脑经过后期加工，运用各种技术手段处理后形成的作品。

一、照相机和镜头

塔尔博特使用的相机是用手工制作的木质和黄铜的照相机，制作精良，但极其昂贵，基本上属于"艺术品"，而不是技术工具。伊斯曼在 1884 年发明了活动的负片胶片，1888 年又发明了柯达（Kodak）相机，选择这个名称是因为"在世界上任何地方都能发出这个声音"。[17]

照相机是摄影师最重要，也是最基本的工具。摄影师对照相机的功能要求不仅是能够记录影像，还需要使用方便，能够快捷、准确地记录高质量的影像。老式胶片常用的照相机按照画幅大小可以分为以下三种：小型相机（35mm 以下的相机）、相机（中画幅照相机或 120 照相机）、大型相机（4英寸 ×5 英寸以上的相机）。按照取景器的不同可以划分为以下四种：透视取景方式（通过相机后部取景镜孔）、单镜头反光式相机、双镜头反光式相机、其他视场相机等。按照曝光测光方式的不同可以划分为 TTL 式（镜头测光）、AE 式（自动曝光）和手动式三种。

135 相机是指画幅尺寸为 36mm×24mm 的相机，135 单镜头反光照相机（简称单反相机）是以前最常用的小型相机，具有可更换镜头、体积小、重量轻、携带方便、操作简便等特点，加强了摄影的主观性趋势，摄影也用于更广泛的社会层面，功能也越来越丰富（图 5-12）。

120 中画幅相机（画幅尺寸为 56×41.5，56×56、56×70、56×82.6（mm））是专业建筑摄影师常用的理想机种（图 5-13）。

大画幅相机能拍摄 4×5、5×7、8×10（英寸）胶片的相机，相机体积大、携带不方便、操作复杂，但是大画幅的影像效果也是一般相机无可匹敌的。大画幅相机可以提供极高的影像分辨力和超广角拍摄能力，对建筑摄影而言，大画幅相机比中画幅相机更为优越，更容易实现透视修正处理[18]（图5-14）。

在今天的技术条件下，相机已经具有自动测光、自动对焦、自动曝光、自动定时等功能，并可以根据摄影师的爱好和习惯，进行调节和加以个性化的处理。使用胶卷的相机具有自动卷片、自动倒片的功能。

图 5-12　135 相机

图 5-13　120 中画幅相机

图 5-14　大画幅相机

图 5-15　奥林帕斯数码相机的构造

图 5-16　照相机的各种镜头

数码摄影以影像传感器取代胶片，今天普遍应用的数码相机的各项技术性能几乎完全超越了传统的相机，数码单反相机配合广角镜头，非常适合建筑摄影。数码相机已经发展到拍摄时可以自动或手动调节感光度、影像质量、白平衡、色彩模式、亮度、锐度、对比度、曝光等。同时，观景器的视野率可以达到 100%，感光度甚至可以提高到 ISO25000，而且可以方便地进行后期加工。飞思最新数码后背的像素已高达一亿五千万（图 5-15），而哈苏 H 系列相机通过多次拍摄可输出四亿像素的照片，都极大地提升了建筑摄影的表现能力。

尽管摄影师的作品是客观事物的记录，却是一种应用经过精心选择的照相机和各种镜头——广角镜、长焦镜，或是各种特殊镜头如柔光镜、移轴镜、星光镜、夜光镜、鱼眼镜等，或是选择数量以百计的各种滤色镜，用不同的快门和光圈，以精心选择的摄影位置、角度、光线以及最佳的拍摄时间等等所得到的结果。一位专业摄影师在拍摄建筑时，往往会应用一套各种各样的镜头，在拍摄过程中根据需要而变换镜头（图 5-16）。

镜头的作用是纳入并汇聚光线，以形成清晰的影像。因此，镜头的透光能力是影响成像质量的关键，同时也在一定程度上决定了相机的质量。镜头按不同的焦距分为标准镜头、广角和超广角镜头、中长焦镜头、变焦镜头等。变焦镜、广角镜和超广角镜、移轴镜是建筑摄影师最常用的镜头。

关于摄影，我们通常会担心透视失真，或者采用广角镜时的失真，尤其是在拍摄建筑的外观时通常使用的 135 相机镜头焦距是 16 ~ 35mm。实际上这种失真是由于照相机制作精确的光学系统严格遵守物理法则所造成的。[19] 建筑摄影需要照相机镜头能够在大范围内调整，镜头应保证图像中的直线不会变形成曲线。建筑摄影有一条被奉为金科玉律的原则，这条原则表明了建筑摄影所追求的"真实性"，那就是"垂直线永远呈现垂直"。有许多人对建筑摄影的认定，完全看摄影是否做到这一点。建筑摄影的专业器材，无论是观景式照相机或者是移轴镜，都是为达到这个目的而设计制造出来的（图 5-17）。

PC 镜头是"透视校正"（perspective correction）或者是"透视控制"（perspective control）的缩写。这些器材的功能是在维持画面垂直的条件下倾斜光轴，无论是拍摄高角度、低角

图 5-17　移轴镜

图 5-18　带移轴镜的相机

度都能使建筑物的垂直线平行，将三点透视的画面改变成两点透视（图 5-18）。这样的角度、光线和聚焦结果往往是在一般情况下，"凡人"用肉眼所无法真正见到的。而大、中画幅相机能够利用机身的优势，如皮腔移动和摇摆、机身移位等，来更好地实现透视矫正，可达成更高的图像水准。

此外，建筑摄影还需要一系列的附属设备，例如滤色镜、三脚架、测光表、快门线、闪光灯等，都是建筑摄影所不可缺少的辅助器材。

二、建筑摄影艺术

艺术摄影着重美学上的形象表达，而不是传达摄影对象的基本信息，19 世纪的摄影产生于绘画的语言和学院派的审美观念之中。19 世纪的英国摄影家休斯（Cornelius Jabez Hughes，1819-1884）提倡艺术摄影，将摄影按照不同的等级划分为：写实的"机械摄影""艺术摄影"和"高雅艺术摄影"。高雅艺术摄影由"某些具有比大多数艺术摄影更高级的目标的照片组成，透明的目的不只是欣赏，而是教化、净化和彰显高雅"。[20] 受如画风格的影响，出现了绘画摄影，维多利亚时期的摄影师也同时是一个画家。英国艺术摄影师雷兰德（Oscar Gustave Rejlander，1813-1875）模仿绘画的风格，在 1856 年将 32 幅图像组接成一幅照片《两种生活方式》（The Two Ways of Life），犹如今天的摄影拼贴（Adobe Photoshop）。图像具有浓厚的道德象征主义风格，如同一幅叙事画。左边是挥霍和堕落的形象，右边是节俭与勤奋的形象[21]（图 5-19）。

公众将摄影接纳为艺术的过程是曲折复杂的，艺术摄影的理论和实践批判了摄影必须服从"事物的本来面目"的信条。我们通常说的摄影艺术是一种独特的艺术创作，正如美国摄影家亚当斯（Ansel Adams，1902-1984）所说："你不是拍摄照片，而是创作照片。"[22]

卢森堡裔美国摄影家、画家和艺术史学家爱德华·斯泰肯（Edward Steichen，1879-1973）主张摄影是一种艺术形式，在推动摄影成为艺术方面具有重要的作用，他与美国摄影家艾尔弗雷德·施蒂格利茨（Alfred Stieglitz，1864-1946）共同领导了一场美学革命，把摄影看作为一种传译和表现的媒介。[23] 他在 1911 年为《艺术与装饰》（Art et Décoration）杂志拍摄的照片属于最早的时尚摄影，在随后的年代里，他也曾经为许多时尚杂志和广告公司拍摄。1947 ~ 1961 年，他曾经担任纽约现

图5-19 《两种生活方式》

(a)《上海外滩》

(b)《同济大学》

图5-20 金石声作品

代美术馆摄影部的主任。

优秀的摄影作品是摄影师的摄影技术、审美、眼光、耐心、机遇和坚韧不拔的结果,这样的摄影作品会对人们产生启迪,引起共鸣,诱发出灵感。然而,许多摄影大师都曾指出,不应片面追求摄影器材的名贵,尤其对于非专业摄影师来说。中国城市规划学科的奠基人、摄影家金石声(金经昌教授,1910-2000)早在1957年就曾经说过:

"目前我们对于摄影器材的使用,存在着一些浪费。最突出的是盲目追求名牌相机,越贵越好,好像非用好相机才能拍照。很多非常名贵的照相机却拿在并非业务需要而且还不很懂摄影的人手里。这些现象不符合我们国家精简节约的精神。我们知道,我们的报章、刊物和展览会所发表的是我们的作品,而不是把我们的照相机印在纸上,挂在墙上。符合业务需要的就是好照相机,超出业务需要就是浪费!事实上,不很贵的照相机同样可以拍出好的作品来。几十年前的照相机不如现在的好,但我们在几十年前的年鉴上仍旧可以看到很多很好的作品。"[24]

金石声从十四五岁读初中的时候起就从事摄影,有60多年的摄影经历,他十分重视摄影艺术的基本功,认为;

"摄影艺术是来自目有所接,心有所感。"[25]

金石声主张用标准镜头摄影,注重用自然光拍摄,以常人的视野来摄影,真实地表现建筑。他反对摄影师单纯追求艺术效果,刻意表现画面的光鲜,而忽略真实性,这是摄影的大忌(图5-20)。

摄影在今天已从传统美学走向当代艺术,其审美、观念、方法、社会基础都发生了重大的转变。

第三节 建筑摄影

建筑摄影是通过摄影表现的作为标志和图像符号的建筑，建筑摄影在摄影史上占有重要的地位，1827 年尼埃普斯发明摄影时，对着窗外庭院里摄影的对象就是建筑，所以历史上第一件成功的摄影作品可以说就是建筑摄影，第一张徕卡相机在 1913 年拍摄的照片也是建筑摄影（图 5-21）。1841 年，巴黎举办了世界上第一次世界著名建筑摄影展。[26]

阿根廷裔美国建筑师和建筑理论家阿格雷斯特（Diana Agrest, 1945- ）认为建筑摄影是摄影的建筑学。建筑师、规划师和工程师借助建筑摄影表达设计理念，展示建筑的空间和细部。摄影师通过建筑摄影表现审美观念，建筑摄影不仅是纪实和表现，建筑摄影也成为探索建筑思想和未来建筑的重要手段。建筑摄影通过新的视觉方式创造世界，建筑摄影教育并训练人们如何观看和设计建筑。

一、建筑摄影的纪实性

今天，世界建筑的发展使得任何一位批评家都无法以眼见为实的方式亲临现场参观每一座建筑。我们曾经熟悉无数载入建筑史册的建筑，然而我们的思维和反映往往来自于摄影作品所呈现的形象，而不是实际的建筑。严格说来，照相机的记录也不能说是完全客观的。诚然透过镜头拍摄的图像，除了经过后期加工处理的照片以外，通常是真实的。建筑摄影也要求准确地表现环境，准确地表现空间，同时也准确地表现色彩和材质。但是，摄影会加强或者否定建筑的形象，甚至使建筑变形，从而构成我们对建筑形象的理解。换句话说，今天的人们往往通过摄影师的镜头来看建筑，这是一种消除了时间因素的空间序列。

建筑通过摄影的表现往往比建筑本身更为世人所熟知，人们对建筑的认知在某种程度上可以说是通过建筑摄影才获得的。摄影教会人们观看并认识建筑，提供一种理解建筑的方式。在今天的技术条件下，摄影已经成为一种生活方式，随着科学技术的发展，建筑摄影不仅是摄影师的专长，也成为公众的行为。摄影对于建筑师而言，是不可或缺的工具，建筑摄影成为知识传播和教育民众的有效媒介，摄影对于建筑艺术、建筑教育和建筑史的贡献是不可估量的。这就要求建筑摄影的真实性和准确性，丰富的专业知识、完美的技术

图 5-21　第一张徕卡相机拍摄的照片

与审美的结合才能产生一幅优秀的建筑摄影作品。

建筑学曾是 19 世纪具有重要文化意义的学科，当时需要长时间曝光的摄影局限也使建筑物成为早期摄影家可以拍摄的对象，从而使建筑成为具有摄影意义的题材。建筑摄影主要是记录城市、建筑物、景观建筑和构筑物，专为建筑师，设计师、历史学家，以及业主和开发商等服务。照片可以反映建筑的全过程以及竣工后的建筑，建筑的外部、内部空间、结构和细部。建筑照片大多为一目了然的记录，要求摄影的画面清晰，技术精良，但也常常需要解释性的和表现性的照片来作宣传和促进业务之用。建筑摄影在相当长的时期中，成为知识传播和教育的有效媒介。我们在学习建筑历史时，如果没有图片几乎是不可思议的事情，而这些图片多半只有用建筑摄影才能完整地表达其现实性。

建筑摄影始于 1839 ~ 1840 年摄影术甫一出现之时。摄影一出现后就广泛用于考古，以期获得政府或私人的资助。根据美国建筑摄影师盖瑞·科佩罗（Gerry Kopelow）的《建筑摄影教程》（How to photograph buildings and interiors，2002）所述，建筑摄影作品的特点，也是对建筑摄影师的要求：

"（1）图像必须清晰，有丰富的细部表现，并且有一致的焦点。

（2）色彩必须自然，并且和背景相适应。

（3）透视和观察点应该自然和令人愉悦。

（4）阳光照射的角度，天气条件以及季节变更应该合适。

（5）对象的描述，必须在与所处位置相关的合适的背景中。

（6）对象的尺度必须适当地表现。

（7）外景照片必须是不连续的拍摄，而且需要考虑它的使用者。

（8）最终期限和相关的专业义务应该仔细地遵守。"[27]

建筑摄影大致可以划分为艺术性摄影和纪实性摄影这两大类，也有人将艺术性摄影称之为建筑摄影，而将纪实性摄影称之为竣工摄影。无论以什么方式进行摄影和表现建筑，都应当忠实地表现真实的建筑和建筑环境。建筑摄影具有两层意义：摄影师追求的意义和建筑师追求的意义。只有这两层意义的统一，才能产生优秀的建筑摄影作品。建筑摄影在建筑与摄影这两个领域之间跨越，相互之间存在着多层不同的关系。建筑摄影师是在一张二维平面的相纸上再现建筑师的三维建筑空间创作，所面临的主要困难就是表现其内在联系和空间感。[28]这也是摄影出现以前建筑画力图实现的目标，建筑摄影师要拍摄建筑，就必须了解建筑。尽管建筑摄影提供的是二维的静止图像，摄影始终是建筑师偏爱的媒介。

建筑摄影作品在许多情况下是应业主的要求而拍摄的，摄影师与业主的关系是一种相互信任，相互尊重的关系。业主往往是建筑师、设计师，也可能是公共关系部门、开发商、施工单位、广告公司、杂志和图书的编辑，以及产权所有者等。建筑摄影出现在每年大量出版的普及性与专业建筑学图书

图 5-22　杂志中的摄影

图 5-23　1851 年伦敦世博会的水晶宫

期刊中，它们是今天最普通的建筑照片，起到了必要的参照作用。当今大部分商业建筑摄影，技术精湛，高度专业化，因为它完全是商业宣传品而非个人的艺术表现，才不致受人苛评。尽管如此，仍不失为建筑摄影的重要实用媒介。

　　有时候建筑摄影又是建筑师收集资料的工具，建筑学教师的教学手段，或者是建筑师和理论家表达自己的见解和观点，与建筑对话的媒介。有时候，建筑摄影会成为抢救文化传统，包括建筑在内的一种手段。建筑摄影是一种虚拟的现实，有时候又是缺失的象征，若干年以前所拍摄的照片中的情景会有所改变，那一瞬间所记录的画面可能再也无法重现。一幅建筑摄影作品有着广泛的用途，参加摄影展览、摄影比赛，供报刊、杂志、书籍使用，以及各种商业用途：广告、导游手册等（图 5-22）。

　　由于摄影的真实性，有时候建筑摄影是一种记录，甚至成为建筑历史的记录，具有纪念意义的建筑的记录。历史上的许多建筑由于各种原因而不复存在，但是留存在照片中。例如，1851 年伦敦世博会的水晶宫在建筑史和人类社会史上具有十分重要的意义，1852 ~ 1854 年，水晶宫移至伦敦南部的锡德纳姆山重建，然而在 1936 年毁于一场大火。幸亏当年英国摄影家德拉莫特（Philip Henry Delamotte，1821-1889）曾经拍摄了 1851 年伦敦世博会的场景，成为宝贵的历史记录（图 5-23）。世博会后，水晶宫的拆卸、运输和重建过程也都被摄影记录下来，如果没有这批留存的照片，水晶宫的记忆就没有完整的记录，而且也只留存在绘画中。

　　19 世纪中后期的摄影家，以客观态度来对待建筑学，是主题的记录而非阐述。而在阐述性建筑摄影中，摄影师既采用鲜明的美学语言，又加以形象逼真的记录。这种表现方法源于 1890 年前后至 1910 年英国建筑摄影家弗里德里克·H. 伊文思（Frederick H. Evans，1853-1943）拍摄的大教堂及旧房舍的照片，在表现建筑物的结构和材料上，微妙动人，用光意识强烈（图 5-24）。

图 5-24　伊文思拍摄的大教堂

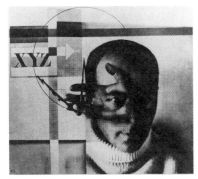

图 5-25　《构造者》

勒·柯布西耶也擅长摄影，现存他拍摄的城市和建筑照片可以追溯到 1908 年，他的摄影是为了作为绘画的素材。他在 1910 年购置了一架 Cupido 80 相机，当他在 1911 年到庞贝、布拉格、伊斯坦布尔等地进行他的"东方旅行"时，就使用这架相机，留下了 400 余幅照片。[29]

匈牙利建筑师拉兹洛·莫霍伊 – 纳吉在包豪斯教授有关创造性的课程，始终关注摄影，认为摄影是一种新的感知世界的方式和新的视觉工具。[30] 他于 1925 年出版了系列教材中的《绘画 摄影 电影》（ Malerei Fotografie Film ）。虽然以绘画为标题，但是他始终专注摄影及其潜力，认为摄影是艺术表现，不仅是再现现实，而是开拓其潜能，书中引用了照相拼贴图像。[31]

俄国构成主义建筑师、艺术家、设计家、摄影家利西茨基由于摄影结识了马列维奇和塔特林等艺术家，他在 1929 年为激进的杂志《摄影 – 眼睛》（ Foto-Auge ）创作封面，将他的摄影代表作参加顶级的摄影展"摄影与电影"（ Film and Foto ），并以一幅摄影《构造者》（ The Constructor, 1924 ）表达构成主义的宣言，犹如一张政治海报，将激进的理念视觉化。照片回顾了利西茨基作为一名建筑师即构造者关于建筑的知识，同时将摄影师的形象等同于工程师，眼睛布置在拿着一个圆规的手掌的中心，隐喻智慧和身体的联系[32]（图 5-25）。

我们在关于建筑与绘画的这一章中谈到英国建筑师扎哈·哈迪德受杜尚的《下楼梯的裸女，第 2 号》影响，成为电子时代建筑师的代表。而杜尚的这幅画显然受到摄影的启发，英国摄影家穆依布里奇（Eadweard Muybridge,1830-1904）和法国科学家、摄影家马雷（Étienne-Jules Marey,1830-1904）的连续摄影形象在 1885 至 1915 年间对现代画家产生了极大的影响，这些运动中的动物和人的形象，以及观察连续运动的方式，在未来主义的绘画中得到探索和表现，从而间接地对建筑产生了重要的影响（图 5-26）。

在历史上，建筑摄影也经历过不同的风格演变，一方面是由于摄影技术的变化，另一方面也反映了审美观念的变化。这种风格的演变实质上代表了人们希望如何表现建筑，更确切地说，是人们希望建筑如何被表现。建筑物对摄影师的意义，或者说，摄影师对建筑的感受和理解，在建筑摄影表现上起着关键的作用。在摄影技术的早期，建筑摄影以纪实性为主，由于技术的限制，只能用黑白摄影表现光和影，表现线条，摄影作品表现出一种追求理性和均衡的审美情趣，表现静态的效果占主导地位。随着现代摄影技术的进步，以及在现代建筑运动的影响下审美观念的变化，摄影师也

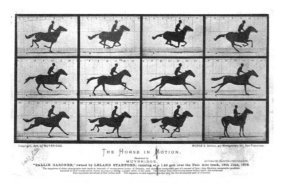

图 5-26　穆依布里奇的连续摄影《跑动的马》

图 5-27　纳达尔在空中摄影

图 5-28　从空中俯瞰佛罗伦萨大教堂

开始寻求新的表现形式，从特殊的视角来表现建筑。有的摄影师还试图以抽象的构图来表现建筑，也有的摄影师追求建筑摄影的特殊技术处理。

二、建筑摄影的分类

建筑摄影的类别根据视点、拍摄方法和对象的不同，可以大致划分为：空中摄影、全景摄影、细部摄影、室内摄影和建筑模型摄影这五种类别。根据建筑摄影的用途，可以分为：用于刊物照片、资料照片、展示用照片、摄影集等。[33] 根据建筑摄影的表现形式，可以分为：纪实性建筑摄影、明信片摄影、假日摄影、广告摄影和艺术性建筑摄影等。[34]

空中摄影与地面摄影在方法上有很大差异，依靠热气球、吊车、直升机或卫星的空中摄影能全景式反映建筑与周围的环境，提供我们的眼睛无法观察到的视野，尤其是用来表现丰富的建筑造型、较大规模的建筑群等，具有地面摄影所无法企及的表现力。空中摄影需要应用高质量的相机和中等速度的胶卷，使用 1/500 或 1/1000 秒的快门。[35]

有许多摄影师关注从空中俯瞰城市和大地的题材，这种照片使人们产生一种犹如从另一个世界观看凡人世界的感觉。摄影史上第一位空中摄影师是法国摄影家、新闻记者、小说家图尔纳松（Gaspard-Felix Tournachon，1820-1910），笔名为纳达尔（Nadar）。他于 1855 年获得空中摄影绘制地图和勘测的专利权，在 1858 年成功地从氢气球吊篮上拍摄了世界上第一幅空中照片，当年使用的吊篮可以载 50 个人，他曾经想用这套装置拍摄整个法国[36]（图 5-27）。1880 年由保罗·德马尔特（Paul Desmartes）在 1880 年采用新的底片，以 1/15 秒的快门速度获得了高质量的空中照片。[37]

1920 年代，剑桥大学把空中摄影用于考古探测，空中摄影对于考古学家而言具有不可估量的价值，以不同的角度拍摄可以发现许多在地面上无法看见的历史踪迹。[38]

图 5-28 是从空中拍摄的佛罗伦萨大教堂、钟塔和洗礼堂，给人们一种宏伟，然而又是秀丽、精致的全景。这样一种景观是从地面上的视角无法看到的，这种景观既是真实的，但是对大多数人来说又是虚幻的和抽象的。可以说，绝大多数的人们可能永远不会有机会从这个角度观看佛罗伦萨

大教堂（图5-28）。

当代无人机的普及也推动了空中摄影，更有效地表现全景，同时也可避免地面树木和物体的阻挡（图5-29）。空中摄影也可以从山丘、高楼等高处拍摄，许多城市也都有精美的空中摄影图册（图5-30）。

当一幅摄影作品呈现在观众面前时，图框以外的景象已经被截去，人们无从知道照片中的对象与图框以外的景象之间的关系，只能凭想象来建构城市的空间环境。建筑摄影的方式是以平面来记录三维空间，当人们将平面图像解读成三维空间时，拍摄的角度可以使这逆转的过程变得更加容易，也可能比较困难，甚至会产生错觉。

随着科学技术的发展，建筑摄影不仅是摄影师和建筑摄影师的专长，也成为公众的行为。从一开始，摄影师、批评家、历史学家和建筑学家就意识到摄影的两个特殊性质：表达的快捷和准确。建筑摄影的定义远比想象的更为复杂，一旦制定出一种严密的参照标准，例外就会出现。一幅摄影作品在特定的情况下，可以称之为"建筑摄影"，但是换一个场合，就有可能不属于建筑摄影。合理的标准是：如果摄影师的主要目的是直接记录由建筑师构思或设计的作品，其对象无论是城市或是建筑，无论是群体或是单体，无论是建筑的整体或是细部，无论是室内或是室外，这样的摄影作品就可以称为"建筑摄影"。在这种情况下，摄影本身并不重要，重要的是这件摄影作品是否清晰而又准确地将建筑记录下来。

高质量的建筑摄影作品应当具备自然的色彩、丰富的细部表现、令人愉悦的光线、合适的构图、清晰表达的建筑信息、控制良好的垂直和水平线条。这种作品应当充分考虑阳光、空气与建筑的关系，与背景有合适的关系（图5-31）。

一般的摄影作品也会将建筑作为对象，或者作为背景，许多建筑师、摄影爱好者都会拍摄建筑。但是，在大多数情况下，这些摄影作品很可能只是一种记录性的照片而已。成为一名优秀的建筑摄影师需要的不仅仅是技巧，还需要耐心、容忍和坚韧不拔的品格，此外，更重要的是建筑艺术的审美眼光。就建筑的整体而言，一幅建筑摄影作品只能表达建筑的视觉形象，无法传达尺度感和空间感，也不能表现个人对建筑的体验。特别是对于非建筑专业的摄影师来说，如果没有经过特殊的训练，一般来说，其摄影作品往往不能反映建筑的精髓。

图5-29　无人机拍摄的照片　　　图5-30　从空中拍摄的威尼斯　　　图5-31　中国园林

三、建筑摄影师

建筑摄影师作为专业的摄影师，也有专为某个或某些建筑师拍摄的整套建筑照片，常是从特定位置，按一定间隔拍摄的，目的是记录工程进展情况。摄影师在执行专项任务时，要拍摄区段 / 内部 / 细部情况，精确优质至关重要。比例、透视和用光，是要求掌握的主要因素。

首先是艺术摄影法。此法是着重建筑在美学上的形象表达而不是传达建筑基本方面的信息。不管是 20 世纪初出现的画意派风格，还是利用光学和色彩手段来制造夸张效果的表现方法，在建筑摄影中都十分时兴。

美国摄影家和摄影记者沃克·伊文思（Walker Evans,1903-1975）的摄影以前卫的哲学思考和技术专注于美国的乡土建筑，记录了建筑的简洁和朴实。[39]

而在阐述性建筑摄影中，摄影师既采用鲜明的美学语言，又加以形象逼真的记录。这种表现方法源于 1890 年前后至 1910 年法国摄影师，文献摄影的先驱欧仁·阿杰特（Eugène Atget，1857-1927）从 1890 年代开始拍摄巴黎的系列照片，他是一个考古学家式的摄影家，一个城市中的游荡者。[40] 阿杰特的照片比伊文思的更具客观纪实性，但同样表现了如下的情感：即它们表现的建筑、石碑和装饰细部，不仅是建筑师和工程师的设计和工匠的劳动成果，而且是人类活力的反映（图 5-32）。阿杰特有 2600 多张照片被巴黎的历史博物馆收藏，人们在整理他的遗物时发现他还有一万多张底片未曾发表过。阿杰特非常全面、事无巨细地记录了巴黎，以至于后来在巴黎历史建筑的修复、历史街区的保护中，他的作品像一座金矿一样，被用来比对当时破坏前后的状况。这些作品也成为对巴黎城市建筑、城市历史研究的一个很重要的内容。

尽管阿杰特追求永远有人存在的地方，但他的摄影中很少有人出现，他认为建筑本身就具有鲜活的生命，没有必要在画面中添加人物，因此他拍摄的林荫大道上空无一人。建筑摄影画面中人的在场是否协调成为长期讨论的话题，历史上，人物曾经被拒绝在建筑摄影构图之中，以免影响建筑作为视觉中心的地位。一些摄影师偏好空无一人的画面，作为原则，坚持认为人物在画面中出现会分散观众的注意力。现代建筑摄影不再完全拒绝人物在画面中的出现，有时候摄影师会把人物整合在构图中。[41]

城市影像有历史的渊源，虽然早期的摄影经历了模仿绘画的画意摄影阶段，但是，在摄影术发明后的 19 世纪后半叶，就已经有众多的摄影以摄影为手段关注城市生活与城市景观的变

图 5-32 凡尔赛大特利阿侬宫

图 5-33 上海的历史建筑

（a）在 20 世纪初拍摄的万神庙

（b）在 1933 年拍摄的罗马

图 5-34 阿里纳利摄影工作室作品

迁。这当中首推欧仁·阿杰特、阿尔弗莱德·施蒂格利茨、比尔·布兰特（Bill Brandt），他们三人所记录的巴黎、纽约和伦敦，奠定了城市影像研究的基石。

阿尔弗莱德·施蒂格利茨系统地拍摄纽约摩天楼的兴起，在摄影史上占有重要的地位。他的《纽约系列》指出：摄影是都市文化的同盟军，是它天然的表现载体，摄影的艺术意趣并非仅存在于田园风光，更在于表现都市的独特美感与矛盾。他甚至说：摄影表现在艺术上的真正归属应该在于城市。

上海市房屋与土地资源管理局从 1997 年起筹备出版一本有关上海历史保护建筑的图集，请了不少摄影师为这本书拍照，尽管这些摄影师的业务素质可能很好，但在审片时发现，大多数照片需要重拍。他们的摄影作品或者只是建筑的局部，建筑的基座或顶部被切掉了，不能表现建筑的"全"。或者有的是逆光照，富有诗意，但却无法看清建筑。有时候汽车、人物或者晾晒的衣物在画面中央，摄影师认为色彩很美，就将它纳入构图。往往不知道哪些东西应当入画，哪些东西是建筑摄影应当着重表现的，哪些是应当避免的。仅仅为了拍摄好一幢建筑，往往就需要反复向人们解释，反复拍摄数次，才能得到比较满意的作品。当然，有不少摄影师具有很好的技术和艺术素质，经过一段时间的实践之后，就能拍摄出十分优秀的建筑摄影作品（图 5-33）。

由意大利的阿里纳利（Leopoldo Alinari 和 Giuseppe Alinari，Romualdo Alinari）1852 年在佛罗伦萨成立的阿里纳利兄弟摄影工作室（Fratelli Alinari Fotografi）是世界上最早，历史最悠久的摄影专业公司，存有 550 万张图片档案，为世人留下了许多珍贵的建筑历史照片，建筑及城市是这家摄影公司的主要摄影对象。在某种程度上，阿里纳利兄弟摄影工作室在艺术和建筑领域可以说是称霸一方[42]（图 5-34）。

大多数建筑师也是建筑摄影师，意大利建筑师帕加诺推动了现代建筑的发展，他以分类学的智慧拍摄了意大利的城市和建筑，拍摄了芬兰建筑师和设计家阿尔瓦·阿尔托（Alvar Aalto，1898-

1976）和瑞典建筑师阿斯普伦德（Erik Gunnar Asplund, 1885-1940）的作品，拍摄了地中海地区的乡土建筑，他的摄影作品《意大利乡土建筑》于 1936 年在米兰三年展中展出，开辟了对这一意大利的遗产领域的人类学、地理学和类型学的研究。1964 年以《没有建筑师的建筑》为题在纽约现代艺术博物馆举办的他的作品展，作为摄影师和建筑师向世界介绍意大利的建筑。他用 Rolleiflex 6 x 6 相机，留下了 3000 多张底片。[43]

　　德裔美国摄影家法宁格（Andreas Feininger, 1906-1999）著有关于摄影技术的著作，在建筑摄影史上具有重要的影响，他曾经在德国学习建筑，1936 年放弃建筑事业，移居瑞典，专攻摄影，成为专业的建筑摄影师和工业摄影师，摄影题材以自然景观和城市建筑为主。1939 年移居美国，1943 ~ 1962 年担任《生活》杂志的专职摄影师。法宁格以自制的相机进行建筑摄影实验，制造了当时最大的长焦镜头，推动了建筑摄影技术的发展（图 5-35）。

　　自 1960 年代起，建筑摄影对于建筑师的重要性逐渐加强，到了今天，建筑师们简直无法想象，没有摄影的话，建筑学可能会是什么样的一种状况。对于建筑设计事务所而言，摄影是一种重要的媒介，它有着两种非常重要的功能：一是获得人们对已完成的建筑物的认可；二是吸引业主把新的建筑设计项目委托给建筑师。历史上，建筑师们为达到这些目的，唯一可用的方法就是用语言描述或用建筑画和模型表达，如今的建筑师们则普遍采用照片来表达。有时候，建筑摄影的优劣甚至可以决定建筑的命运，如果照片拍得不好，再好的建筑也有可能无法得到正确的评价，而平凡的建筑借助优秀的建筑摄影，却会被误认为是杰作。

　　一般来说，建筑师不一定是优秀的建筑摄影师，不可能代替专业摄影师。建筑摄影通常由专业摄影师来完成，尤其是重要的摄影，他们专门从事建筑作品的摄影创作，并把自己称作建筑艺术摄影师。许多建筑师和建筑事务所都有固定的专业摄影师拍摄他们的作品，有些建筑师有着长期合作的摄影师为建筑师的作品拍摄图片，例如日本建筑师黑川纪章的大部分作品都是由摄影师大桥富夫拍摄的。建筑师与摄影师之间彼此十分了解，这样的建筑摄影作品能反映建筑师的思想和设计意图（图 5-36）。

图 5-35　法宁格的摄影

图 5-36　专业摄影师在拍摄建筑

图 5-37　考夫曼别墅

图 5-38　22 号实验性住宅

专业的建筑摄影师，对建筑及建筑史应当具有丰富的知识，技术精湛，设备齐全，具备良好的体质，能展现个人的特点。大多数优秀的建筑摄影作品是由这些专业建筑摄影师完成的，他们对于建筑艺术的推广起着十分重要的作用。因此，建筑师必须深入了解建筑摄影，具有评价的能力，能与摄影师进行沟通，将设计意图告诉摄影师，也可以将摄影的思想融入设计。建筑摄影师应有自己的风格，好的建筑摄影应是创作摄影，能展现摄影师的创作风格。

美国建筑摄影家舒尔曼（Julius Schulman，1910-2009）把建筑摄影提高到一种独立的艺术形式，他曾在洛杉矶的加州大学和贝克莱的加州大学学习过 7 年，从 17 岁开始从事摄影。他专注于建筑摄影纯属偶然，舒尔曼展示的建筑摄影为美国建筑师理查德·约瑟夫·诺伊特拉（Richard Josef Neutra，1892-1970）所欣赏，要求舒尔曼为他拍摄建筑。[44] 舒尔曼摄影的对象包括：建筑、室内、家具、器皿、人物、雕塑、景观、水坝、自然风光等十分广泛的领域。他曾经为诺伊特拉的作品摄影，诺伊特拉也是他的挚友。在诺伊特拉的指导下，舒尔曼重视光影的表现，并成长为一名优秀的建筑摄影家，记录了美国现代建筑创造性发展的年代。他在 1947 年拍摄的诺伊特拉设计的棕榈泉考夫曼别墅（Kaufmann House）成为建筑摄影的经典作品，为了达到室内透光和游泳池水面反射的效果，这幅照片的曝光时间用了 45 分钟[45]（图 5-37）。舒尔曼的另一件经典作品是 1959 年为美国建筑师和南加州大学教授皮埃尔·凯尼格（Pierre Koenig，1925-2004）设计的 22 号实验性住宅（Case Study House #22），这件摄影作品并非建筑的文献记录，而是表现美国战后的生活方式，成为加州现代性的代表[46]（图 5-38）。舒尔曼也曾经为赖特、约翰逊、密斯、申德勒（Rudolph Michael Schindler，1887-1953）、索里诺（Rafaël Soriano，1907-1988）等美国建筑师的作品摄影，他认为"学会观看是最重要的事情"。[47] 很多摄影师希望在画面中没有人物出现，而舒尔曼主张人物是时代的证人，也是建筑物的比例参照。

第二次世界大战以后，建筑摄影成为一门新的艺术，1950 年代末，建筑摄影艺术有了快速的发展，也出现了越来越多的建筑摄影艺术家，1970 年代以后，摄影画廊和摄影书籍的大量出现也推动了建筑摄影的繁荣发展。德国概念艺术家和摄影家贝歇尔夫妇（Bernd and Hilla Becher）开始系统地用摄影向人们展示工业社会的面貌，伯恩德·贝歇尔（Bernd Becher，1931-2007）于 1976 年开始在杜塞尔多夫艺术学院教授摄影，所创立的贝歇尔学派对德国几代的摄影师和艺术家有很大的影响。[48]。

图 5-39　迪士尼音乐厅

美国摄影师和作家海史密斯（Carol M. Highsmith，1946- ）自 2002 年起从事建筑摄影，她的摄影题材主要是自然景观、建筑、都市和乡村生活，覆盖了美国的各个州，记录了 21 世纪的美国。受兰登书屋委托，她专程去爱尔兰摄影，出版过 50 多本摄影画册，曾经献给国会图书馆 10 万张图片。[49] 她拍摄的代表作有杰弗逊纪念堂和盖里的洛杉矶迪士尼音乐厅（图 5-39）。

近 30 年来，由于大规模的城市建设和城市建筑的发展，我国的专业建筑摄影师大量涌现，也有各种建筑摄影展览和竞赛。初步估计，全国有上百名专职从事建筑摄影的摄影师。[50]2006 年由中国建筑学会建筑摄影专业委员会编辑出版的《中国建筑摄影师》收录了 24 位摄影师的作品，这只是建筑摄影师的一小部分。其中李建惠和张子量曾获 2003 年第二届中国建筑摄影大奖赛一等奖，李建惠专长于传统民居的摄影，张子量则专注于现代建筑的摄影（图 5-40）。建筑摄影师也有各自的摄影类型，包括历史建筑、商业建筑、室内建筑等，有关建筑摄影的论著和摄影作品集近年来也相当丰富。

摄影家何惟增是建筑师出身，他在 1965 年毕业于清华大学建筑系，1996 年开始从事建筑摄影，著有《建筑摄影》（2018）及其他多部著作（图 5-41）。

图 5-40　李建惠的《藏民居》

图 5-41　何惟增的摄影作品

上海的金茂大厦建成于 1999 年 8 月，业主请摄影师汪大刚为金茂大厦拍摄并出版《金茂大厦》摄影画册。从 1999 年 7 月下旬开始，历时 5 个多月，拍摄了一万多幅照片。摄影师认识到，五个多月拍摄金茂大厦的过程，也是仔细"阅读"金茂大厦的过程，他的摄影创意是"表现局部，拍出灵魂"。汪大刚拍摄的作品中，有一幅题为"沉默是金"的照片，表现的是面对西下夕阳的金茂大厦，在晚霞的映照中，金茂大厦反射着阳光，通体金黄。为了这张照片，他反复拍了十余次，都没有成功，终于在 9 月末的时候等到了合适的阳光。那天，他一张又一张地拍，等到太阳落山了，他所带的反转片也用完了，周围的建筑都处于阴影中。而金茂大厦由于比别的建筑更高，仍然还在反射阳光，金黄色的建筑被周围的建筑和暗紫色的天空映衬着。摄影师只好用 135 负片拍摄，接连揿下快门，直至将一卷胶卷用完，最满意的一张称为"沉默是金——黄昏的金茂大厦"的照片就诞生在这卷胶卷中（图 5-42）。由于周边地区建造了许多高层建筑，这样的场景在今天已经无法再拍摄到。

为了拍好一张题为"新世纪的曙光"的，表现朝霞中的金茂大厦和日出时处于薄雾中的浦东高层建筑群的照片，摄影师在清晨时分曾经十几次爬上屋顶，都没有成功。在终于等到理想的转瞬即逝的光线和气氛时，摄影师激动得全身发抖，一张优秀的建筑摄影作品就是这样诞生的（图 5-43）。

图 5-42　沉默是金——黄昏的金茂大厦

图 5-43　新世纪的曙光

本章注释：

［1］Cesare de Seta.*The Photographic Image and Architecture of Modernity.* 见 Germano Celant.*Architecture, Kaleidoscope of the Arts. Architecture & Arts 1900/2004 – A Century of Creative Projects in Building, Design, Cinema, Painting, Photography, Sculpture. Skira. 2004.* p.69.

［2］玛丽·沃纳·玛丽亚《摄影与摄影批评家——1839年至1900年的文化史》，郝红尉、倪洋译，济南：山东画报出版社，2005. 第19页.

［3］格雷汉姆·克拉克《照片的历史》，易英译，上海：上海人民出版社，2015. 第43页.

［4］本雅明《机械复制时代的艺术作品》，王才勇译，杭州：浙江摄影出版社，1993. 第5页.

［5］格雷汉姆·克拉克《照片的历史》，易英译，上海：上海人民出版社，2015. 第9页.

［6］苏珊·桑塔格《论摄影》，黄灿然译，上海：上海译文出版社，2008. 第4页.

［7］Cesare de Seta.*The Photographic Image and Architecture of Modernity.* 见 Germano Celant. *Architecture, Kaleidoscope of the Arts. Architecture & Arts 1900/2004 – A Century of Creative Projects in Building, Design, Cinema, Painting, Photography, Sculpture.* Skira. 2004. p.73.

［8］玛丽·沃纳·玛丽亚《摄影与摄影批评家——1839年至1900年的文化史》，郝红尉、倪洋译，济南：山东画报出版社，2005. 第3–4页.

［9］同上，第15页.

［10］苏珊·桑塔格《论摄影》，黄灿然译，上海：上海译文出版社，2008. 第173页.

［11］本雅明《机械复制时代的艺术作品》，王才勇译，北京：中国城市出版社，2002. 第85–86页.

［12］乔纳森·弗里德《美学与摄影》，王升才、冯文极、库宗波译，南京：凤凰出版传媒集团 江苏美术出版社，2008. 第64页.

［13］Cesare de Seta.*The Photographic Image and Architecture of Modernity.* 见 Germano Celant. *Architecture, Kaleidoscope of the Arts. Architecture & Arts 1900/2004 – A Century of Creative Projects in Building, Design, Cinema, Painting, Photography, Sculpture.* Skira. 2004. p.70.

［14］玛丽·沃纳·玛丽亚《摄影与摄影批评家——1839年至1900年的文化史》，郝红尉、倪洋译，济南：山东画报出版社，2005. 第49页.

［15］Cesare de Seta.*The Photographic Image and Architecture of Modernity.* 见 Germano Celant. *Architecture, Kaleidoscope of the Arts. Architecture & Arts 1900/2004 – A Century of Creative Projects in Building, Design, Cinema, Painting, Photography, Sculpture.* Skira. 2004. p.71.

［16］同上，p.72.

［17］格雷汉姆·克拉克《照片的历史》，易英译，上海：上海人民出版社，2015. 第16页.

［18］阿德里安·舒尔茨《建筑摄影》，汪兰川译，北京：中国摄影出版社，2017. 第37页.

［19］盖瑞·科佩罗《建筑摄影教程》，谢洁等译，北京：中国水利水电出版社、知识产权出版社，2006. 第55页.

［20］格雷汉姆·克拉克《照片的历史》，易英译，上海：上海人民出版社，2015. 第45页.

［21］同上，第46页.

［22］汤姆安《摄影艺术》，徐凤译，北京：旅游教育出版社，2010. 第26页.

［23］Jason Hawkes. *Aerial: The Art of Photography from the Sky.* RotoVision. 2003.p.10.

［24］金经昌. "业余摄影家的心里话"，《金经昌纪念文集》. 上海科学技术出版社.2002. 第107页.

［25］"金石声摄影集自序". 《金经昌纪念文集》. 上海科学技术出版社.2002. 第90页.

［26］阿德里安·舒尔茨《建筑摄影》，汪兰川译，北京：中国摄影出版社，2017. 第13页.

［27］盖瑞·科佩罗《建筑摄影教程》，谢洁等译，北京：中国水利水电出版社、知识产权出版社，2006. 第13页.

［28］迈克尔·海因里希《建筑摄影》，吕晓刚译，北京：中国建筑工业出版社，2010. 第83页.

［29］Cesare de Seta.*The Photographic Image and Architecture of Modernity.* 见 Germano Celant.b*Architecture, Kaleidoscope of the Arts. Architecture & Arts 1900/2004 – A Century of Creative Projects in Building, Design, Cinema, Painting, Photography, Sculpture.* Skira. 2004.b*p.70.*

［30］格雷汉姆·克拉克《照片的历史》，易英译，上海：上海人民出版社，2015. 第209页.

［31］Cesare de Seta.*The Photographic Image and Architecture of Modernity.* 见 Germano Celant. *Architecture, Kaleidoscope of the Arts. Architecture & Arts 1900/2004 – A Century of Creative Projects in Building, Design, Cinema, Painting, Photography, Sculpture.* Skira. 2004. p.71。

［32］格雷汉姆·克拉克《照片的历史》，易英译，上海：上海人民出版社，2015. 第207–208页.

［33］美国纽约摄影学院《摄影教材》（下册），王成云等译，北京：中国摄影出版社，第805–806页.

［34］阿德里安·舒尔茨《建筑摄影》，汪兰川译，北京：中国摄影出版社，2017. 第17–19页.

［35］Norman McGrath.*Photographing Buildings Inside or Outside.* Whiteney Library of Design. 1993.p.192.

［36］Jason Hawkes. *Aerial: The Art of Photography from the Sky.* RotoVision. 2003.p.10.

［37］同上，p.10.

［38］同上，p.10.

［39］Cesare de Seta.*The Photographic Image and Architecture of Modernity.* 见 Germano Celant. *Architecture, Kaleidoscope of the Arts. Architecture & Arts 1900/2004 – A Century of Creative Projects in Building, Design, Cinema, Painting, Photography, Sculpture.* Skira. 2004. p.73.

［40］格雷汉姆·克拉克《照片的历史》，易英译，上海：上海人民出版社，2015. 第97页.

［41］阿德里安·舒尔茨《建筑摄影》，汪兰川译，北京：

中国摄影出版社，2017. 第 134 页 .

[42] Cesare de Seta.*The Photographic Image and Architecture of Modernity.* 见 Germano Celant. *Architecture, Kaleidoscope of the Arts. Architecture & Arts 1900/2004 – A Century of Creative Projects in Building, Design, Cinema, Painting, Photography, Sculpture.* Skira. 2004. p.72.

[43] 同上，p.72.

[44] Esther McCoy.*Persistence of Vision.* Joseph Rosa. *A Constructed View: The Architectural Photography of Julius Shulman.* Rizzoli. 1999.p.9.

[45] 同上，p.10.

[46] Joseph Rosa. *A Constructed View: The Architectural Photography of Julius Shulman.* Rizzoli. 1999.p.54.

[47] Esther McCoy.*Persistence of Vision.* Joseph Rosa. *A Constructed View: The Architectural Photography of Julius Shulman.* Rizzoli. 1999.p.10.

[48] 阿德里安·舒尔茨《建筑摄影》，汪兰川译，北京：中国摄影出版社，2017. 第 134 页 .

[49] Carol M. Highsmith.wikipedia。

[50] 金磊 "建筑摄影的力量"，载中国建筑学会建筑摄影专业委员会、《建筑创作》杂志社《第二届中国建筑摄影大奖赛作品集》，济南：山东科学技术出版社，2004. 第 14 页 .

第六章

建筑与电影

第六章
建筑与电影

　　电影是所有艺术中最为现代的一种艺术形式，因此也是最为依赖科技的一门艺术。电影是一种影像艺术，它可以吸引所有的人。电影也是一门大众的艺术，其他艺术无法超越电影作为大众艺术。

　　建筑为电影的出现奠定了空间基础，建筑是电影最重要的物理实在之一，电影艺术的媒介是物理实在本身。[1] 城市中处于移动状态的现代生活，持续不断出现的新的建筑场所和空间体验促进了电影的诞生。正是由于建筑，影片才能变成电影，为了电影的存在，电影设备也需要一个家，于是有了电影院，电影是城市和建筑的产物。法国电影导演雷内·克莱尔（Renè Clair, 1898–1981）认为："最接近电影的艺术是建筑。"[2]

第一节 电影中的建筑空间

电影的三度空间实质上是一种两度空间的组合，这种空间形象与时间因素的结合，有着无限的表现力，也是一种十分适宜于表现建筑空间的手段。电影与建筑之间已经形成了紧密的关系，建筑师与电影导演也彼此汲取灵感，并且以同样的思考方式去创造新的建筑空间。

建筑在电影中的作用可以分成两类：一类是建筑作为故事发生的场景，另一类则是建筑或建筑师作为影片的主题，大多数的电影属于前一类。建筑是几乎所有电影的不可或缺的场景，建筑成为电影叙事的背景和历史的参照，成为电影的基本元素，电影也成为建筑创作的源泉。

一、电影

电影（motion picture）就字面而言是指活动的画面，包含了录像、音响、数字媒介和摄影胶片。电影的原理是借助于大脑知觉域值的视觉暂留现象，使一系列静止的画面视为一系列连续不断的动态画面，电影是一种最早纯粹依赖于机器造成的心理感知错觉的艺术形式。[3] 自 1895 年法国的吕米埃兄弟（Louis Lumière,1864-1948, Auguste Lumière,1862-1954）发明电影至今，电影只有 100 多年的历史，是本书讨论的艺术中最年轻的一种艺术。几乎同时，美国发明家和企业家爱迪生（Thomas Alva Edison，1847-1931）也发明了电影，他在 1895 年将留声机安装在电影放映机上，由此发明了配备橡胶耳机的有声活动电影放映机（图 6-1）。

电影的前身可以追溯到 18 世纪末的全景画，19 世纪 30 年代出现的如"幻盘"等各种"视觉玩具"以及 19 世纪流行欧洲的中国和印度的皮影戏等。[4] 电影刚出现时，就像摄影一样，世人并不把它看作是艺术，普遍认为这只不过是一种"杂耍"，20 世纪初的电影才有意识地使自己从民间艺术向高雅艺术过渡。1916 年，德裔美国心理学家雨果·明斯特尔贝格（Hugo Münsterberg,1863-1917）认为，为了理解电影的作用和效果，需要应用心理学的理论，并从电影心理学的角度论证了电影是一门艺术。德裔美国心理学家鲁道夫·阿恩海姆（Rudolf Arnheim,1904-1994）在 1932 年从完形心理学的角度出发，周密地分析了电影艺术手段的特点，主张电影并不是机械地记录和再现现实的工具，而是一门艺术。[5]

电影的影像既是真实的物理实在，也是虚拟的符号实在，电影场景中的建筑就是这样一种真实的近似物。电影的出现在历史上第一次表现了事物的时间延续，借助摄影技术的创造，电影成为物理实在的补充，而不是替代物。法国作家和哲学家阿兰·巴迪欧（Alain Badiou，1937- ）在"电影作为哲学实验"（2003）一文中指出：

"电影在我们的视觉中仿佛生产了真实的近似物，让我们试着从影像的魅力角度去理解电影的魅力。这也可以说成：电影是一种完美的认同艺术。没有任何一种艺术可以产生如此强烈的认同力量。"[6]

图 6-1　吕米埃的电影海报

（a）场景

（b）场景

图 6-2　电影摄制

阿恩海姆认为电影显著背离现实，电影是艺术家的表现媒介，对电影的观看显然不同于对它所记录的东西的观看。有一派电影导演相信画面，画面的造型和蒙太奇的手段，蒙太奇标志着电影作为艺术的诞生。另一派导演相信真实，秉持电影的真实性，认为电影是真实世界中的物体和事件，而不是文化符号中的物体和事件，主张影像与客观现实中进入摄影的事物是同一的。实际上，电影艺术的本性完全在于通过造型和蒙太奇为特定的现实增添含义。小说家及电影导演帕索里尼（Pier Paolo Pasolini，1922-1975）坚持认为电影是真实的语言：

　　"电影是一种语言，在写实中表现真实。所以问题是：电影和真实之间的差异为何？答案是没有差异……当我拍电影时，没有象征或传统的滤镜，那是在文学中才有。"[7]

最早的电影只是简单地记录运动和各种景观，然后才出现故事片，制作者只是摄影师，而不是制片人或导演。值得注意的是，今天的电影已经不再是个人产品，电影生产相当于工业生产，一部影片的诞生需要编剧、导演、演员、艺术指导、专业顾问、制片、摄影、作曲、灯光、声响、乐团、录音、场记、化妆、服装以及剪辑等后期制作，需要整整一个庞大团队的支撑。在这方面，电影与建筑有相似性，建筑也绝非个人的产品，在这个意义上，电影可以类比于建筑，电影是由无数的人们竖起的一座建筑（图 6-2）。西班牙电影导演路易·布努埃尔（Luis Buñuel，1900-1983）在1927 年评论电影《大都会》时指出：

电影"犹如一座由隐姓埋名的人们建造的大教堂，因为所有各阶级的人们，极为差异的各个领域的艺术家，各行各业，各种技术人员，临时的群众演员，电影演员，场景设计师和服装设计师都在为竖起这座建筑而努力工作。"[8]

在当代的电子技术条件下，电影可以融入虚幻，甚至荒诞的故事情节、人物和场景，表现不曾存在过的事物和场景，已经完全不能用再现真实来界定。然而，也可以换一种方式表述："电影是真实的。而故事却是个谎言。"[9]

电影吸取了其他艺术的成分，成为综合的艺术，电影中有绘画，有戏剧，有音乐，有歌剧，有故事，有雕塑，有建筑，有舞蹈……电影是一种总体艺术，又是一种新的综合。电影从绘画中吸取了与外部世界的感性关系，成为一种没有绘画的绘画。电影从音乐中吸取了声音陪伴世界的可能性，既有音乐的时间体验，又有影像的呈现，成为一种没有音乐的音乐，没有音乐技术的音乐。电影从文学中吸取了叙事的方式，电影从所有的艺术中都获取了因素。[10]但是，电影中的绘画、雕塑、歌剧、戏剧、舞蹈、音乐等艺术，都是为电影的剧情而编排的，电影因而是经过艺术创造的总体艺术。

二、电影建筑

电影建筑是一种虚构的建筑，是否现实存在的一座城市，一座建筑，一个立面或是建筑的室内并不重要，电影空间是一种情感场所。俄国电影导演和电影艺术理论家爱森斯坦（Sergei Mikhaylovich Eisenstein，1898-1948）说过："电影的先驱无疑是建筑。"[11]

在电影诞生以前，建筑形式提供了全新的空间图像，拱廊、火车站、摩天大楼、百货公司、大型展览馆等建筑令人惊羡和赞叹，流动性是空间的特质，象征着现代的地理空间。与建筑有关，或表现建筑、城市和建筑师的电影有三个作用：首先是反映并揭示当代建筑和城市的发展变化；二是提供创造性试验的场地；三是实现艺术与建筑的实践。有许多专题描述城市、建筑、园林和建筑师的纪录片，其卓越的艺术水平和丰富的建筑知识，结合精心组织的场景，配上悉心选择的背景音乐和解说词，具有无可比拟的批评作用。同时，电影也试图展示电影中的建筑场景虚拟的但又是真实的城市和建筑。尤其是以都市为主要场景的科幻电影，更是以其预言和警世的形式来展示未来城市的空间形象。大部分科幻电影中的都市空间景观到今天几乎都已实现，因此，电影对建筑的影响是确实存在的（图6-3）。

建筑师往往追求新颖的表现和新技术，电影一经出现，立即受到建筑师的喜好，许多建筑师和规划师转业从事电影场景的设计，或成为导演和制片人。德裔美国建筑师、规划师路德维希·希尔伯赛默（Ludwig Karl Hilberseimer，1885-1967）受电影技术及其表现性的影响，曾经撰写过一篇文章《电影的机遇》（Film Opportunities，1922），赞美电影的气势和表现的潜力。他认为自文艺复兴以来，绘画试图把握现实，电影则以一种无法预料的方式实现了这个目标，从而使绘画得

图 6-3 电影中的建筑　　　图 6-4 《柏林，城市交　图 6-5 《日出》
　　　　　　　　　　　　　　　　　　响曲》

以解脱去完成本身的使命。[12]

1920 年代，城市和城市空间成为一系列具有标志性的电影的主题，建筑尤其是在默片时代扮演着重要的角色，代表作有《曼哈塔》（Manhatta, 1920）、《巴黎巡礼》（Paris qui dort,1923）、《无情》（L'Inhumaine, 1924）、《大都会》（Metropolitan, 1926）、《柏林，城市交响曲》（Berlin: Symphony of a Graet City,1927）、《日出》（Sunrise,1927）、《持摄影机的人》（The Man with a Movie Camera, 1929）、《尼斯的景象》（A Propos de Nice，1930）等[13]（图 6-4）。

《日出》堪称默片全盛时期的绝唱，影片由德国导演在美国拍摄，仿佛一部视觉交响乐，从布景到灯光都营造了表现主义的氛围（图 6-5）。有一些电影就是为了表现城市和建筑，例如电影《马赛老港酒店》（Marseille Vieux Port，1929）刻意表现马赛，《第三者》（The Third Man，1949）表现维也纳，《天使之城》（City of Angels，1998）表现洛杉矶等。电影所表现的城市与建筑，并非纯粹的建筑体验，而是一种建筑的拼贴，是建筑的重构，只是为了塑造氛围。只有少数制片人着重展现城市美学和文化艺术，表现城市的浪漫一面。而大多数制片人则在故事片中展现城市的问题：污染、拥挤、犯罪、受难、奸诈、底层生活状况的巨大反差等负面问题。[14]

有一类纪录片，可以称之为建筑电影，这种电影是城市、建筑和建筑师的纪实，记录城市，记录建筑的设计和建造过程。最早的建筑电影可以追溯到俄国纪录片电影的先驱维尔托夫（Dziga Vertov，1896-1954）的作品。包豪斯的一位教师，匈牙利画家、摄影家、理论家拉兹洛·莫霍伊-纳吉曾经在 1921 ~ 1922 年拍摄过纪录片《大都市的动力》（Dynamics of the Metropolis）。

英国的 BBC 广播公司在 1986 年拍摄了一组纪录片《十字路口的建筑》（Architecture at the Crossroad），总结并探讨建筑的发展方向，成为建筑师和建筑学师生的一部教材，对于普及建筑知识起到重要的作用。2008 年，英国 BBC 二台拍摄了电视系列片《建筑奇观》（Adventure in Architecture），共 8 集 37 部，每集由 4 或 5 部影片组成，8 集的标题依次为：美、死亡、天堂、灾难、联系、权力、梦想和愉悦。这是由英国艺术史学家丹·克鲁克尚克（Dan Cruickshank）编导的建筑系列影片，包括格陵兰、中国、俄罗斯、印度、法国、埃及、捷克、危地马拉、意大利、土耳其、德国、叙利亚、美国、阿富汗、巴西、罗马尼亚、哈萨克斯坦、多米尼加和不丹的建筑和遗迹。其中，第一集有乐山大佛，第三集有山西的悬空寺。这些电影拍摄了各国、各地区和各个历史时期的建筑、遗迹或城市，这一系列电影并非表达完整的建筑史，而是克鲁克尚克带领观众周游全世界，观看人类历史上最为壮观和神奇的建筑物、构筑物和遗迹。1996 年，克鲁克尚克曾编辑出版《弗莱彻建筑史》的第 20 版，在拍摄《建筑奇观》之前，他已经拍摄过多部关于英国以及世界建筑的系列片，考察过全世界 80 处建筑瑰宝，出版过许多有关建筑史的论著。

纪录片制片人罗伯特·爱森哈特（Robert Eisenhardt）原来学的专业是建筑，他的电影《空间：保罗·鲁道夫的建筑》（Space:The Architecture of Paul Rudolph，1983）曾获奥斯卡提名奖，拍这部电影的预算十分有限，片长也限制在 30 分钟之内。他用了 20 多年拍摄理查德·迈耶（Richard Meier, 1934- ）设计的洛杉矶盖蒂中心（Getty Center, 1984-1997）漫长的马拉松式的设计和建造过程，爱森哈特着力表现建筑的实现过程，而不是一般纪录片的理想化地叙述建筑师和业主如何处理建筑，让观众体会设计和建造这座建筑的艰辛[15]（图 6-6）。

许多著名建筑师都摄有纪录片，如弗兰克·劳埃德·赖特、路易·康（Louis Kahn，1901-1974）、埃罗·沙里宁、保罗·鲁道夫（Paul Rudolph，1918-1997）、弗兰克·盖里、阿尔瓦罗·西扎（Alvaro Siza，1933- ）、安藤忠雄（Tadao Ando,1941- ）、诺尔曼·福斯特（Norman Foster,1935- ）、雷姆·库哈斯（Rem Koolhaas，1944- ）等。西班牙在 2018 年拍摄了《伦佐·皮亚诺：光之建筑师》（Renzo Piano, the Architect of Light)，表现建筑师的建筑乌托邦理想，为人们打造一个梦想的栖居地。

电影导演卡尔·萨巴格（Karl Sabbagh）专长拍摄关于建筑的纪录片，作为导演和制片人，他认为自己的工作与建筑师没有什么区别。但是他在影片中更关注建筑工人而不是建筑师，建筑师

（a）迈耶与盖蒂中心　　　　　　（b）外观　　　　　　（c）外观

图 6-6　盖蒂中心

只偶尔出现在他的影片中，他关注建造的整个过程，而不仅仅是建筑的设计，他的影片中除了建筑师，还有项目经理、机械工程师、开发商、电梯工程师、租户和其他参与者。从 1994 年到 2000 年，他用了五年半的时间拍摄赫尔佐格和德梅隆设计的伦敦泰特美术馆的建造全过程，从设计竞赛一直到开馆。按照他本人的陈述，他只用 10% 的篇幅拍摄建筑，其余 90% 的篇幅用来拍摄与建筑有关的其他有趣的事物。[16]

纪录片《柏林巴比伦》（Berlin Babylon，2001）片名寓意《圣经》中的巴比伦通天塔的典故。影片叙述柏林墙倒塌后如何弥合这座分裂了近半个世纪的城市，如何处理柏林墙留下的巨大的未建设地段，柏林该按照什么样的思路发展。不仅仅是抽象的发展蓝图，城市正面临无数棘手的具体问题。比如，建筑师施佩尔（Albert Speer，1905-1981）的作品该不该保护等。影片记录了柏林这座城市在无数交锋和争论中逐步变化的轨迹。许多著名建筑师如库哈斯、皮亚诺、赫尔默特·扬（Hermut Jahn，1940- ）、舒特斯、冯·格康（Meinhard von Gerkan，1935- ）都在片中出现。看完这部纪录片我们会看到建筑大师们很生活化的一面，他们的观点也会有矛盾，有时甚至会针锋相对。

中央电视台 2008 年拍摄了 18 集大型纪录片《为中国而设计——西方建筑大师与当代中国建筑》，分上下两集介绍了 9 位外国建筑师和他们设计的 9 座中国建筑，包括保罗·安德鲁（Paul Andreu,1938-2018）与国家大剧院、赫尔佐格和德梅隆与北京奥运会鸟巢体育场、诺尔曼·福斯特与北京首都机场 T3 航站楼、PTW 与水立方、贝聿铭与苏州新博物馆、矶崎新（Arata Isozaki,1931- ）与上海喜马拉雅艺术中心、扎哈·哈迪德与广州歌剧院、SOM 与上海金茂大厦、库哈斯与 CCTV 新台址等。

电影与建筑，电影与城市具有某种相似性，他们之间的关系十分密切。法国社会学家让·博德里亚在他的《美国》（Amérique，1988）一书中，把美国的城市比作电影，电影比作城市：

"在意大利、荷兰，当你从一个画廊走出的时候，只不过觉得城市像里面的绘画，可在美国，当你从一幢房屋中走出的时候，你会觉得外面的街道和建筑，甚至天空都像电影或者屏幕上显现的某种东西。绘画与电影或者屏幕的差别，就是欧洲与美国的差别。步入那座好比你刚刚欣赏过的绘画一般的城市，城市就好像刚从画中出来。"[17]

正如博德里亚所描述的，意大利的城市如同绘画，历经上千年的城市保持了城市和建筑的外观，许多画家都有描绘威尼斯的传世之作，威尼斯往往是许多电影偏好的充满历史感和沧桑感的场景，甚至也许是世界上拍摄电影最多的一座城市（图 6-7）。威尼斯的古老府邸、大运河和弯弯曲曲的河道、贡多拉小艇、色彩斑斓的桥梁、蜿蜒曲折的街巷都是有浪漫的、哀伤的、欢快的、恐怖的、历史的、现代的甚至超现代故事的场所。有无数以威尼斯为主题和场景的电影曾经问世，如《魂断威尼斯》《威尼斯的冬天》《艳阳天》《威尼斯商人》《奥赛罗》等，甚至好莱坞的动作片《古墓丽影 3》（Tomb Raider III，1998）、《重装上阵》（Once Upon a Time in Venice，2017）等也青睐威尼斯（图 6-8）。

图 6-7 威尼斯

图 6-8 电影《重装上阵》 图 6-9 巴黎 图 6-10 弗兰克·盖里
海报 的纪录片海报

　　有无数以巴黎为主题和场景的电影，例如《一个美国人在巴黎》《天使最美丽》《爱在黄昏日落时》《甜姐儿》等，同时也有无数表现纽约、伦敦、维也纳等城市的电影（图 6-9）。

　　荷兰鹿特丹还专门举办建筑电影节（Architecture Film Festival Rotterdam，AFFR），自2000 年起，鹿特丹作为欧洲文化之都开办建筑电影节，每两年举办一次，内容是关于建筑、都市和都市文化的动画和纪录片、电影等。每届电影节都有一个主题，2013 鹿特丹建筑电影节的主题是"时间机器"（Time Machine），2019 年的主题是"转型中的迷失"（Lost in Transition）。电影节上曾经展演过《源泉》（The Fountainhead）、《银翼杀手》（The Blade Runner）等故事片，以及关于建筑师路易·康、弗兰克·盖里等的纪录片（图 6-10）。也展演关于媒体与城市，关于城市，关于场景的电影等（图 6-11）。

　　20 世纪的建筑与电影之间已经形成了紧密不可分的关系，电影中的城市与建筑是现实世界的意象，电影中的建筑会给建筑师以启示，从而又将这种意象在现实的世界中予以表现。在这种持续复制与表现的交替过程中，不断地构思出具有丰富意蕴的建筑空间，生成新的形式和新的意义。电影以真实的或是虚拟的建筑空间作为故事发生的场景，以此来铺陈感情和诗意，赋予超乎现实的想象，传达丰富而又复杂的文化色彩，思考未来的城市与建筑，浓缩并拼贴现实的建筑。尤其是科幻

图 6-11　鹿特丹建筑电影节

图 6-12　电影布景制作

图 6-13　影片《西北偏北》剧照

电影，用虚拟的城市和建筑使人们摆脱现实世界的种种约束（图 6-12）。

美国电影导演希契科克（Alfred Hitchcock，1899-1980）的影片往往具有哲理性的内涵，擅长利用建筑加强影片的效果。他在影片《西北偏北》（North by Northwest,1959）的结尾表现了一座赖特风格的现代建筑，给人一种兴奋感和危险感（图 6-13）。

《赫德苏克的替身》（The Hudsucker Proxy，1994）是一部以幻想的城市和建筑作为主题的电影，也是对纽约这座城市抒发怀旧。戈恩兄弟（the Coen Brothers），他们创造了电影史上非凡的想象中的城市，这座虚构的城市以 20 世纪 30 年代的纽约作为蓝本，把城市空间加以变形以后，放在 20 世纪 50 年代的背景下。[18] 城市在许多影片中都占有重要的中心位置，在日常生活中，城市往往显示了像大多数影片中所具有的效果，城市与电影的关系是十分重要的，尤其是美国的城市就像是电影中所显示的现代城市。

表现现代的时空观念的电影艺术必然会对建筑艺术产生重要的影响，电影表现手法中特殊的取景构思、场景切换、拼贴、光与色彩、解构和分延，以及信息化的视觉变幻、技术性的效果等，都为建筑师的设计提供了一种新的创作手法。美国建筑师阿格雷斯特（Diana Agrest，1944- ）和屈米都应用了电影象征手法和电影技术来研究建筑在城市中的经验。

屈米虽然反对电影艺术家与建筑师的合作，但主张运动是建筑的发生器和引发源，用电影短片作为切入点，分析建筑空间的生成，分析建筑空间中的身体运动，吸取电影对事件、空间和运动的记录方法。他在 1978 年发表的《电影剧本》（Screenplays）中，研究渐现、渐隐、变形的电影技巧，观察如何将一个意象融入另一个意象，尝试在建筑中融合序列概念和窥视论思想。他将电影叙事的方法引入建筑空间设计，把公园、街道、塔楼、摩天楼这四种城市原型和街区在叙事中扮演的角色，比喻为电影的主人公[19]（图 6-14）。

数字技术产生了新一代设计电影场景的设计师，数字技术制作的科幻电影中的城市和建筑往往会给人一种真实建筑的印象，因为，不管艺术家所创造的建筑物如何稀奇古怪，它们在某种程度上仍然必须看起来令人信服。尽管人们可以在虚拟的建筑空间中摆脱现实世界的种种约束，但是许多使人们能够产生联想的现有的规则却不能全盘抛弃。艺术家在这种情况下会在所虚构的建筑中，介绍一些著名建筑式样的建筑要素。同时，也可以运用虚构而又夸张的透视，用高技术的形象，特别是硬技艺，一种表达高技术产品的艺术，用特殊的色彩关系，用并置和叠加的形象等等手法，来传递使人们感觉是建筑的印象。1970和1980年代的《星球大战》时代的计算机控制的摄影机的迅速发展为电影场景开辟了新视野和可能性[20]（图6-15）。

法国著名电影导演和制片人吕克·贝松（Luc Besson，1959-）在1997年推出了数字虚构电影新作《第五元素》(The Fifth Element)，想象人类社会在2259年的情景，影片竭力营造未来城市的空间（图6-16）。

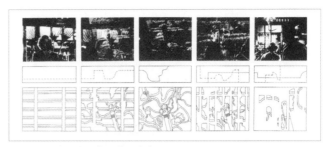

图6-14 屈米的《电影剧本》

图6-15 科幻电影中的场景

（a）海报　　　　　　（b）《第五元素》场景

图6-16 《第五元素》

第二节 电影生成建筑

电影对建筑的发展有着深刻的影响，电影与建筑、电影与城市的关系尤其在现代建筑中十分密切。今天的建筑师几乎没有人不曾看过电影，在他们的设计过程中经常采用电影的手法生成建筑，建筑师们用电影的手法创造建筑的连续空间，电影导演在电影中创造现实的和虚构的建筑。随着电影的空间叙事不断展开与变化，20世纪建筑的参照已经从绘画转向电影。

美国建筑师阿格雷斯特指出：

"本世纪初——建筑的参照物曾经是绘画。当我们从城市的角度研究建筑，这种参照是不够的。更有力的参照物是电影，一种在时间和空间中展开的复杂系统。"[21]

一、电影中的建筑

由于电影制片厂集中在洛杉矶、纽约、伦敦、巴黎、柏林、罗马、上海、北京、长春、香港一些大都市，电影评论家认为，电影开发了某种"都市艺术"。电影制片人用影片中的建筑评述社会，重构城市和建筑，表现理念。电影中的建筑是建筑师设想的未来的建筑，也是电影观众消费的建筑。有些建筑被评价为"电影般的建筑"，表明这座建筑在效果上具有戏剧性，而又具有主题。电影也传播现代建筑美学，现代建筑的发展与电影的推动密切相关。在电影《源泉》（The Fountainhead, 1949）中，借主人公洛克的话宣示美国建筑师路易·沙利文（Louis Sullivan, 1856-1924）的现代建筑经典名言"形式追随功能"：

"摩天楼！人类创造的伟大建筑，犹如希腊神庙，哥特大教堂……我告诉他们！我告诉他们建筑的形式必须追随功能。"[22]

电影中的建筑是一种形象绘画，不一定是真实的建筑，可能是根据剧情的需要，为影片的整体气氛和演员的形象服务，电影中的建筑往往采用夸张的表现主义风格。德国场景设计师路德维希·迈德纳（Ludwig Meidner, 1884-1966）学艺术出身，从1912年起转向表现主义艺术，深受意大利未来主义影响，典型地表现在他设计的电影《万湖车站》（Wannsee Bahnhof, 1913）场景中，他设计的场景充满动态感[23]（图6-17）。他的电影场景代表作还有街道（Die Strasse, 1923）

1921年的表现主义电影《卡里加利博士的小屋》（The Cabinet of Dr.Caligari）讲述的是一个邪恶的精神病院的故事，故事框架和情节显然是为了渲染表现主义的场景，导演罗伯特·维内（Robert Wiene,1881-1938）特地请表现主义艺术家设计一些尺度夸张，扭曲的建筑场景，成为一部令人难忘又无法复制的电影[24]（图6-18）。

图6-17　《万湖车站》

建筑与艺术的结合尤其是在当代城市的发展中臻于完美和统一，德国建筑师、导演弗里茨·朗（Fritz Lang, 1890-1976）的电影《大都会》（Metropolitan, 1926）表现未来主义式的城市，这部预言式的电影史无前例地将艺术与建筑的幻想加以统一。电影系根据冯·哈尔博（Thea von Harbou）的小说《大都会》改编（图6-19）。在1920年代，城市成为许多著名电影的主题。弗里茨·朗游历美国后，受纽约和芝加哥的摩天大楼所感染，拍摄了这部无声科幻电影《大都会》，于1927年1月10日在柏林首演（图6-20）。朗的父亲是一名建筑师，朗本人也学过建筑，因此，他经常将建筑元素运用到电影场景中。他所导演的这部影片是有史以来第一部以城市与建筑作为主角的著名电影，被誉为科幻片的始祖，并成为建筑电影的经典作品，是第一部被收入联合国世界文化遗产名录的电影。影片耗资几百万马克，历时18个月，动用了大约36000名群众演员。影片的气势恢宏，富于创作激情，却始终吸引着无数电影史学家、建筑理论家们的研究和评论。朗表示他在《大都会》中更多关注视觉形象，而不是社会问题，他擅长处理商业片，在处理《大都会》这种严肃的主题时，眼界的平庸和政治上的幼稚便展现出来，引起过批评家的抨击。[25]

这部影片描写的是人类在2026年由于科学强人的发明而沦为机器奴隶的幻想故事，这是一座被机器崇拜精神所控制的机械化城市，史无前例地将艺术与建筑的幻想加以统一，象征机器时代所理想的未来主义式城市，同时也揭示了超人及奴隶的纳粹意识形态象征。朗运用透视合成摄影造成虚无缥缈的气氛，将观众引入未来世界。影片里面有许多现代摩天大楼的形象，大楼之间以天桥将城市连成一座立体城市，城市中有着快速运输系统，无数的火车和汽车在架空的道路和地面上穿行，天空中有直升机。人行道两旁建造了许多商店供人们舒适地购物，城市的中心是一座哥特式教堂，

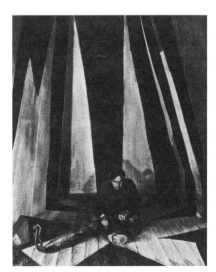

图6-18　《卡里加利博士的小屋》场景

图6-19　《大都会》小说的封面

图6-20　《大都会》海报

图 6-21　电影《大都会》

图 6-22　凯特赫特设计的场景

（a）外观

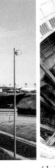
（b）室内

图 6-23　巴黎戴高乐机场第一航站楼

周围有许多住宅，这一幅场景几乎就是今天的城市的蓝图。城市的前景中有许多摩天大楼，显然有着当年德国建筑师设计的现代建筑风格，其中有许多构思由于经济萧条的原因而无法实现。电影中除了呈现纽约摩天大楼的景观以外，还创造了一栋在远景中如同电脑机械一样的巨型摩天大楼——"太阳城"，也称为"新巴比伦通天塔"，这座带有曲线形的摩天大楼无疑有着密斯的风格（图 6-21）。

　　《大都会》的场景由埃里克·凯特赫特（Erich Kettlehut，1893-1979）设计，凯特赫特曾经在柏林艺术学院学习绘画，擅长特技场景，他的电影场景在银幕上显得相当逼真，从事电影场景设计有 40 年。他为《大都会》设计场景时和摄影师密切合作，创造出一系列特效的场景（图 6-22）。法国建筑师保罗·安德鲁设计巴黎戴高乐机场第一航站楼（1974）室内空间中的廊道互通，仿佛未来的城市，有评论认为《大都会》中的布景是建筑师设计的灵感源泉[26]（图 6-23）。

　　与《大都会》同时期由沃尔特·鲁特曼（Walter Ruttmann）拍摄的影片《柏林，城市交响曲》，场景也由凯特赫特设计。影片表现第一次世界大战战败后魏玛共和国时期的柏林，柏林成为反工业化、反资本主义、反民主和反文化的典型。反现代主义者创造了一个名词"沥青文化"，比喻城市缺乏都市生活推动的精英文化和社会价值，这部电影也成为许多表现城市现代性电影的原型[27]（图6-24）。凯特赫特还为电影《沥青》（Asphalt,1929）、《马布斯博士的 1000 只眼睛》（Die 1000 Augen des Dr. Mabuse,1960）等影片设计了场景。

(a)《柏林，城市 (b) 柏林街景
交响曲》的场景

图 6-24 《柏林，城市交响曲》

图 6-25　吉本斯 1932 年拍摄
的电影《大饭店》门厅

图 6-26　休·费利
斯的商务中心

美国米高梅电影公司的艺术部主任、制片人塞德里克·吉本斯（Cedric Gibbons，1893-1960）被誉为"好莱坞黄金时代的建筑师"，他是奥斯卡小金人的设计者。实际上他并不是建筑师，本行是美工师，但是他的影片对于现代建筑的传播具有重要的作用，他的名字出现在米高梅公司的1500 多部影片中。他将现代建筑推向好莱坞，在米高梅公司设立了一座建筑和设计的图书馆。他主持的艺术部招揽了建筑师、室内设计师、画家、木工等专业人员，每年都要生产上百部电影场景。虽然他太忙，并没有去参观 1925 年的巴黎世博会，但是吉本斯吸收了装饰艺术派的建筑风格，在影片中引进"最现代的建筑形式"，包括包豪斯和其他欧洲建筑师的建筑，应用现代风格、流线型等最时髦的建筑形式[28]（图 6-25）。

1930 年的电影《空中罗曼史》(Aeromance) 以纽约的城市为背景，所不同的是在摩天大楼之间架起了一道道横贯高空的桥梁，小型的个人飞行器在空中四处飞翔，使城市景观更为立体化。事实上，这些由天桥和高架道路穿越摩天大楼的都市，是由美国建筑师休·费利斯描绘的。费利斯的设想启示了后人的未来城市构想，以纽约市的城市景观作为城市模式的科幻电影就此层出不穷（图 6-26）。

美国导演蒂姆·波顿（Tim Burton，1958-）在他拍摄的影片《蝙蝠侠》（Batman，1989）中，大量运用纽约的城市意象和日本建筑师高松伸（Shin Takamatsu, 1948-）的建筑元素，拼贴成一座想象中的城市——高谭市（Gotham City）。在高谭市的景观中，可以找到布鲁克林大桥、自由女神像、中央公园、圣帕特里克教堂等的形象。同时，日本建筑师高松伸也从《大都会》这部影片中的巨大机械中获得启示，并形成了他所特有的以精密金属机械的变体为基础的建筑话语（图 6-27）。

《蝙蝠侠》中的高谭市是一座假想的城市，但却是以纽约作为原型创造的（图 6-28）。场景设计师安东·福斯特（Anton Furst，1944-1991）将纽约具有典型性的空间意象拼贴压缩成高谭市的景观，强调峡谷般幽深的街道空间和众多森林一样耸立的摩天大楼，刻意表现那种幽暗邪恶的空间特性。安东·福斯特深受哥特式大教堂影响，他也喜欢高迪既具有哥特风格，又非哥特式的作品。[29]影片中的建筑糅合了哥特式风格与古典式的机械美，让人产生一种沉重、复杂、庞大的感受。安东·福斯特在设计这座犯罪都市的建筑时，不断地从建筑史中去寻找与机械以及机器时代有关的建筑形式

图 6-27　高松伸的建筑
语言

图 6-28　高谭市的场景

图 6-29　高松伸的京都牙医
诊所

图 6-30　高谭市博物馆

图 6-31　《银翼杀手》
海报

图 6-32　《银翼杀手》场景

和建筑构思，再将这些建筑语言如机械零件般拼凑组合成高谭式（Gotham Style）的建筑。虚构的高谭市的许多重要建筑都是高松伸的作品的翻版，博物馆被设计成一座巨大的机械涡轮发动机，整个建筑的语汇是高松伸在 1983 年设计的京都牙医诊所的改造重组（图 6-29），同样拥有涡轮发动机般的造型、钢铁灯座、圆形铁窗，甚至相同的金属螺丝钉，但却是一种拼贴与重组（图 6-30）。

　　日本的《新建筑》杂志在编写《20 世纪建筑纪年》时，特别将英国电影导演雷德利·斯科特（Ridley Scott，1937-）导演的科幻电影《银翼杀手》（Blade Runner，1982）列入，与其他建筑作品并列（图 6-31）。1997 年 1 月 29 日在香港举办的"都市前瞻"国际研讨会（Cities of Future, Towards New Urban Living）上，有报告人将这座城市列为 1980 年代后现代城市的典型：污染严重，混乱不堪，形象过分膨胀，一种事后才能发现问题的城市。可见"电影建筑"也是一种建筑创作的特殊方式，以其导向性和前瞻性而具有建筑批评的意义。这部电影以 2019 年的洛杉矶为背景，影片中出现了圆筒机械状的摩天大楼，《银翼杀手》表现了未来的城市向超级都市（Mega-city）和混成都市（Hybrid city）的转化，表达了后工业城市的场景。影片中可以看到大量电子产品，大型电视屏幕占据了建筑物的主要立面，成为一种"影像建筑"，建筑变成被利用的媒体的工具（图 6-32）。影片中洛杉矶警

图6-33　赖特设计
的恩尼斯住宅

图6-34　电影《银翼杀
手》中的城市街道

（a）"警察总部"

（b）高谭市的交通

图6-35　《银翼杀手》中的场景设计

察杀手的住宅借用了赖特设计的位于洛杉矶的恩尼斯宅（Charles E.Ennis House,1923-1924），立面采用带有玛雅风格的花砖，在影片中表现得阴郁而沉闷，图6-33）。

影片的制片人劳伦斯·保尔（Lawrence G. Paul，1948- ）从意大利米兰的城市与建筑中汲取了灵感，把米兰的拱廊、柱廊和古典的、现代的各种建筑都摄入镜头，并引用了各种建筑形式。从古埃及建筑、古典建筑、装饰艺术派建筑，到现代风格的流线型建筑，搬用了美国建筑师赖特和西班牙建筑师高迪的建筑形式。然后把各种式样的建筑照片拼贴在一起，加以翻转、延伸、拼贴和变形，使得影片中的街道看起来就像2020年的幻想城市（图6-34）。设计师许布纳（Mentor Huebner）为《银翼杀手》设计了一系列的场景，包括"高架桥"（Exterior Overpasses）、"警察总部"（Exterior Police Geadquarter）以及表现未来立体城市的交通（图6-35）。

我国电影美术师杨占家（1936- ）曾在中央工艺美术学院建筑美术系（现清华大学美术学院）攻读建筑造型设计。毕业后留校任教，1972年调入北京电影制片厂任美术师。由于电影美术师所处理的场景空间大部分都是建筑空间，所以他拥有的建筑方面的知识经验及技巧让他在电影美术行业游刃有余。他把建筑学严格科学的制图标准带进了中国电影工业。他的作品有《十面埋伏》《霸王别姬》《卧虎藏龙》《满城尽带黄金甲》《木乃伊3》等。他的手绘草稿充满灵性，是北京电影学院美术教学临摹范本之一。

意大利电影导演、编剧和制作人费里尼（Federico Fellini,1920-1993）将他的梦境记录下来，从1960年到1968年，1973年到1982年，并且把梦见的形象和故事画出来，共计大约400页，犹如梦的日记。以人物和故事为主，但也往往与建筑有关，表现了他脑海中的城市、摩天大楼、教堂、修道院、陌生的城堡、中式城堡、古老的宫殿、巨石拱门、城墙、林荫大道、广场、钟楼、拱廊、公寓、邮局、剧院、电影院、酒店、餐馆、梦幻的建筑之城、城市的大平台和室内的场景等。例如他在1974年8月21日的日记记录了他对一座新建的城堡的感受，其中有犹如剧院般装饰的大客厅[30]（图6-36）。

图6-36　费里尼的《梦书》

二、建筑师与电影

建筑师和制片人的职业有许多相似之处，都需要有勇气、决断能力和强烈的个性，需要标新立异，并且在他们的作品中加以显现。他们也都需要艺术修养，并且具有综合各种艺术的能力。他们需要合作和团队精神，也需要妥协，他们都需要团队的支持和技术的支撑，需要创造性、智慧和实践能力。有相当一部分的电影制片人、场景设计师，他们原来从事的专业曾经是建筑学或城市规划。

德国著名的现代派建筑师汉斯·珀尔齐希曾在柏林 - 夏洛滕堡工业大学学习建筑，作为一名建筑师，他积极从事各种跨专业的活动，他也是舞台设计师并从事电影场景设计。虽然他的早期电影场景设计缺乏明确的细部，但却抓住了建筑空间的本质。他的建筑代表作品有波茨南的水塔（1911）、卢班化工厂（1911）、柏林大剧院（1918-1919）等，他的作品显示了表现主义风格。他的电影作品有《假人》（Der Golem，1920）、《活菩萨》（Lebende Buddas，1925）等（图6-37）。

斯蒂芬·古森（Stephen Goosson，1893-1973）曾就学于美国锡拉库萨大学建筑系，1915年至1919年在底特律开设建筑事务所，他为哥伦比亚电影公司设计了电影《雾都孤儿》（Oliver Twist，1922）、《钟楼怪人》（The Hunchback of Notre Dame，1923）的场景，他在希金斯导演的《摩天大楼》（Skyscraper，1928）一片中得以发挥他关于现代建筑的构想，这一影片的成功，使他专业从事电影事业。受美国建筑美术家休·费利斯的《明日大都市》（1929）中的摩天楼形象的启示，他在影片《只不过是想象》（Just Imagine，1930）中，用未来主义的方式成功地塑造了20世纪80年代纽约的城市天际线[31]（图6-38）。

古森以后又在影片《失去的地平线》（Lost Horizon，1937）中，展示了他对现代建筑的各种幻想，他为哥伦比亚电影公司赢得了第一个奥斯卡最佳艺术奖。古森在这部根据詹姆斯·希尔顿的同名小说改编的影片中创造了香格里拉建筑，一座隐喻东方与西方相结合的喇嘛庙。古森从美国

图 6-37　珀尔齐希的电影
　　　　　《假人》场景

图 6-38　《只不过是想象》场景

和欧洲的先锋派建筑中获得启示，特别是欧洲现代建筑语言和美国建筑师赖特设计的东京帝国饭店（1915）的建筑语汇。现代建筑运动的先驱们主张：现代建筑运动最终结束了历史上建筑风格的演变，国际式是历史发展的目标，而且也是全球未来文化的目标。这样一种风格与影片中的所宣扬的香格里拉是人类社会的最高成就是相吻合的（图6-39）。

香格里拉的建筑显示了电影场景直接影响现实的建筑，受这部电影场景的启发，建筑师雷蒙德·哈里·艾尔文（Raymond Harry Ervin）为哈里·霍夫曼在科罗拉多州丹佛市附近的落基山上设计了"香格里拉府邸"（Shangri-La house），这座建筑在1939年被评为该市第二名最杰出的建筑。

法国建筑师罗伯特·马勒－斯蒂文斯（Robert Mallet-Stevens, 1886-1945）于1905到1910年间在巴黎建筑大学学习建筑，1920年开业，他的建筑生涯受到奥地利建筑师约瑟夫·霍夫曼（Josef Hoffmann, 1870-1956）以及法国建筑师托尼·加尼耶（Tony Garnier, 1869-1948）的深刻影响，他曾在加尼耶立体主义风格的"工业城市"理想的启示下，于1922年提出"现代城市"的设想，并设计了现代城市建筑的原型，其中，显然受到马列维奇至上主义建构的影响（图6-40）。在1919至1929年间，马勒－斯蒂文斯曾经设计过16部电影的场景，发表过有关论文，其中最有价值的是"电影与艺术：建筑学"（Le Cinéma et les arts: L'Architecture, 1925）。他的第一件建筑设计作品是海勒市努阿尔县的一幢别墅（1924-1933），曾被美国导演和画家曼·雷（Man Ray, 1890-1977）用作一部超现实主义影片《德堡的秘密》（Les Mystères du chateau du Dé, 1928）的场景（图6-41）。曼·雷是一位艺术家，学的是建筑和工业设计，同时也是雕塑家和摄影家，他的绘画具有立体主义和达达派风格，他也拍摄过一些实验性的电影。[32]

德裔英国电影设计师肯·亚当（Ken Adam,1921-2016）曾经在爱丁堡和伦敦的建筑师事务所工作，以后又在伦敦大学巴特莱特建筑学院学习建筑，1947年起从事电影制片设计师。虽然亚当接受的是学院派的建筑教育，他设计的电影场景却充满现代感，善于用线条表现，强调黑白对比。他设计的电影场景涵盖了历史以配合文艺影片，他也曾经为007系列电影设计场景，被称为"007

图6-39 香格里拉喇嘛庙的内院

图6-40 马勒－斯蒂文斯设计的《无情》场景

图 6-41 马勒－斯蒂文斯设计的别墅

图 6-42 肯·亚当设计的电影场景

设计师"。在电影场景设计方面多有奇思妙想，他在 1975 年和 1994 年，两次获得奥斯卡奖，并多次获提名。在电影摄制时，他会在导演身旁建议摄影师选择最适合表现建筑场景的角度去拍摄[33]（图 6-42）。

　　英国设计师约翰·博克斯（John Box）出生在伦敦，幼时就读于海格学院，由于他父亲的工作是土木工程师，他童年的大部分时间住在斯里兰卡。以后在伦敦城市大学学习建筑。曾参与制作《雾都孤儿》《阿拉伯的劳伦斯》(Lawrence of Arabia，1962)《日瓦戈医生》(Doctor Zhivago,1965)、《印度之行》（A Passage to India，1983）等知名作品，四次获得奥斯卡金像奖，三次获得英国电影和电视学院奖。博克斯作为著名电影幻象大师，也被人称为"魔术师"。他善于在电影中以光影及镜头的使用技巧创造若有似无的幻象。

　　《银翼杀手》的制片人劳伦斯·保尔本人曾经是建筑师和规划师，他在美国亚利桑那大学学习建筑与城市规划，之后加入 20 世纪福克斯公司，在艺术部习艺。他在派拉蒙影片公司时，曾将许多城市的场景搬上银幕，他的最著名的影片场景是《银翼杀手》，并为此获得奥斯卡最佳艺术奖。

　　巴西制片人费尔南多·梅里尔斯（Fernando Meirelles）出生在一个巴西中产阶级家庭，在圣保罗大学学习建筑学。在学习建筑学时，发现自己非常喜欢电影，于是他开始在朋友的小组里做实验性短片，并成立了一个独立制片公司。2000 年他开始筹拍电影《上帝之城》（Cidade de Deus，2002），反映里约热内卢贫民区的变迁，电影上映后立即席卷世界影坛，入围了第 76 届奥斯卡四项大奖。他的《不朽的园丁》（The Constant Gardener，2005）同样广受赞誉。

　　英国电影制片人、作家凯勒（Patrick Keiller，1950-）原先是一位建筑师，改行从事电影工作。他在 2007 年创作的一部电影装置"未来的城市"（The City of the Future）中声称：

　　　"如果要改变生活，首先，我们必须改变空间。"[34]

　　意大利设计师丹特·费雷蒂（Dante Ferretti，1943-）生于意大利马切拉塔城，16 岁就离家去罗马，学习美术和建筑。18 岁第一次踏入片场，他在两部同时拍摄的电影里担任助理美术师。这份工作让他得以跟随著名场景设计师路易吉·斯卡齐亚诺赛 (Luigi Scaccianoce) 做了 10 年美术指导。作为一名最直观大胆和表现主义的设计师，丹特·费雷蒂把欧洲电影和好莱坞结合起来。他因为马丁·斯科塞斯的电影《飞行家》获得了 2004 年奥斯卡最佳艺术指导奖。凭借蒂姆·波顿的《理发师陶德》获得奥斯卡提名奖。著名导演皮埃尔·保罗·帕索里尼教会他"以绘画的方式理解电影"，对其影响颇深。他获得过三次奥斯卡奖，四次英国电影和电视艺术学院奖。费雷蒂将制作设计过程总结为"建造导演的世界"，他偏爱实景拍摄，以搭建和技术还原真实场景见长。擅长使用"电影魔法"来创造虚拟世界，如电影《玫瑰之名》中复杂精妙的空间视错觉均为布景下的真实拍摄，视觉体验却能以假乱真。

英国设计师伊芙·斯图尔特（Eve Stewart）1961 年生于伦敦，她曾在英国中央圣马丁学院攻读戏剧设计，然后在皇家艺术学院获得了建筑学的硕士学位。她最初是一名戏剧设计师，曾经在伦敦汉普斯特德剧院和迈克·李 (Mike Leigh) 合作，然后她转型为电影美术指导和制作设计。她的作品细节丰富而装饰效果显著，画面往往色泽饱满而极具个人风格。

第二次世界大战后出生的日本新一代建筑师是在战后的科幻漫画以及卡通画的影响下成长起来的，使这些年轻的日本建筑师们更容易选择机械与建筑结合的方式。若林广幸（Hiroyuki Wakabayashi,1949- ）的作品表现出强烈的日本传统文化与科幻传播媒介的交互影响。若林广幸出生在京都，1967 年至 1972 年在立木知公司从事产品设计，1972 年开办室内设计事务所，并自学建筑，1982 年建立若林广幸建筑事务所。他的大多数作品都在京都，如老年之家（1986）、大阪鳗谷儿童博物馆（1989）等。在他的作品中，经常出现机械与传统文化混合的建筑形象，用不同的材料加以对比，表现出超越时代的永恒感。

若林广幸设计的京都祇园大厦（Gion Freak Building,1990）以及东京涩谷 SH 商务大楼（Humax Pavilion Shibuya,1992）代表了火箭时代建筑的梦想。涩谷的 SH 大楼如同雷鸟三号飞机与哥特式建筑的的结合，建筑的造型宛如一枚火箭，由基座向上呈管状逐渐收聚成弹头形，顶部有一个天窗，管状体的周围设置了类似哥特式大教堂的飞扶壁和肋拱的钢筋混凝土支撑。外露的结构符合力学的需要，使整座建筑同时带有未来时代的太空飞船、古典机械、哥特式建筑和伊斯兰装饰等不同时代和不同文化符号的意象。黑色烤漆饰面的钢材和石材、玻璃、金属零件等不同的材质处理，仿佛具有超越时间的力量。这栋大楼在设计上是相当精致，又有精密的工业技术配合，才得以建成。若林广幸信奉由日本当代著名建筑师矶崎新提倡的矛盾的折中主义，这是一种后现代主义的建筑风格，一种融合了古希腊的斯多喀主义哲学与东方机械美学的建筑风格，一种以建筑为根基的新型宗教（图 6-43）。

电影和建筑的设计和生产过程有许多相似之处，伯纳德·屈米应用电影程序蒙太奇的相邻、叠置、重复、反转、置换和插入等手法，他设计的拉维莱特公园（Parc de la Villette, 1982-1997）是一

（a）涩谷SH商务大楼　　　（b）京都祇园大厦

图6-43　若林广幸作品

图6-44　拉维莱特公园

图6-45　巴黎卡地亚基金会大楼

系列的电影程序，应用电影的叙事手法展示空间和空间中的事件和运动，每个程序都基于一套建筑的、空间的以及实用的空间转化活动（图6-44）。屈米认为：

"没有行动就没有建筑，没有事件就没有建筑，没有程序就没有建筑。"[35]

库哈斯在成为建筑师以前是一位电影剧作家，他认为电影和建筑之间几乎没有差别。在当代文化语境下，电影所表现的城市、建筑、人和生活，已经成为建筑师、艺术家、作家和理论家们的参照。法国建筑师让·努维尔的建筑设计受电影以及戏剧的那种打动观众的手法启示，采用了类似电影制作的程序，使他的建筑充满了"透明性"，或者说"透明的外观"。让·努维尔在作品中表现出的并置、新与旧的冲突、突出内在特征，以及纯真的风格等，在很多方面都与电影艺术手法有相似之处。卡地亚基金会（1991-1993）大楼仿佛在城市花园中的一片透明的幻影，让·努维尔以前所未有的方式处理虚拟与真实，消解了建筑的实体感，用一片6层高的玻璃幕墙映衬出法国著名作家夏多布里昂亲手栽下的一棵雪松。一个7层高的玻璃盒子竖立在中庭内，作为展厅和办公室。在夏季，巨大的玻璃幕墙滑至一旁，整个大厅与花园相互渗透（图6-45）。

意大利建筑师福克萨斯（Massimiliano Fuksas，1944-）谈到他所设计的米兰会展中心

图 6-46　米兰会展中心

图 6-47　美国建筑师学会的电影竞赛

图 6-48　电影中的建筑师

（2002-2005）时，多次提及电影序列的构思。参观者被引导着从主轴线的一端向纵深移动，一组组展馆如同电影一幕幕的场景般展开（图6-46）。长期以来，建筑师都对电影设计感兴趣，只是因为数字技术的出现，才使建筑师的潜力得以充分发挥。

美国建筑师学会近年来每年都举办建筑电影竞赛（AIA Film Chellenge），向建筑师征集建筑电影，并让建筑师们和电影爱好者参加评选。2019年的电影竞赛由好莱坞的导演约瑟夫·科辛斯基（Joseph Kosinski）审阅，并在芝加哥上映（图6-47）。

三、电影中的建筑师

建筑师是许多影片中的主角，影片中表现的建筑师往往是那种英雄般地承担着现代使命的形象，仿佛民族的救星。电影中的建筑师往往是年轻、英俊、潇洒、富有，兼有工程师的理智和艺术家的气质，集聪慧、优秀、高收入于一身，为社会所尊崇，时尚并富于创造性。这是一种梦境中的理想的，甚至是幻想的英雄建筑师形象。电影从不反映建筑师职业生涯中普遍存在的辛苦的劳作和加班、微薄的薪金、集体性的日复一日的单调工作、经常面对业主的颐指气使、工作中不断受到挫折等（图6-48）。

影视作品中的建筑师各有所长，既真实又让人感觉触摸不到。正如《人生遥控器》（Click，2006）的编剧所说，选择建筑师作为主角的话，可以为角色增加许多个性，表现创造性，并不需要对建筑学有多深的知识。只需要给他安个工作，建筑师总是一个正面的形象。不过，旧金山一位从业多年的老建筑师这样说："建筑师曾被描绘成老练世故的厉害角色。其实，不论在电影里还是现实生活中，他们逐渐成为平凡而容易失败的市井人物。"这个看似诱人的职业，其实不乏平凡人的无奈与压力。真实的建筑师生活与影视剧中的描绘相差甚远。

俄裔美国哲学家和作家安·兰德（Ayn Rand,1905-1982）出版过一部被誉为"世纪小说""哲理小说"的文学作品《源泉》（The Fountainhead, 1943），小说在 1949 年搬上银幕，兰德为电影写了剧本（图 6-49）。电影以荷兰建筑师伯纳德·比耶沃特（Bernard Bijvoet，1889-1979）为 1923 年芝加哥论坛报大楼设计竞赛的方案作为素材，主角洛克实际上以建筑师弗兰克·劳埃德·赖特（Frank Lloyd Wright，1869-1959）为原型。[36] 虽然电影远不及小说那么成功，然而却引起了关于建筑师在社会中的作用的广泛讨论。1992 年在波士顿召开了一场关于《源泉》的公众讨论会，发言者中有许多著名的建筑师和建筑史学家，包括文森特·斯卡利等，他们对《源泉》这部小说进行反思，讨论其影响。1993 年在纪念小说出版 50 周年时，美国建筑师学会的会刊《建筑》（Architecture）还专门发表文章，指出洛克的形象已经与今天的建筑师的职业现实完全不符（图 6-50）。

《广岛之恋》（1959）影片讲述一个法国女演员来到日本广岛拍摄一部宣传和平的电影时，邂逅当地的建筑师，两人在短暂时间内忘记各自的有夫之妇、有妇之夫身份，产生忘我恋情。由于广岛这块土地的特殊性，两人在激情相拥时，女演员脑海中总会闪现若干有关战争的残酷画面，建筑师也常令她回忆起她在战时于法国小城内韦尔与一名德国占领军的爱情。

美国影片《火烧摩天楼》（The Towering Inferno, 1974）讲述一个建筑师在自己设计的旧金山摩天大楼竣工之际，希望抛开工作，开始计划已久的远行，然而此时，主控传来了报警信号，

图 6-49 《源泉》海报

图 6-50 《源泉》中的建筑师

在大楼指挥中心的协助下，他查明保险终端柜没有绝缘保护，而整栋大楼的电路都远没有达到自己的设计要求。大楼建筑承包商为了节省建筑成本，降低了大楼的防火标准。在各界名流齐聚于135层的舞厅庆祝大楼落成时，电路系统不堪负荷终于引发火灾，消防设施不完善的摩天楼火势很快难以控制，汹涌的大火，似乎要吞噬一切……影片对于摩天楼各个系统的表达基本符合专业知识。

图6-51　《西雅图夜未眠》
场景

图6-52　《建筑师之腹》
海报

美国的《建筑》（Architecture）杂志曾经刊登过一篇文章，指出建筑师是近年来美国的好莱坞电影中最热门的男主角所从事的职业。这些电影有《丛林热》（Jungle Fever，1991）、《桃色交易》（Indecent Proposal，1993）、《西雅图夜未眠》（Sleepless in Seattle，1993）、《致命交叉点》（Intersection，1994）以及米高梅公司的影片《重归我心》（Return to me，2000）等，影片中的男主角几乎都是建筑师，仅有的一部以女建筑师为主角的电影《美好的一天》（One Fine Day，1996）中，建筑师只是作为一名职业女性，几乎没有表现与建筑的联系（图6-51）。

英国导演彼得·格林纳威（Peter Greenaway，1942-）拍摄的电影《建筑师之腹》（The Belly of an Architect，1987），曾获1987年夏纳电影节金棕榈奖，是第一部以建筑历史、建筑师和建筑物作为主题的电影。整部电影的场景以罗马作为背景，描写芝加哥建筑师斯图利·克拉克莱特应邀在罗马筹办一个纪念法国建筑师部雷的建筑展，由于部雷是希特勒的御用建筑师阿尔伯特·施佩尔的偶像，克拉克莱特的意大利同行质疑部雷葬在巴黎先贤祠的合法性。在9个月无休止的策展过程中，他的婚姻和肚腹的健康状况迅速瓦解，象征着部雷一直被世人遗忘的命运。影片的副标题献给牛顿，虽然部雷最著名的作品是献给牛顿的，但也隐喻着克拉克莱特无法逃避道德的万有引力的规律（图6-52）。

这部影片尝试将部雷设计的最负盛名的牛顿纪念馆与罗马的万神殿、建筑师的肚腹串联在一起，隐喻这位美国建筑师以部雷自居。电影中有许多罗马的建筑场景，建筑的尺度，如万神殿、圣彼得大教堂广场变得十分宏大，而人物在建筑中的比例则表现得愈加渺小和失落。整部电影隐喻着建筑的发展毫无止境地消耗着都市的血肉，而从事建筑的工作人员在整个建造过程中，也耗尽精力。建筑与城市文化的建构事实上成为一种西绪福斯式的痛苦循环，有如不断地新陈代谢、消化美食的肠胃。西绪福斯是古希腊的暴君，死后坠入地狱，被罚推石块上山顶，但石块在临近山顶的时候，又

图 6-53 《老爸老妈的　　图 6-54 《建筑师》　　图 6-55 《触不到的恋人》中的建筑师
浪漫史》海报

突然滚下山，于是重新再推，如此反复循环不已，虽然汗流如注，仍然不能停歇。因此，"西绪福斯的石头"和"西绪福斯的劳动"象征一种永无休止的、繁重的、徒劳无益的劳动。建筑师的行业在这部电影中遭到了批评与反省。

日本电影《协奏曲》（1996）中主人公的理想是成为一名建筑师，尽管现实与梦想之间距离甚远，但他从未放弃理想。一次偶然中，他和女友一同结识了一位著名建筑师，这位建筑师十分欣赏他的理想和抱负，决心助他一臂之力。主人公也最终奋发成才。评论认为，日剧一直如同"职业介绍所"，谱写浪漫的同时，也不忘介绍建筑师职业的残酷，以及考取注册建筑师的艰辛。

《老爸老妈的浪漫史》（How I Met Your Mother, 2005）这部情景喜剧可以说是一代人的回忆。故事讲述一个年轻的单身的建筑师泰德，与他大学认识的两个好朋友一起生活，他的感情一直不顺。虽然是一部幽默搞笑的情景喜剧，其中对主角的建筑师工作也有很多贴近生活的表达。泰德的建筑师事务所接到一个大项目，由一位方案经理主持设计，不过设计很糟，让客户非常生气。最后因为泰德的设计挽救了这笔生意。于是泰德也升级成这个方案的经理。在这部热播情景喜剧中，跟着泰德，观众还能了解到不少纽约著名建筑背后的故事（图 6-53）。

2006 年上映的的剧情片《建筑师》（The Architect）是一部美国故事片，电影主要讲述了一个理想主义的建筑师重建社区的故事（图 6-54）。

《触不到的恋人》（The Lake House, 2006）讲述一位女医生因为工作繁忙，搬离了郊外的河边小屋。临走时她在信箱里放了一封信，希望下一位住客能帮忙处理信件。不久，她来到了旧址，发现信箱里面有一封来自一位建筑师的来信，信一封接着一封。原来他们所处的年代相差了两年，他们惊讶之余更乐于成为对方的笔友。片中对男主的建筑师生活有很多表现，他们的工作还处在手绘制图的年代（图 6-55）

韩国电影《建筑学概论》（2012）中，一个大一男生在建筑学概论的课堂上遇到了前来蹭课的音乐系女生，两人互生好感，却因误解而最后渐行渐远。十五年后，已成为建筑师的他接到一个

图 6-56 《庐山恋》海报   图 6-57 《建筑有情天》剧照

翻修旧屋的项目，而委托人正是当年的初恋情人。两人在时空的交错中，萌生了新的情感。这是一部具有浪漫主义色彩的电影，拍电影的同时还有很多讲述建筑设计理论的片段。

1979 年拍摄，1980 年公映的电影《庐山恋》是中国第一部彩色宽银幕故事片，男主角是一名建筑系的学生，实际上他还不是建筑师而按照电影的情节男主角是否是建筑师其实并没有什么关系。实际上，电影里的建筑师都是理想中的一种建筑师，只是一个典型而已，表明了影艺界和社会对建筑师这门职业的理解和向往（图 6-56）。

《建筑有情天》（2007）以建筑师贝聿铭之奋斗史为原型。讲述了经营装修设计公司的主人公，多年前原是一个著名建筑师的高徒，后因接管亡父生意而退下火线，从一个有理想的小伙子变成斗志磨平的小男人，过着淡如止水的生活。女主角是影视剧中为数不多的女建筑师形象，她热爱建筑，却没有惊世才华，幸而有一股蛮劲，不畏艰辛。除了没日没夜地改设计图，还要经常往内地跑，参加各种工作会议（图 6-57）。

影片《单身男女》（2011）以办公室为背景，讲述了苏州女孩与一位金融才俊和一位建筑师三人之间的职场恋情，主演演员本来也是建筑学背景的出身。

2018 年 7 月，浙江卫视黄金档开播了一部叫《陪读妈妈》的电视剧，这部家庭伦理大片，编剧竟是建筑学博士，出品人也是建筑学博士，还开着一家近 500 人的建筑设计事务所。

据不完全统计，影视作品主角或出现建筑师形象的还有电影《解构生活》《蝴蝶效应》《两小无猜》，电视剧《不能结婚的男人》《一帘幽梦》等。

本章注释：

［1］H.G. 布洛克《现代艺术哲学》，滕守尧译，成都：四川人民出版社，1998. 第 79 页.

［2］Germano Celant. *Architecture, Kaleidoscope of the Arts. Architecture & Arts 1900/2004——A Century of Creative Projects in Building, Design, Cinema, Painting, Photography, Sculpture.* Skira. 2004.p. 25.

［3］大卫·帕金森《电影的历史》，王晓丹译，南宁：广西美术出版社，2015. 第 14 页.

［4］同上，第 14-16 页.

［5］彭吉象《影视美学》，北京：北京大学出版社，2009. 第 6 页.

［6］阿兰·巴迪欧 "电影作为哲学实验"，载米歇尔·福柯等著《宽忍的灰色黎明：法国哲学家论电影》，李洋等译，郑州：河南大学出版社，2014. 第 13 页.

［7］Oswald Stack. Pasolini on Pasolini, 转引自 Robert Lapsley, Michael Westlake《电影与当代批评理论》，李天铎、谢慰雯译，台北：远流出版公司，1997. 第 72 页.

［8］Dietrich Neuman. Film *Architecture:Set Designs from Metropolis to Blade Runner.* Prestel.1996.p.8.

［9］雅克·朗西埃"电影的矛盾语言"，载米歇尔·福柯等著《宽忍的灰色黎明：法国哲学家论电影》，李洋等译，郑州：河南大学出版社，2014. 第 99 页.

［10］阿兰·巴迪欧 "电影作为哲学实验"，载米歇尔·福柯等著《宽忍的灰色黎明：法国哲学家论电影》，李洋等译，郑州：河南大学出版社，2014. 第 14-15 页.

［11］Germano Celant. *Architecture, Kaleidoscope of the Arts. Architecture & Arts 1900/2004——A Century of Creative Projects in Building, Design, Cinema, Painting, Photography, Sculpture.* Skira. 2004.p. 25.

［12］Ludwig Karl Hilberseimer. *Film Opportunities.* 载 Dietrich Neumann. *Film Architecture: Set Designs from Metropolis to Blade Runner.* Prestel.1997.p.41.

［13］Germano Celant. *Architecture, Kaleidoscope of the Arts. Architecture & Arts 1900/2004——A Century of Creative Projects in Building, Design, Cinema, Painting, Photography, Sculpture.* Skira. 2004.p. 25.

［14］John R.Gold and Stephen V. Ward. *Of Plans and Planners: Documentary Film and the Challenge of the Urban Future, 1935–52.* 载 David B. Clarke. *The Cinematic City.* Routledge. 1997. p.61.

［15］Robert Eisenhardt. *Building a Film: Making Concert of Wills.* 载 Mark Lamster. *Architecture and Film.* Princeton Architectural Press.2000.p.89.

［16］*Building Films.Architecture + Film Ⅱ. Architectural Design.* Wiley – Academy. 2000. p.79.

［17］让·博德里亚《美国》，张生译，南京：南京大学出版社，2011. 第 20 页.

［18］Dietrich Neumann. *Film Architecture: Set Designs from Metropolis to Blade Runner.* Prestel.1997.p.41.

［19］Giovanni Damiani. *Bernard Tschumi.*Universe.2003. p.32.

［20］*Building Films.Architecture + Film Ⅱ. Architectural Design.* Wiley – Academy. 2000. p.66.

［21］Diana I. Agrest. *Architecture from Without: Theoretical Framings for a Critical Practice.* The MIT Press. 1991. p.4.

［22］Nancy Levinson. *Tall Buildings, Tall Tales: on Architects in the Movies.* 载 Mark Lamster. *Architecture and Film.* Princeton Architectural Press. 2000. p.23.

［23］Dietrich Neumann. *Film Architecture: Set Designs from Metropolis to Blade Runner.* Prestel.1997.p.28.

［24］大卫·帕金森《电影的历史》，王晓丹译，南宁：广西美术出版社，2015. 第 76 页.

［25］大卫·帕金森《电影的历史》，王晓丹译，南宁：广西美术出版社，2015. 第 77 页.

［26］德扬·苏吉奇《建筑的复杂性：富人和有权势的人如何塑造世界》，王晓刚、陈相如译，台北：漫游者文化出版，2008 年，第 184 页.

［27］Colin McArthur. *Chinese Boxes and Russian Dolls: Tracking the Elusive Cinematic City.* 载 David B. Clarke. *The Cinematic City.* Routledge.1997.p.37.

［28］Christina Wilson. *Cedric Gibbons:Architect of Hollywood's Golden Age.* 载 Mark Lamster. *Architecture and Film.* Princeton Architectural Press.2000.p.104.

［29］Dietrich Neumann. *Film Architecture: Set Designs from Metropolis to Blade Runner.* Prestel.1997.p.164.

［30］费里尼《梦书》何演、张晓玲译，北京：中央编译出版社，2014. 第 226 页.

［31］Dietrich Neumann. *Film Architecture: Set Designs from Metropolis to Blade Runner.* Prestel.1997.p.112.

［32］Ian Chilvers. *Dictionary of 20th Century Art.* Oxford. 1998.p.373.

［33］Donald Albrecht.*Dr. Caligari's Cabinets: The Set Design of Ken Adam.* 载 Mark Lamster. *Architecture and Film.* Princeton Architectural Press.2000.p.121.

［34］Patrick Keiller interviewed by Joe Kerr. *Architecture + Film Ⅱ. Architectural Design.* Wiley – Academy. 2000. p.82.

［35］屈米"电影剧本"，载伯纳德·屈米《建筑概念：红不只是一种颜色》，陈亚译，北京：电子工业出版社，2014. 第 74 页.

［36］Dietrich Neumann. *Film Architecture: Set Designs from Metropolis to Blade Runner.* Prestel.1997.p.126.

第七章

建筑与文学

第七章

建筑与文学

　　文学与建筑有着十分密切的关系，不仅因为建筑和文学在美学上有许多相通之处。还因为建筑往往是文学家观察与描写的对象，是文学作品展现情节与铺陈故事的场景和空间。在中国文学中，建筑是文学家抒发感情的载体，历史上有无数脍炙人口的描写亭台楼阁的诗文和辞赋。建筑将人与自然融合在同一层次上，表现了天人合一的理想。建筑在文学中获得永恒的意义，文学作品也为建筑提供了一个虚拟的世界和一种理想的建筑，人们也往往将建筑赞颂为诗性的建筑，诗意的建筑。德国哲学家海德格尔认为：*"艺术是真实作为作品之诗。"* [1]

　　反过来，建筑和建筑所赖以存在的城市、城市生活也塑造了文学，激发了文学家的想象力和创作灵感。文化中的相当一部分是由于我们的城市所培育的，城市和建筑占据了文化的核心地位，因而也在文学中起到重要的核心作用。建筑、城市和城市生活对文学的影响，以及文学对建筑、城市和城市生活之间是一种持续不断的双重建构。

第一节 文学中的建筑

　　中国古代留传下来许多有关建筑的名篇，建筑在很早就和文学结下了不解之缘。中国的古代建筑有着深刻的文化底蕴，古人在建造建筑的同时，也建起了建筑文学宝库。历代文学都留下了许多生动地描写建筑的篇章，有关古建筑的文献有诗词、曲赋、游记、散文、题记等。这些文学作品无论是在文学的体裁、题材、手法或是风格和意境上，都十分丰富多彩，不仅在艺术水平上，而且也在建筑论述上有很大的成就。

一、建筑与中国古典文学

　　我国最早的关于建筑的文学描述可以追溯到《诗经》，《诗经》是一部诗歌总集，原来的名称是《诗》或《诗三百首》，在汉代被奉为儒家的经典，称为《诗经》。《诗经》所收作品上起西周初年（公元前11世纪），下至春秋中叶（公元前6世纪），共305篇。[2]《诗经》有许多关于建筑的篇章，《殷武》叙述了殷朝的建筑，《诗·斯干》诸篇叙述了周朝的建筑，《闷官》叙述了鲁国的建筑，《定之方中》叙述了楚国的建筑等。这些诗篇真实地表现了先秦时期中原地区的宫室建筑，成为认识这一时期建筑宝贵的文学资料。在《诗·小雅》中，有一篇歌颂周王宫室落成的诗"斯干"，诗中将殿堂比喻为："如跂斯翼，如矢斯棘。如鸟斯革，如翚斯飞，君子攸跻。"意思是说宫室建筑的势态好比像人抬起脚跟望远那样高峻，又有的像箭羽那样周正挺括，屋顶四角如飞鸟展翅，像鸟那样飞翔，谁不为如此华美的宫殿而感到欢欣呢，至今成为人们认识远古时期中国建筑形式的原型。

　　汉代文学家司马相如（字长清，约前179-前118）的《上林赋》、班固（字孟坚，32-92）的《两都赋》、张衡（字平子，78-139）的《二京赋》等。此外，也有许多可以列入建筑专业文献的文学作品，例如，北魏杨衒之（公元6世纪）的《洛阳伽蓝记》、宋代李格非（字文叔，1045-1106）的《洛阳名园记》、明代计成（字无否，1579-？）的《园冶》、明代文震亨（字启美，1585-1645）的《长物志》、清代戏曲理论家和戏曲、小说家李渔（字谪凡，号笠翁，1611-约1680）的《闲情偶记》等。这些千古文章对今天的建筑也会产生重要的影响，北京人民大会堂大报告厅顶棚的设计就受到唐代诗人王勃（字子安，649/650-676）《滕王阁序》中的名句"秋水共长天一色"的启发（图7-1）。

图7-1　元代佚名画家的《滕王阁图》

但凡楼堂、宫室、馆阁、亭台、园苑、桥塔等建筑工程完工，多有碑铭、题记、诗词或辞赋记载其缘起和特点，或者后代的文人墨客赞颂或追思的作品流传下来，抒发感情，缅怀沧桑，这些都属于建筑文学。其中难免偏离建筑或夸大其词，但大体上还是落在真实建筑的基础上。唐代诗人王勃的《滕王阁序》、杜牧（字牧之，号樊川居士，803-852）的《阿房宫赋》、宋代政治家、诗人范仲淹（字希文，989-1052）的《岳阳楼记》、宋代散文家欧阳修（字永叔，号醉翁，又号六一居士，1007-1072）的《醉翁亭记》等，都是千古绝唱。

中国古代建筑上的匾额、楹联、题记和碑碣等，都成为建筑文学的表现形式，述说建筑的环境和内涵，文字与建筑交相辉映，相得益彰，并成为建筑的有机组成部分。匾额和楹联一般都呈现在建筑物最重要、最醒目的部位上，而且也确实为建筑起到传达其意境的重要作用，是建筑内涵的一种说明。中国的古代建筑，尤其是园林建筑，必定有题咏，包括了匾额、楹联、题记等在内。否则，就不能算完整的建筑，优秀的建筑。匾额、楹联、题记或者将建筑的环境气氛艺术化地加以点明，或者帮助人们更深入地去理解建筑的匠心。既有艺术性，又有知识性，从而使中国建筑具有一种特殊的可读性。

东汉史学家、文学家班固在《两都赋》中写地理形胜，气势阔大，写池林范囿，豪华奢靡，写宫室馆阁，雄伟壮丽：

"其宫室也，体象乎天地，经纬乎阴阳。据坤灵之正位，倣太紫之圆方。树中天之华阙，丰冠山之朱堂。因瓌材而究奇，抗应龙之虹梁。列棼橑以布翼，荷栋桴而高骧。雕玉瑱以居楹，裁金璧以饰珰。发五色之渥彩，光焰朗以景彰。"[3]

东汉科学家、文学家张衡在《二京赋》中，发挥了大赋崇高华丽、气度恢弘的特点，对城市和建筑的描写达到了十分细腻的程度，其中的《西京赋》的一段文章如下：

"量径轮，考广袤，经城洫，营郭郛，取殊裁于八都，岂启度于往旧。乃览秦制、跨周法，狭百堵之侧陋，增九筵之迫胁。正紫宫于未央，表峣阙于阊阖。陇首以抗殿，状巍峨以岌嶪，亘雄虹之长梁，结棼橑以相接，带倒茄于藻井披红葩之狎猎，饰华榱与璧珰，流景曜之韡晔，雕楹玉碣，绣栭云楣，三阶重轩，镂槛文㮰，右平左墄，青琐丹墀，刊层平堂，设切厓隒，坻鳞崿昫，栈齴巉嶮，襄岸夷涂，侾路陂险，重门袭固，奸宄是防，抑福帝居，阴曙阴藏，洪钟万钧，猛虡趪趪，负旬业而馀怒，乃奋翅而腾骧，朝堂承东，温调延北，西有玉台，联以昆德，嵯峨嶕峣，周识所则。"[4]

北魏杨衒之的《洛阳伽蓝记》被誉为历史文学，该书讲述了洛阳在作为国都的41年间大动乱时代佛寺的兴废，众多寺庙的形制，记载了从公元68年的白马寺，公元307-312年间，洛阳有42所佛寺，到北魏迁都洛阳后，极盛时有1367所佛寺，到了公元534年迁都邺城后，洛阳仅剩421所佛寺。[5]《洛阳伽蓝记》开宗明义第一篇介绍永宁寺（516），文中介绍了方形平面的永宁寺塔：

"中有九层浮图一所，架木为之，举高九十丈。有刹复高十丈，合去地一千尺。去京师百里，已遥见之。……浮图有九级，角角皆悬金铎，合上下有一百二十铎。浮图有四面，面有三户六窗，户皆朱漆。扉上有五行金钉，合有五千四百枚。复有金环铺首，殚土木之功，穷造形之巧。"[6]

唐代诗人王勃被誉为"初唐四杰"之一，他的《滕王阁序》传唱千古，极负盛名。文中描绘地理形胜以及建筑的四周景色，境界十分开阔，被评为"壮而不虚，刚而能润，雕而不碎，按而弥坚。"[7]

晚唐诗人、文学家杜牧的《阿房宫赋》，以古证今，文辞优美，对建筑的描绘有声有色，十分形象，是中国古代散文中的名篇：

图7-2 清代画家袁江的《阿房宫图》局部

"六王毕，四海一，蜀山兀，阿房出。覆压三百余里，隔离天日。骊山北构而西折，直走咸阳。二川溶溶，流入宫墙。五步一楼，十步一阁；廊腰缦回，檐牙高啄；各抱地势，钩心斗角。盘盘焉，囷囷焉，蜂房水涡，蠹不知其几千万落。长桥卧波，未云何龙？复道行空，不霁何虹？高低冥迷，不知西东。歌台暖响，春光融融；舞殿冷袖，风雨凄凄。一日之内，一宫之内，而气候不齐。"[8]

清代画家袁江根据杜牧的《阿房宫赋》，极尽想象，将带有神秘色彩的阿房宫搬上画面，画成《阿房宫图》通景屏。清代后期的圆明园的设计，显然受到袁江的《阿房宫图》构图的影响。就这样使阿房宫几经再创造，留在人们想象中的阿房宫与秦始皇当年的宫殿是否相符，已经不重要。图7-2是袁江的《阿房宫图》的局部，也有人认为这是袁耀的作品（图7-2）。

曹雪芹（名沾，字梦阮，号雪芹，又号芹溪、芹圃，1715-1763）在传世名著《红楼梦》中关于大观园和荣国府、宁国府的描述，激起了多少文人墨客和建筑师的遐想，努力从书中去寻找被历史淹没了的建筑，并试图去重建作者虚构的文学园林"大观园"。《红楼梦》塑造了一个综合了南方和北方园林和建筑特点的大观园，用文学艺术的语言表达了中国古典园林的审美理论、园林艺术、造园手法等。小说《红楼梦》将建筑融入文学作品之中，所描写的建筑空间的变化，室内外场景之繁复，其深入及细腻程度，可以说是古今中外绝无仅有的。书中涉及的主要建筑有：表现非人间的理想建筑——场面宏大的太虚幻境，智通寺、清虚观、苦海慈航、拢翠庵等寺观，宁国府、荣国府等府邸，大观园的园林及建筑等，一共提到建筑及景物有82处，建筑及建筑空间、构件、家具等共155种，门30余种。[9]

太虚幻境在《红楼梦》中重复了五次，与建筑有关的是第二次，书中第五回描写贾宝玉梦游太虚幻境。作为一个虚拟的仙境，太虚幻境的建筑是人间的现实建筑，正如书中的两句诗所云："光摇朱户金铺地，雪照琼窗玉作宫"。因此，也有的学者认为，大观园不在人间，而在天上，不是现

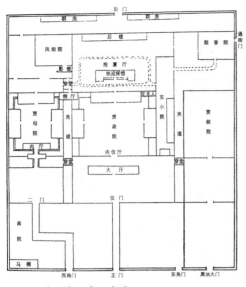
图7-3 荣国府院宇示意图

实，而是理想，大观园就是太虚幻境。一般而言，读《红楼梦》时必定会在心目中描绘大观园，1992年建于上海青浦淀山湖畔的大观园就是一种文学建筑的表现，北京也在1988年新建了一座大观园，其原始动机是为了拍摄《红楼梦》电视剧，但却满足了人们想要进入小说实境的愿望，这都是从文学作品演变成建筑的实例。当然，北京和上海新建的大观园只是当代人对《红楼梦》里的大观园的现代诠释。

曹雪芹是乾隆时代的人，在当时人们就已经在寻究大观园的原址了。当代许多红学家在经过大量考证后认为，曹雪芹在撰写大观园时，必然有他所十分熟悉的园林作为原型，有些研究甚至把曹雪芹评价为一位熟悉皇家规制的杰出的园林建筑师。《红楼梦》第四十二回借薛宝钗之口说："原先盖这园子，就有一张细致图样，虽是匠人描的，那地步方向是不错的。" 由此，历来的红学家认为曹雪芹在构思中，大致是有某种意象的，并对大观园作了许多考证。早在光绪年间，广百宋斋出版的铅印本《增评补图石头记》已经附有根据《红楼梦》第十七回，并参照全书情节综合绘就的大观园总图，图中将重要的景观和建筑画在前方和中央，较次要的则布置在边缘和远处。光绪同文书局石印本《金玉缘》也有园图及图说。

文学家、历史学家、红学家和建筑学家都对大观园进行研究和考证，文学家、红学家和诗人俞平伯（1900-1990）早在1954年就研究大观园的原址，根据《红楼梦》中薛宝钗说的"芳园筑向帝城西"，他认为大观园是在北京西城，但质疑书中所描写的大观园规模在现实中存在的可能性。[10]

红学家周汝昌（字禹言，号敏庵，后改字玉言，1918-2012）倾毕生精力于中国文化和诗文书画理论的研究，他一共写了十三部红学专著。为考证大观园，前后研究了30多个春秋。他在1953年出版的《红楼梦新证》一书中，就在第四章根据《红楼梦》的描写，专门讨论大观园的地点、院宇和园林布局，并附有作者在1940年代按推测而画出的"荣国府院宇示意图"[11]（图7-3）。1979年发表《芳园筑向帝城西》，在1980年又撰写了《恭王府考》，1998年在此基础上再一次出版了研究论著《红楼访真》，指证位于北京师范大学东面的恭王府花园为大观园遗址。

张世君的《〈红楼梦〉的空间叙事》（1999）从文学理论的角度论述了《红楼梦》的空间叙事，涉及场景和空间意象。此外，也有许多红学家对大观园、荣宁二府的园林和建筑进行了研究和考证。葛真在1979年完成"大观园平面示意图"，曾保泉先生也绘有"大观园示意图"，刊登在顾平旦1981年出版的《大观园》一书中。孟庆田撰有《〈红楼梦〉和〈金瓶梅〉中的建筑》（2001）一书，

图 7-4　大观园平面示意图

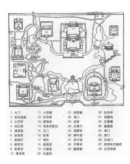

图 7-5　杨乃济、戴志昂的大观园模型图

图 7-6　贾府和大观园总体鸟瞰图

书中汇集了《红楼梦》中描写建筑和大观园的段落，并绘出了荣国府和宁国府各主要院落以及大观园若干景点的平面图，这些都属于示意图，虽然缺乏比例关系，但是大致的位置和布局还是可靠的（图 7-4）。

顾平旦（1930-2003）的观点认为恭王府是根据《红楼梦》中的大观园所建，这一观点显然解释了恭王府的年代晚于《红楼梦》的成书的清乾隆中叶，但又与大观园相似的原因。他根据书中所说"天上人间诸景备"，认为大观园是艺术的典型概括，虽然不同于把大观园等同于恭王府，但确认《红楼梦》中的大观园是乾隆年间恭王府在原有园址基础上扩建时的原型。[12]

此外，许多建筑学家也从不同的角度进行研究。清华大学 1964 年出版的《建筑史论文集》发表了《红楼梦大观园的园林艺术》一文，附有"红楼梦大观园鸟瞰示意图"。1979 年 8 月，戴志昂在《建筑师》第 1 期发表了论文"谈《红楼梦》大观园花园"，他早在 1963 年就曾根据《红楼梦》书上有关大观园的描写并参考清代园林建筑的实物绘制了一幅"红楼梦大观园总平面图"，1964 年又绘制了"红楼梦大观园鸟瞰示意图"，他想象的大观园占地面积 146.25 亩，园中有大面积的水面，似乎具有皇家园林的规制。他认为大观园是用文学语言反映现实的古典园林建筑，并不是某个具体的园林，他在文中否定了随园和恭王府是大观园原型的说法[13]（图 7-5）。

中国建筑设计研究院的建筑师黄云皓著的《图解红楼梦建筑意象》（2006），仔细研究了诸家的大观园想象图，通过建筑分析推导出贾府建大观园前后的总平面图、总体鸟瞰图、大观园总平面布局图等，十分详实，并复原了大观园中各院、馆的建筑以及室内空间意象（图 7-6）。黄云皓的《图解红楼梦建筑意象》（2006）是所有研究中对大观园最为详尽的建筑想象，总面积为 3.6 公顷，约合 54 亩，应比较合理（图 7-7）。

这一研究曾引起了许多建筑界和红学界人士的响应，先后发表了不少文章和大观园的"复原图"。台湾成功大学建筑研究所的关华山在 1984 年发表了硕士论文《〈红楼梦〉中的建筑研究》，次年又发表《大观园的整体意象》一文，后结集出版《〈红楼梦〉中的建筑与园林》一书，书中附有宁、荣府第总配置图和大观园的总配置图。考证了宁、荣府第的府、院、房、间等建筑空间（图 7-8）。

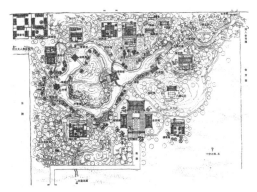

图 7-7 黄云皓的《大观园建筑意象》　　　　图 7-8 关华山的大观园及贾府平面示意图

二、文学中的建筑空间

　　小说在供消遣之外也有教育、说服、启发或唤醒读者的作用，是人们用具体而又形象的措辞交流对现实本质的看法的主要手段之一。小说涉及生活，必然也会涉及人们生活于其中的建筑与城市。我们可以从英国作家狄更斯（Charles Dickens，1812-1870）笔下的伦敦、法国作家维克多·雨果（Victor Hugo，1802-1885）、巴尔扎克（Honoré de Balzac，1799-1850）和左拉（Émile Zola，1840-1902）笔下的巴黎、英国艺术家和批评家约翰·罗斯金（John Ruskin，1819-1900）笔下的威尼斯、俄国作家陀思妥耶夫斯基（Fyodor Dostoyevsky，1821-1881）笔下的圣彼得堡、美国作家德莱塞（Theodore Dreiser，1871-1945）笔下的纽约和芝加哥中看到对城市和建筑的细致入微的描写，建筑、城市与文学的时代性的联系一目了然。

　　巴黎圣母院之所以出名，在一定程度上得益于法国作家维克多·雨果的小说《巴黎圣母院》。这本书中对建筑的描述无疑是以人为主体的一种评论，在作者于 1832 年为该书勘定本所写的附言中，对当时建筑的倾颓与式微作了评述。书中的第三卷第一章题为"圣母院"，作者以罕见的渊博学识十分详尽地描写了这一建筑史上极为壮丽的哥特式建筑。雨果写道：

　　"建筑艺术的最伟大产品不是个人的创造，而是社会的创造，与其说是天才人物的作品，不如说是人民劳动的结晶；它是一个民族留下的沉淀，是各个世纪形成的堆积，是人类社会相继升华而产生的结晶，总之，是各种形式的生成层。每一时代洪流都增添沉积土，每一种族都把自己的那一层沉淀在历史文物上面，每一个人都提供一砖一石……时间是建筑师，人民是泥瓦工。"[14]

　　雨果笔下的巴黎圣母院以这座中世纪的建筑为蓝本，经过想象后进行了再创造，其规模以及建筑内外部的复杂程度都远远超出实际的建筑（图 7-9）。雨果在小说中的再创造，为这部悲壮的故事提供了栩栩如生的具体场景。该书的第三卷第二章描写了巴黎的城市与建筑，城市与建筑成为小说的主题，然而同时又是整个故事铺陈的环境。为了写好这座教堂，雨果查阅了大量文献，仔细勘

（a）绘画中的巴黎圣母院　　　（b）远看

图 7-9　巴黎圣母院

察了中世纪艺术，使他那保护古代建筑艺术，尤其是保护哥特建筑艺术的呼吁引起了社会的巨大反响，从而在法国掀起了一场"哥特艺术复兴运动"。政治家、历史学家弗朗索瓦·基佐（François Pierre Guillaume Guizot, 1787-1874）与他配合，发起并成立了历史文物保护委员会（1837）。从此，数千座古建筑得以修复，保存至今。

如果我们考虑到当时在巴黎对建筑和古迹受到破坏这一史实，而今天的巴黎又是如此重视文化遗产的保护，世界上的许多地方，甚至就在我们眼皮底下还在重复巴黎在 100 多年前的错误，就更具有现实意义。在《巴黎圣母院》的 1832 年勘定本的作者附言中，雨果指出：

"《巴黎圣母院》也许已经为中世纪建筑艺术，为至今某些人所不知，更糟糕的是为某些人所误解的这一灿烂艺术成就，开拓了真正的远景。但是，作者远远不能认为，他自愿承担的这一任务已经完成。以往，他已经不止一次维护我们的古老建筑艺术，已经高声谴责许许多多亵渎、毁坏、玷辱的行为。他今后也要乐此不倦。他已经承担责任要反复宣讲这个问题，他一定要反复宣讲。他一定要坚持不懈，捍卫我们的历史性文物，其不懈绝不会亚于我们学校里、学院里那些打倒偶像者攻击他们时的穷凶极恶。因为，眼见中世纪建筑艺术落在什么人手里，眼日的那些胡乱抹泥刷灰者是怎样对待这一伟大艺术的遗迹，真是叫人痛心啊！我们文明人眼睁睁瞧着他们干，只是站在一旁嘘他们，这真是我们的耻辱！这里说的还不仅仅是外省的事情，而且是就在巴黎，我们家门口，我们窗户下面，在这个伟大的城市，文化昌盛的城市，出版、言论、思想之都，每日发生的事情。"[15]

差不多与《巴黎圣母院》同一时期，号称"美国文学之父"的华盛顿·欧文（Washington Irving, 1783-1859）的游记《阿尔罕伯拉》（*Tales of the Alhambra*, 1832）描绘西班牙险峻而悲凉的荒山原野，具有南国情调的幽雅的园林，质朴豪爽的西班牙人民及其风俗人情，同时也生动

图 7-10　阿尔罕布拉宫

图 7-11　雄狮院

地叙述了西班牙民间和历史上有关摩尔人的神话和传说。西班牙的安达卢西亚地区曾经被伍麦叶王朝统治了 700 多年，小说详细描写了摩尔人的建筑杰作——阿尔罕布拉宫。[16] 格拉纳达的阿尔罕布拉宫（Alhambra, 1338-1390）是伊斯兰世界中最精致、最华丽的宫殿，阿尔罕布拉宫的意思是"红色的宫殿"（图 7-10）。宫中最主要的部分建于 14 世纪后半期，多座亭台楼阁错落布置在山岭北侧的绝壁上。布局中最显著的是两座成直角排列的著名庭院雄狮院（Patio de los Leones）四周有券廊环绕，柱子细长，支承的拱券雕琢透漏，交缠袅蔓，技艺精巧，产生金碧辉煌的效果（图 7-11）。欧文在阿尔罕布拉宫住了三个月，观察细微，他是这样描写雄狮院的：

"宫内没有任何地方能比这里更使人领略阿尔罕伯拉原来的优美了，因为它所遭受的时间的摧残比全宫任何一处都小。院子中央有一个在诗歌和故事里盛传的喷水池。乳白色盘中依旧喷着钻石般的水珠；那十二只托着石盘、使这个庭院以此得名的狮子，还是和在波阿布狄尔时代一样，仍旧喷射着晶莹的水流……庭院的四周，全是装饰着金线的镂空的精美的阿拉伯式拱廊，细巧的白大理石柱托着廊顶，据说这些拱廊顶原来都是镀金的，这里的建筑和宫殿内部大致的情况一样，它的特点是优雅而非雄壮，显出精巧文雅的风趣以及懒散安乐的习性。我们看到圆柱上纤巧的图案和壁上嵌着的那些一望而知是极脆弱的卐字花纹的时候，真难相信，经过多少世纪的风吹日晒，剥蚀凋零，动荡的地震，激烈的战争，再加上那些识货的旅行家为害不浅的悄悄偷窃，居然还有这么多留传下来。难怪民间传说认为整个阿尔罕伯拉宫都在魔法保护之下了。"[17]

欧文在书中还描写了宫中的琴纳腊里夫花园（Generalife）[18]（图 7-12）。欧文赞美这座精美的伊比利亚花园，花园建在一块突出于山岩的台地上，这里土地肥沃，流水充沛：

"比阿尔罕布拉宫更高，在山腹上浓阴密布的花园和雍容华贵的露台之间，矗立着琴纳腊里夫宫的高楼和白墙；好像是一座神仙宫阙，充满了故事性回忆。"[19]

有无数的作家和诗人在诗歌和其他文学作品中讴歌威尼斯，可以列举出一大串名字：法国思想家和文学家蒙田（Michel Eyquem de Montaigne, 1533-1592），法国思想家、哲学家和文学家卢梭（Jean-Jacques Rousseau, 1712-1778），德国思想家和文学家歌德（Johann Wolfgang von Goethe, 1749-1832），英国诗人拜伦（George Gordon Byron, 1788-

（a）琴纳腊里夫花园　　　　　　　　　　　　　　（b）琴纳腊里夫宫

图 7-12

1824），美国文学家马克·吐温（Mark Twain，1835-1910）、美国文学家和记者海明威（Ernest Miller Hemingway，1899 – 1961）、俄 国 文 学 家 帕 斯 捷 尔 纳 克（Борис Леонидович Пастернак，1890-1960）等等（图 7-13），其中与建筑最密切相关的当属罗斯金的《威尼斯之石》（The Stones of Venice，1851-1853），该书是用散文讲述建筑的典范，也是许多作家访问威尼斯的经典导览。罗斯金视威尼斯为"城市中的天堂"。书中有一段描述圣马可教堂的文字：

　　"……许许多多的石柱和圆屋顶，汇集成一座矮扁的金灿灿的金字塔群。它们仿佛是一座由黄金、宝石、珍珠构成的宝库，下面空着的部分，是五座拱形的大门廊。廊顶上有精美的镶嵌画、精美的雕刻，像琥珀一样澄澈，像象牙一样精致。无与伦比的雕刻上刻着棕榈叶和百合花，葡萄石榴以及树叶间展翅欲飞的鸟儿，互相交织在一起，形成一片羽毛和叶子之网……门廊下绕着墙，是碧玉般宝石般斑驳的石柱，雪花般地布满了深绿色的蛇形点。大理石，似乎半推半就地向着阳光，克里奥佩特拉般的'要亲吻蓝透了的藤蔓'。阴影似乎从它们那儿悄悄隐退，呈现出一条条天蓝色的波纹的分界线，仿佛退潮的浪花告别曲折的沙滩一般。石柱的柱头上雕满了交织的细工花纹——有扭结的花草，有飘动的莨苕叶子，有藤蔓以及其他一些神秘分分的符号；这些缘饰以十字架始，又以十字架终。"[20]（图 7-14）

　　美国作家玛丽·麦卡锡（Mary McCarthy,1912-1989）也写过一本关于威尼斯的书《威尼斯观察》（Venice Observed，1963），被誉为当代最杰出的威尼斯导览。文中描述了著名的作家和思想家对威尼斯的观感和评价，或赞美，或惊叹，或沉默不语，描写威尼斯的建筑、景观，威尼斯人的品位和性格（图 7-15）。玛丽·麦卡锡还写过另一本脍炙人口的《佛罗伦萨之石》（The Stones of Florence, 1963），描述佛罗伦萨这座城市、艺术、建筑和意大利文化（图 7-16）。

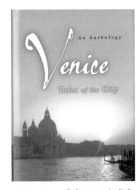

图 7-13 《威尼斯文集》

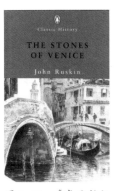

图 7-14 《威尼斯之石》

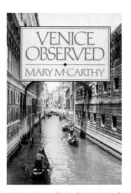

图 7-15 《观察威尼斯》

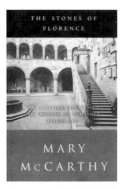

图 7-16 《佛罗伦萨之石》

奥地利诗人和作家勒内·玛利亚·里尔克（Rainer Maria Rilke，1875-1926）写过一本《佛罗伦萨日记》（*Das Florezer Tagbuch*），他在 1898 年用日记的形式描绘了佛罗伦萨这座城市，诗人从 4 月 15 日至 5 月 6 日住在佛罗伦萨，以诗和散文记述佛罗伦萨的艺术、艺术家和建筑。

另一部以著名的建筑物作为场景的小说是日本作家三岛由纪夫 (Yukio Mishima, 1925-1970) 在 1956 年创作的《金阁寺》，这本小说是根据原来的金阁被一个和尚烧毁的真实故事写就的。书中描写了金阁永恒的美以及这种美对人的世俗精神的阻碍。三岛由纪夫试图在书中以金阁与人生相比喻，写美与人生、艺术与人生的悲剧性关系。金阁是日本京都鹿苑寺室町幕府第三代将军足利义满（1358-1408）的别墅北山山庄内的著名建筑物，约建于 1398 年。建筑分三层，底层为寝殿式的阿弥陀堂法水院，中层是武家式的观音殿，称为潮音阁，上层为唐式屋宇，称为究竟顶。整座建筑涂以金箔，故名金阁。建筑坐落在风景秀丽的镜湖中，是珍贵的文化遗产，1950 年遭火灾焚毁，1955 年重建（图 7-17）。

图 7-17 金阁寺

小说忠实地记述了金阁遭焚毁的事件，一个口吃的小和尚因为承受不了金阁的建筑美，这种美对他构成一种压迫，小和尚于是纵火把金阁烧毁。小说的结尾描写了纵火后的小和尚爬上金阁寺的后山，在那里再点燃一根火柴，抽上一支烟，体验那种轻松的感觉。小说用了许多篇幅描写建筑的美，一种细部与整体结合的美，任何一部分的美都包含着另一种美的预兆：

"我站在镜湖池这边，金阁与池

子相隔，西斜的夕阳照射着金阁的正面。漱清亭在对岸半隐半现。金阁精致的影子，投落在稀疏地飘浮着藻类和水草的池面上。看上去，这投影更加完整。在各层房檐里侧摇曳着夕照在池水的反射。比起四周的明亮来，这房檐里侧的反射更鲜明耀眼，恍如一幅夸张远近法的绘画，金阁的气势给人一种需要仰望的感觉。"[21]

在意大利作家伊塔罗·卡尔维诺（Italo Carvino, 1923-1985）的作品中，"城市"一直是重要的主题，其中以《看不见的城市》（*Le città invisibili,* 1972）最具代表性。卡尔维诺早年受美国文学影响，1950 年代，他的作品从现实主义转向幻想和寓言，1959 ~ 1960 年曾经到美国访问 6 个月，1960 年代以后，他的思想又受到法国结构主义和后结构主义的影响。卡尔维诺的一生共有 22 部各类体裁的文学作品问世，他的创作道路经历了从现实主义向后现代主义转变的过程。

《看不见的城市》是一本具有后现代风格的小说，充满了语意符号学的隐喻，表现了人们对未来城市与建筑的理想。书中的主线是马可波罗向忽必烈汗报告他曾经出使所经历的各个城市的奇闻，这些城市可以归纳为 11 个主题，55 座城市。实际上描述的是 11 座城市，因为每座城市都观察了五遍，象征人的五种感官，这些城市每次都获得新的名字。这是一部关于城市的论述和一种未来城市的神话，充满了城市与建筑的符号。城市与建筑用形象、空间、原型、结构、材料和场景铺陈作者对人类生存状况的观点，运用多重视点、多重现实的再现阐述多重意义。卡尔维诺把城市及其建筑看成是一个文本，是有意义并可以解读的文本。透过人的居住与生活，每个人都在不断地书写城市。城市与建筑不仅是现实，是事件，也是叙述。城市与建筑的学术性论述与文学性叙述所表达的都是一种人文关怀，这也就是小说作为建筑批评的实质，它所批评的是学术性论述的同一客体，而且是经过建构与解构以后再创造的客体（图 7-18）。

卡尔维诺在书中依次叙述了 11 个主题："城市与记忆"叙说的是城市的记忆，张开了空间、时间与事件所交织的记忆之网；"城市与欲望"则叙述了城市与生活所创建的各种欲望，并将这些欲望展现在空间化的形式之中；"城市与符号"描述的符号是与城市不可分割的部分，关于城市的论述以及城市的符号具有自在的生命；"轻盈的城市"表现了城市的原型，构成一座城市的骨架、结构及原理；"城市与贸易"中，所交易的不仅是金钱与货物，而且还有话语、记忆与欲望的交换，交换也是一种互动与复杂的网络关系；"城市与眼睛"表达的是城市的解读随着读者的心情、立场和生活方式而变化，不同的眼睛映照着不同的城市；"城市与名字"解释了名字与实质、论述与现实、论述与记忆的差异，由此而展开空间与时间，名字承载了想象和意蕴；"城市与死者"讲究的是人的世代传承以及结构的长期变化，死亡不仅是时间的断裂，也是空间的隔绝，但是它使存在更为真实；"城市与天空"把天空作为城市的理想、欲望与真理之所在，城市的结构原来自于天体运行的法则；"连绵的

图 7-18 英文版的《看不见的城市》

城市"提出了城市的发展与自然的矛盾；"隐蔽的城市"是一个被忽视的地方，并非目光所不能及，而是一种充满了隐喻与象征的城市，每一座城市都是一种语言符号。

卡尔维诺采用寓言的方式来叙述和阅读城市，表述当代城市面临的危机，展示一种与时间无关的城市形象，是从当代不可生活的城市中生长出来的一个梦想。正如作者所说：

"它就像是在越来越难以把城市当做城市来生活的时刻，献给城市的最后一首爱情诗。"[22]

《看不见的城市》有双重的结语，关于乌托邦的城市和关于地狱的城市，即使我们并没有发现乌托邦的城市，我们也不能放弃寻找乌托邦城市的愿望。作者借马可波罗之口说："在地狱里寻找非地狱的人和物，学会辨别他们，使他们存在下去，赋予他们空间。"[23]这些既是结语，又是一种理想，是书中众多结语的总结。

卡尔维诺将史实和小说完全混杂在一起，让读者有充分的想象力去作多重解读，使这种特殊的建筑形象具有一种开放性。卡尔维诺把故事的历史环境回溯到马可波罗的时代，是为了使自己与历史拉开差距，消解时间，从而在"历史"中寻求价值。他用小说的形式论及什么是城市和人类社会。他的主题虽然并不是建筑，而一旦论及城市，就必然会涉及建筑。书中提到过有60座用白银建造的圆顶和一座水晶剧场的迪奥米拉城（Diomira），伊西多拉城（Isidora）的建筑饰有镶满贝壳的螺旋形楼梯，卡尔维诺在书中也提到城市中有广场、小巷、摩天大楼、花园、喷水池、塔楼、寺庙、军营、皇宫、监狱、学校、天文馆、博物馆、图书馆、剧院、医院、银行、办公楼、工厂、商场、市集、咖啡店、火车站、公共汽车站、酒馆、土耳其浴室、造币厂、屠宰场、妓院、贫民区等各种类型的城区和建筑（图7-19）。

在第四章末尾，卡尔维诺借马可波罗之口说出了一种"非理想城市"的理想，这是一种现实的城市，而并非是纯净的、模范的城市：

"……一个样板城市，由此而演变出其他所有城市……它是由各种例外、障碍、矛盾、不合逻辑与自相冲突构成的。假如这般组合的城市的存在可能性最小，那么只需减少一点不正常的成分，就可以提高其存在的可能性。所以，只要我剔除我的样板模式中的一些例外，无论按照什么程序进行，都能到达一座总是作为例外而存在的城市。不过，不能把我的这类活动推出一定的界限：否则我将会得到一些可能性过高，反而不真实的城市。"[24]

图7-19　卡尔维诺描写的城市

卡尔维诺的《看不见的城市》是对现实城市的深刻观察和解读，预示了后现代社会的城市多元特征，消解了现代主义功能城市的纯净和机械美学的乌托邦理想，然而这种城市却更真实，更富于人性，更有个性，既是现实的城市，也是理想的城市。卡尔维诺笔下的城市和建筑是用隐喻与寓言的方式来表现的，他在"轻盈的城市之三"中描绘了一座城市阿尔米拉（Armilla），这座城市似乎尚未完成，或是遭到过破坏：

"她没有墙壁，没有屋顶，也没有地板；总之，没有一点看上去像个城市的地方，只有管道除外。那些管子在应该是房屋的地方垂直竖立着，在应该是地板的地方横向分岔……"[25]

阿尔米拉成为电子时代建筑的非物质性的隐喻，好像是对蓬皮杜艺术中心的描述。这本书所阐述的现实城市的思想，极其深刻地影响了 20 世纪 70 和 80 年代城市的发展。正如卡尔维诺在他的自传式散文集《巴黎隐士》一书中所说的：

"城市与城市正合而为一，原来用以分示彼此的歧异消失不见，成为绵亘一片的城市。"[26]

他在书中还指出："视城市为百科全书、集体记忆其来有自：想想看哥特式教堂的每一个建筑细部与装饰，每一处空间与元素都涉及全方位学问的认识，表示在其他涵构可以找到相对应之处。同样地，我们可以'阅读'城市如同一本参考书，例如'阅读'圣母院（透过维奥莱－勒－杜克的维修），一个柱头看完再看一个，一束肋拱看完再看一束。同时，我们可以像阅读集体无意识那样阅读城市：集体无意识是一本厚重目录，一本厚重的寓言故事。"[27]

卡尔维诺关于城市的印象来自 1959 年末至 1960 年半年间，他作为记者访问美国东海岸时所见到的绵延的城市群，书中也有巴黎以及他的故乡圣雷莫和他成年后定居的城市都灵的影子。卡尔维诺有一个专门的文件夹，汇集了他所经历过的城市和风景的记述，另外有一个文件夹汇集了那些超越于空间和时间的想象的城市，记录作者的心情与思考，最终转变为城市的图像。

作为回应，意大利建筑师格里戈蒂关于建筑和建筑理论的著作以《看得见的城市》（*La cittá visibile,* 1993）为名，论述了建筑师自 1960 年代以来 25 年间对城市设计方面的思考，以及在历史环境中的建筑（图 7-20）。

（a）外观　　　　（b）附图

图 7-20 《看得见的城市》

三、文学生成建筑

波兰裔美国建筑师里伯斯金深受爱尔兰作家和诗人乔伊斯（James Joyce，1882-1941）文学的影响，他不仅探索可视的形式，也寻求看不见的形式。他在回忆录《破土：生活与建筑的冒险》（*Breaking Ground,* 2004）中说：

"伟大的建筑一如伟大的文学作品、或者诗歌和音乐，能诉说人类灵魂的故事。能让我们用一种全新的方式来看待这个世界，而且从此有了改变。" [28]

法国作家协会、法国高等建筑学院、巴黎拉维莱特出版集团联合组织了六场以"建筑与写作——城市中的天桥"为主题的作家索莱尔斯（Philippe Sollers，1936-）与建筑师鲍赞帕克（Christian de Portzamparc,1944-）的对话。这是建筑与文学的对话，是建筑思想与文学思想的对话，在对话中从空间和感性体验中寻找到了彼此的共同点。鲍赞巴克说：

"当我们设计建筑时，我们用身体思考。"而索莱尔斯则说："当我们写作时，我们也一样用身体思考。" [29]

今天，有许多关于建筑和城市的会议及论坛都邀请作家、记者担任主持人，所引导的对话有着多重意义，这也属于文学与建筑的对话。

意大利文艺复兴时期弗朗切斯科·科隆纳（Francesco Colonna,1453-？）据传是威尼斯一所多明我会隐修院的僧侣，他的浪漫小说《波利菲洛之寻爱绮梦》（*Hypnerotomachia Poliphili: The Strife of Love in a Dream*.1499,以下简称《寻爱绮梦》）对 17 世纪的法国和意大利的宫殿及园林建筑产生了重要的影响。书中的文字描述和插图成为建筑生成的启示（图 7-21）。在德国2003 年编选出版的《建筑理论：文艺复兴至今》（*Architecturel Theory: From the Renaissance to the present*）收录了 89 篇西方建筑史的建筑理论文献，其中，就将《寻爱绮梦》列入意大利重要的文艺复兴建筑理论文献。

《寻爱绮梦》也是历史上最早的西方建筑文学，被评为寓言讽喻小说和建筑话本。[30] 小说讲述了主人公波利菲洛的一段游历梦境，爱情的主题隐含在寓言之中，书中以极大的热情描述男主人公所遇见的各种古代建筑，主人公在梦境中描述他所遇见的宫殿、神庙和剧场。初版时，书中附有 115 幅木刻版画，描绘了神庙、金字塔、方尖碑、人物、动物、园林、水池、水井、巡游队列、神庙室内、

图 7-21　《寻爱绮梦》

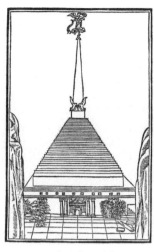

图 7-22　《寻爱绮梦》的方尖碑

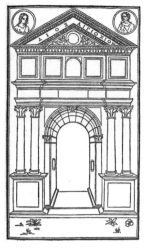

图 7-23　《寻爱绮梦》的马格纳拱门

图 7-24　《寻爱绮梦》的神庙废墟

花瓶、花饰等，这本小说对以后的文学、艺术和建筑产生了重要的影响（图 7-22）。

　　《寻爱绮梦》中谈到杰出的建筑师、理想建筑、建筑的拟人化、建筑的本体，以及建筑形式的丰富性，书中的插图表现古典建筑的和谐比例关系。[31] 作者在书中记述了科林斯柱和爱奥尼克柱组成的适宜、优雅而又和谐的比例（图 7-23）。在另一幅建筑画中，表现了一座位于孤岛上的神庙废墟，这座用白色大理石建造的神庙坐落在海岸边，墙体大体完好，一残垣断壁倒在地上。有台阶通向神庙的大门，神庙前有一尊方尖碑，用波斯石建造的巨大柱子长出了红色的斑点[32]（图 7-24）。意大利建筑师、画家，文艺复兴盛期建筑的代表人物之一多纳托·布拉曼特的建筑观念，受到《寻爱绮梦》的影响，他设计的圣彼得大教堂的观景楼所表现的古罗马风格，借鉴了书中的描述，布拉曼特的乌托邦思想也从《寻爱绮梦》的神秘幻想中得到启示（图 7-25）。

　　凡尔赛宫的园林艺术受到《寻爱绮梦》的影响。法兰西国王路易十四的建筑师和城市规划师，凡尔赛宫的设计师朱尔·阿杜安·芒萨尔（Jules Hardouin Mansart，约 1646-1708）的柱廊原型来自《寻爱绮梦》，许多设计直接模仿书中的一些章节。[33] 路易十四时期的法国皇家建筑科学院院长、建筑师和建筑理论家雅克 - 弗朗索瓦·布隆代尔（Jacques-

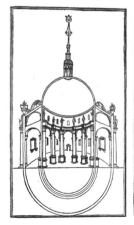

图 7-25　《寻爱绮梦》中的建筑

François Blondel, 1705-1774）把《寻爱绮梦》列为研究建筑最有用的参考书之一，法国建筑师和建筑理论家费利比安（Jean François Félibien，约 1656-1733）在他的《论古典建筑和哥特建筑》（*Dissertation touchant l'architecture antique et 'architecture gothique,* 1699）中对这部小说大加赞赏，把它看作是古典艺术的信息来源，甚至认为维特鲁威只提供了艺术的建造形式研究，科隆纳才真正复兴了古典精神。[34]18 世纪意大利建筑理论家米利齐亚（Francesco Milizia，1725-1798）称这部小说的作者是有史以来最伟大的建筑师。近年来的一些建筑理论读本也大都摘选了书中的一些章节。

　　法国启蒙运动作家、历史学家、哲学家伏尔泰的科幻小说《米克罗梅加斯》（*Micromegas*，1752）讲述了一个居住在天狼星，名为米克罗梅加斯的人在宇宙旅行的冒险故事，米克罗梅加斯这个名字隐喻"微型的巨大"。里伯斯金在 1979 年借用伏尔泰这本小说的名称发表了《米克罗梅加斯：终极空间的建筑学》（*Micromegas: The Architecture of End Space*）一文和一系列违反通常认知规则的超现实主义建筑画，共有十幅，名称采用科学和数学术语，诸如"小宇宙"（Little Universe）、"马尔多罗方程"（Maldoror's Equation）、"渗漏"（Leakage）、"舞动的声音"（Dance of Sounds）等。他认为建筑有着历史传统，传统的建筑透视无法使人感知建筑空间的过程。建筑表现应当是某种体验状态，并非纯粹的记录，亦非纯粹的创造，而是类似于文本的解读，表现某种开放性。所表达的建筑超现实思想既非物理亦非空间诗性[35]（图 7-26）。

　　里伯斯金在 1985 年的威尼斯双年展上展示了作品《建筑学的三堂课》（Three Lessons in Architecture），关于建筑的空间提出了三个维度的设想。第一个维度是"阅读的建筑"，就是"阅读的机器"（Reading Architecture: Reading Machine），一台用齿轮和楔子做成的简单机械式机器，同一文本不停地旋转，形成循环，但没有重复，也没有中心和边缘的几何方位。里伯斯金认为：

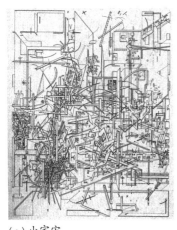 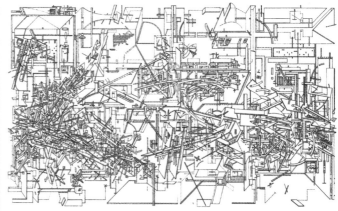

（a）小宇宙　　　　　（b）舞动的声音

图 7-26　里伯斯金的超现实主义建筑画

图 7-27 "阅读的建筑"　　　　图 7-28 "书写的建筑"　　　　图 7-29 "记忆的建筑"

"阅读建筑不是阅读文本，而是在传达和解读文本这个意义上的阅读。"[36]

"阅读的机器"受中世纪隐修院的影响，显示建筑文本同义反复的性质，从意大利中世纪工程师阿戈斯蒂诺·拉梅利（Agostino Ramelli，1531-1600）发明的"书的轮子"，即"阅读的轮子"得到启示（图 7-27）。

第二个维度是"书写的建筑"，是"书写的机器"（Writing Architecture: Writing Machine）一个更为复杂的机械装置，它以一种完全不可预测的方式四面旋转。这台机器隐喻斯威夫特的《格列佛游记》中的机器，里伯斯金的"书写的机器"既加工记忆，也加工阅读材料（图 7-28）。

第三个维度是"记忆的建筑"，即"记忆的机器"（Remembering Architecture: Memory Machine），这是一个记忆的舞台、思维的舞台和话语的舞台，装置中央有一个红色的金属空盒。整个由建筑历史上的标志性碎片组成，包括狄德罗未完成的著作，再现文艺复兴时期的舞台设计和各种建筑符号。这是一个机关，可以永恒、不断地再现，通过纸张、杠杆、木偶、抽屉等各种装置来重现，这些装置使建筑成为某种形式的艺术。建筑已经成为无限生成的四度空间雕塑（图 7-29）。

西班牙建筑师里卡多·波菲尔（Ricardo Bofil，1939-）有一个建筑受文学作品影响的实例，他为巴黎近郊的一些卫星城设计了住宅区，在这些纪念建筑式的住宅立面上拼贴了许多建筑历史中的构件，表现出一种新历史主义的倾向，但是，又是一种带有诗意的引经据典。波菲尔甚至将他的巴洛克风格的住宅称之为"人民大众的凡尔赛宫"，波菲尔借用奥地利作家、现代派文学的先驱弗朗兹·卡夫卡（Franz Kafka，1883-1924）的小说《城堡》（Das Schloss）的典故来为他的折衷主义建筑大规模地应用巴洛克风格建筑的形式作为原型（图 7-30）。

意大利理性主义建筑师泰拉尼（Giuseppe Terragni，1904-1941）在 1938 年为举办 1942 年的罗马世博会设计了一座但丁纪念馆（Danteum），泰拉尼在设计中，竭力追求古典式的完美，表现诗与建筑这一主题。但丁（Alighieri Dante，1256-1321）是意大利伟大的诗人，文艺复兴运动的先驱者，代表作有史诗《神曲》、抒情诗集《新生》等。泰拉尼的设计用建筑阐述但丁的《神

图 7-30 波菲尔的建筑隐喻

曲》，建筑中运用了架空的广场、严谨的几何关系和黄金分割的比例。三组建筑空间分别隐喻《神曲》的三个组成部分：地狱、炼狱和天堂，建筑师试图将具有黄金分割比例的古典主义与现代建筑的空间形式结合在一起，以空间与实体、黑暗与光明、宽与窄的对比，以将史诗的内涵转化为图像学的探索，在形式与内涵之间建立起语义学上的联系[37]（图 7-31）。

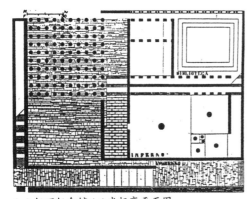
（a）但丁纪念馆 1.6 米标高平面图

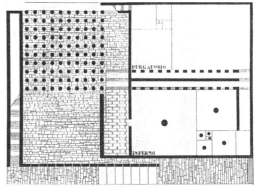
（b）但丁纪念馆 6 米标高平面图

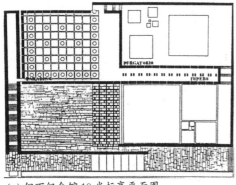
（c）但丁纪念馆 10 米标高平面图

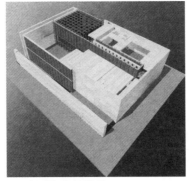
（d）但丁纪念馆模型

图 7-31　但丁纪念馆

文学与建筑相互交融，文学家也会从建筑中得到启示。作家的描述与其说是建筑的叙述，不如说是作家借题发挥，让读者加入自己的联想，以开放的方式去阅读建筑。中国当代诗人翟永明（1955-）在一篇标题为《庭院·诗·风建筑》的散文中说：

"当我在阅读时，或在写作时，我常常从字里行间看到或想象一种构成，一种仅仅存在于天地间或生活里的实体的建筑，我在它们中间发现一些值得我注意的秘密，那些也贯注在建筑中的逻辑，它们超越了事物表面所呈现给我们的美。这个世界的幻觉与渴求不单是通过越来越纯净，但又不得不具体到每一根梁柱的现代建筑语言来削弱，它也必须通过一字一句的文字，同样具体得犹如一砖一石的纸上建筑来丰富。混凝土的诗性与字词的空间同样让我着迷，并相互综合和支撑了我个人写作中的美学原则。"[38]

第二节 建筑文学

《红楼梦》《巴黎圣母院》《威尼斯之石》和《金阁寺》都可以称之为"建筑文学"，一种根据建筑演绎的文学，而同时也呈现了一种"文学建筑"，文学生成的建筑。有相当多的文学作品可以称之为建筑文学，包括文学家与建筑师的对话、建筑师的传记、以城市、建筑和建筑师为主题或主角的文学作品、建筑师的笔记及文学作品等。这类建筑文学也可以生成建筑，通过语言，用文字、演说、对话等方式表达的，其间，很难区别文学和非文学的界线。

建筑文学在文学艺术中具有重要的地位，这类文学包括建筑师的传记、建筑师的笔记、以建筑师作为主角的文学作品、以描述建筑和城市作为核心的文学作品等。建筑师的专业领域相当广泛，他们的兴趣和爱好十分广泛，有许多建筑师的文学修养很好，写诗，写散文和随笔等。因此，广义的建筑文学还应包括建筑师的诗文和著作，建筑师关于自己作品的论述等。

一、建筑师与文学

建筑师不仅用建筑作品表达思想，表达审美观念，表达建筑理念，也用文字和言辞理性和诗意地表达。建筑有诗意，建筑师也应当是艺术家、文学家和诗人，言辞表达也如同建构建筑元素那样运用自如。建筑师用空间和光影写诗，美国建筑师沙利文说：

"建筑师归根结底是一个诗人，只是他用建筑材料吟诗。"

林徽因是著名的建筑学家，又是著名的新月派诗人，被誉为一代才女，有多部关于她的传记和文章出版。她也是一名优秀的诗人和作家，著有许多论述建筑和城市的文章，她的文学造诣与建筑领域的学术成就可以说不分伯仲。1999 年由百花文艺出版社出版的《林徽因文集·建筑卷》收录了 22 篇论文、报告和文章。《林徽因文集·文学卷》则收录了她的 10 篇散文、6 篇小说、64 首诗歌、1 部剧本、1 篇译文和 43 封信札。

建筑界的前辈们学贯中西，有着极好的文学功底，如童寯（字伯潜，1900-1983）、莫伯治（1914-2003）、徐尚志（1915-2007）、郑孝燮（1916-2017）、陈从周（1918-2000）、罗哲文（1924-2012）等都有大量的诗文留存，内容多涉及风景园林、名胜古迹、自然风光和建筑创作。《建筑创作》杂志社在 2006 年由徐尚志主编，编选了一本《意匠集：中国建筑师诗文选》，收录了建筑界 47 位学者和建筑师的 243 首古体格律诗词。从中可以领略这些学者和建筑师的文采，了解他们的建筑创作的诗意。

建筑大师马国馨（1942 - ）是一位多才多艺的艺术家，爱好诗歌、绘画、摄影和书法，著有建筑论文集《日本建筑论稿》（1999）、《体育建筑论稿——从亚运到奥运》（2007）、《建筑求索论稿》（2009）、《集外编余论稿》（2019）等，自 1996 年起，在年轻时的文学记忆得到激发后，开始写诗，出版了《学步存稿》（2008）和《学步续稿》（2010），书中收集了他的诗作 100 首，许多诗篇还附上摄影作品和书写的原稿，成为不可多得的书法作品。他在 2009 年还出版了摄影作品集《寻写真趣：人和建筑百图，俯视大千百图》。马国馨在论述建筑与文学的关系时认为：

> "文学和建筑都是使用专用语言的艺术。文学使用文学语言为表现手段，其表现方式十分自由，手法和深度几乎是无限的；建筑使用建筑语言为表现手段，其表现方式受到技术的局限。文学需要修辞，建筑需要装饰。"[39]

刘家琨（1956-）是一位成绩斐然的建筑师，2008 年获远东建筑奖。早在 20 世纪 70 年代作为知青下乡到温江的后期便开始了小说的写作，夹杂着青春期的些许伤感体验以及现实主义的叙述。还在读大学的时候就发表了短篇小说，可以说他的文学创作早于建筑创作。小说和建筑是刘家琨艺术创作的两种主要方式，他的美学理想，建筑作品对风格和语言的艺术性的追求，强烈的主体叙事性语言和"游走路径"形成了他的建筑作品的特点（图 7-32）。他曾写过以建筑师为主角的小说《高地》（1984）和长篇小说《明月构想》（1995）。

图 7-32　刘家琨设计的鹿野苑石刻艺术博物馆

建筑师应当善于用文字表达思想和设计理念，日本建筑师伊东丰雄不仅做设计，也写文章，他从 1971 年开始设计活动以后就在写文章：

> "建筑师的范畴已经扩展，我发现自己从事许多领域的工作，当然有建筑，也包括城市规划，展示设计，家具设计和产品设计。我也撰写建筑思想和建筑批评。尽管如此，我把自己称作建筑师。"[40]伊东丰雄的建筑论文选入《衍生的秩序》（*Generative Order*,2008）中，

其中有建筑师的感悟，对建筑的理想，对建筑的评论，旅行的随笔，他认为设计和写文章是具有相同地位的作业[41]（图7-33）。

图7-33　《衍生的秩序》

大部分建筑师都留有传世著作，意大利文艺复兴时期的画家、雕塑家、建筑师和建筑理论家如吉贝尔蒂（Lorenzo Ghiberti, 1378-1455）著有《论绘画》（De Pictura, 1436）、《论建筑》（De re aedificatoria, 1486）等，建筑师和雕塑家安东尼奥·菲拉雷特（Antonio Filarete, 约1400-约1469）的带有乌托邦色彩的《建筑之书》（Libro, 1465），建筑师和工程师迪·乔尔吉奥（Francesco di Giorgio di Martini,1439-1501/2）的两卷本《建筑论文》（Trattati, 1470, 1490），米开朗琪罗也是诗人，著有十四行诗，帕拉弟奥的《建筑四书》（Quattro libri dell'architettura, 1570）奠定了古典主义建筑的基础，建筑师和建筑史学家瓦萨里（Giorgio Vasari, 1511-1574）的《意大利杰出的建筑师、画家和雕塑家传》（Vite de' piú eccellenti architetti, pittori e scultori italiani, 1550），建筑师和建筑史学家温琴佐·斯卡莫齐（Vincenzo Scamozzi，1552-1616）的百科全书式的《普适建筑的理念》（L'idea della architettura universale, 1615）等。法国建筑师和建筑理论家菲利贝尔·德洛尔姆发表了法国第一篇重要的建筑理论文章《关于建造的品味和低成本的新创造》（Nouvelles inventions pour bien bastir et a petits fraiz, 1561）。维奥莱-勒-杜克（Eugène-Emanuel Viollet-le-Duc, 1814-1879）的著作《11至16世纪法国建筑的理性术语大全》（Dictionnaire raisonné de l'architecture francaise du XIe au XVIe siècle, 1854-1868）是一部以辞书形式出版的巨著，堪称19世纪建筑史上纪念碑式的著作，德国建筑师森佩尔（Gottfried Semper, 1803-1879）著有《科学、工业和艺术》（Wissenschaft, Industrie, Kunst, 1851）。

当代则有勒·柯布西耶以《走向新建筑》（Vers une architecture, 1923）为代表的大量著作，阿尔多·罗西的《城市建筑学》（L'architettura della città, 1966），维托里奥·格雷戈蒂（Vittorio Gregotti, 1927-）的《建筑学的领域》（Il territorio dell'architettura, 1966），美国建筑师文丘里（Robert Venturi, 1925-2018）的《建筑的复杂性和矛盾性》（Complexicity and Contradiction in Architecture, 1966）等。

美国建筑师路易·康留下的文字稿并不多，但是他曾经做过多场演讲，他的学生约翰·罗贝尔（John Lobell）将路易·康的讲稿加以整理，编成《静谧与光明：路易·康的建筑精神》（Between Silence and Light: Spirit in the Architecture of Louis I. Kahn, 1979）一书，书中的第一部分是路易·康的话和演讲的文字整理，这也是一种建筑文学。路易·康心目中的建筑师：

"是传达空间之美者，而空间之美即建筑的真正意义，思及有意义的空间然后创造环境，它即成为你的创作，这就是建筑师的位置所在。"[42]

图 7-34　2009 年版的《科学自传》　　图 7-35　里伯斯金　　图 7-36　保罗·安德鲁的《建筑回忆录》

　　捷克裔美国建筑师和建筑教育家约翰·海杜克也是一位诗人，人们评价他的晚期建筑作品表现了音乐性和绘画性，海杜克曾经出版过一本诗集《火焰无法燃烧的线条》（*Lines: No Fire Could Burn*，1999），收入他的 73 首宗教诗。

　　美国建筑师查尔斯·摩尔（Charles Willard Moore，1925-1993）在用言辞表达方面与他用建筑材料表现一样运用自如，具有丰富的表现力。他和威廉·米歇尔（William J. Mitchell）以及威廉·图布尔（William Turnbull jr.）著有《园林的诗学》（*Poetics of Gardens,* 1988）。书中的序引用了英国诗人艾略特（Thomas Stearns Elliot, 1888-1965）的话作为全书论述园林的意义：

　　"不成熟的诗人模仿，成熟的诗人偷窃，较差的诗人毁掉别人的东西，而优秀的诗人使其变得更好，至少使其不尽相同。"[43]

　　意大利建筑师阿尔多·罗西在 1960 年代写过一本回忆录《科学自传》（*Autobiografia scientifica*，1981）（图 7-34），剖析工作、作品和著作，也记述了他对建筑和建筑师，对城市和历史的评价。从他的自述中，可以看出他的作品的简洁和理性倾向，一种忧郁和怀旧的感情。[44] 在书中，罗西谈到一个情节，1971 年年中，他在伊斯坦布尔曾经遭遇一场车祸，住在医院的病床上构思出摩德纳墓园的方案。[45] 自传的最后，罗西主张这一代的伟大建筑仍然可以是"国际"的建筑，一种尚未想象成形的国际式建筑。[46]

　　里伯斯金的回忆录《破土：生活与建筑的冒险》，谈人生，谈生活，谈历史，谈建筑和建筑师，谈城市，谈自己的设计构思和经历，谈艺术，谈绘画和画家，谈音乐和音乐家，谈电影等等，几乎可以说是无所不谈（图 7-35）。

　　被誉为诗人建筑师的法国建筑师保罗·安德鲁（Paul Andreu,1938-2019）著有《建筑回忆录》（*Archi-mémoires*，2013），谈建筑和建筑师，探讨建筑与其他艺术的关系（图 7-36）。

他在设计北京国家大剧院时，陆续写下了一系列的散文，汇集成散文集《记忆的群岛》（*L'Archipel de la Mémoire*，2005），抒发他的情怀。2008 年出版了散文体回忆录《房子》（*La Maison*），思考人生、空间与时间，该书还入围 2009 年小说新手"龚古尔奖"。他在 1999 年 5 月的方案竞赛过程中，曾经写过一篇诗文，表达了建筑师的困惑、失望和期待。2007 年在国家大剧院完工后又写了一本关于整个设计和建造过程的类似回忆录的书《北

图 7-37　国家大剧院

京大剧院：一个工地的故事》（*Le Opéra de Pékin: le roman d'un chantier*）。全书文笔优美，附有安德鲁的许多设计草图和自己拍摄的工地照片（图 7-37）。

二、文学中的建筑师

建筑师在文学作品中往往被描述为一种传奇式的人物，俄裔美国哲学家和作家安·兰德（Ayn Rand,1905-1982）在她的小说《源泉》（*The Fountainhead*，1943）中赞美建筑师：

"多少世纪以来，总是有人赤手空拳带着自己的愿望在新的道路上迈出第一步，伟大的创造者——思想家、艺术家、科学家、发明家——独自面对他们时代。每一个伟大的新思想都曾经被否定过，每一项伟大的新发明都曾经被否定过，但他们依然前行。他们思想，受难并付出，但是他们会赢得胜利。"[47]

德国作家霍尔格·泰格迈尔（Holger Tegtmeyer.1964- ）认为：

"建筑师说的是另一种语言，那既诗意，又专业，既有想象力，又脚踏实地，既兴奋，又冷静。他们集未来的工程师与冷静算计的现实主义者于一身。"[48]

建筑师也会成为文学作品的主角，英国伦敦设计博物馆馆长、建筑批评家德扬·苏吉奇（Deyan Sudjic）在 2006 年出版了《建筑的复杂性：富人和有权势的人如何塑造世界》（*The Edifice Complex: How the Rich and Powerful Shape the World*，中国台湾出版的译本将标题译为《建筑！建筑！谁是世界上最有权力的人？》）。这是一部纪实文学，文笔优美，言辞犀利。分析并评述了 20 世纪 30 年代以来的建筑师和政治以及业主的关系，其中有许多著名的建筑师，如德国建筑师施佩尔（Albert Speer,1905-1981），美国建筑师约翰逊（Philip Johnson，1906-2005）、贝聿铭（Ieoh

Ming Pei，1917-2019）、盖里和里伯斯金，荷兰建筑师库尔哈斯（Rem Koolhaas,1944-），意大利建筑师皮亚琴蒂尼（Marcello Piacentini, 1881-1960）和泰拉尼，中国建筑师张永和（1956-），瑞士建筑师赫尔佐格（Jaques Herzog, 1950-）和德梅隆（Pierre de Meuron, 1950-），西班牙建筑师米拉莱斯（Enric Miralles，1955-2000）等，作者毫不留情地将他们在书中加以剖析，作者在书中探究建筑为何建造和如何建造，探索建筑的意义。重庆出版集团、重庆出版社在 2007 年出版了该书的中文简版《权力与建筑》。苏吉奇在《致中国读者》中说：

"建筑真正的意义所在，并未从建筑师用立面和平面图构筑的密闭世界中，或他们的自我审美表述中体现出多少。使我越来越感兴趣的并不是建筑物的外形、窗户的形状或屋顶的形式，真正吸引我注意的是建筑为何建成和它们如何建成，对我而言它们的含义远比它们的外形更重要。"

"建筑的背后有着丰富的内涵。它们是个人宣扬身份的利器；它们是有雄心的城市向全世界宣扬自己的工具；它们是权力和财富的表达；它们是创造和记载历史的方式。"[49]

安·兰德的小说《源泉》被誉为"世纪小说"和"哲理小说"，《源泉》表现了她的客观主义思想，颂扬个人的绝对自由和不屈服的个性。迄今为止，这部描述 1930 年代美国建筑师和纽约市井的全景小说依然十分畅销，总销量已经超过 2000 万册。兰德根据真实人物塑造了《源泉》中的许多角色，小说中的建筑师霍华德·洛克显然以弗兰克·劳埃德·赖特作为原型，书中的建筑师盖伊·弗兰肯的原型是纽约建筑师卡恩（Ely Jacques Kahn，1884-1972），卡恩曾经设计过一些高层建筑。兰德为了体验建筑师的工作与生活，曾经在卡恩的建筑师事务所当过两年学徒（图 7-38）。

在定居纽约后，兰德深受赖特的影响，刻意要写一部关于建筑师的小说。兰德曾经说过，这部小说是赖特的生涯和作品的纪念碑。为了写这部关于建筑和建筑师的小说，她从 1935 年起用了三年时间阅读有关现代建筑的资料，甚至在 1936 年签约两年在卡恩的事务所当学徒，亲身体验建筑师的设计工作过程。1938 年秋，赖特在纽约的一场报告会之后见了兰德。这次会面之后，兰德将《源泉》的前三章文稿寄给赖特，并附有一封信。赖特显然为兰德的关注所愉悦，并在 1945 年写信给兰德，赞誉小说作者对建筑的理解。[50] 赖特曾经为兰德在好莱坞设计了一幢住宅（1946），并留下了一幅渲染图（图 7-39）。

 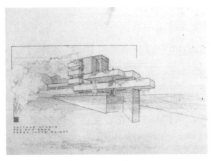

图 7-38 《源泉》　图 7-39 赖特设计的兰德宅

这部小说叙述年轻建筑师洛克的成长和奋斗的故事，这位桀骜不驯的建筑师不愿设计复古主义的建筑，坚持自己的理想。表现了美国建筑从折中主义向现代建筑艰难转型过程中，来自欧洲的现代主义与保守的美国建筑、建筑师与社会和业主的矛盾和冲突成为小说的主线。小说将洛克表现的赖特的晚期工艺美术运动风格与欧洲的现代主义建筑加以明确的区分，洛克的师傅霍尔在弥留之际说的"形式追随功能"正是赖特的导师沙利文的话。小说也揭示了媒体如何造就或是毁掉一个建筑师的，正是这部小说把赖特和流水别墅变成了美国建筑的明星，不仅推销了赖特，同时也推广了现代建筑（图7-40）。书中的主人公之一的思想家和建筑评论家埃斯沃斯·托黑身上可以见到美国建筑评论家、文学评论家、城市规划思想家和历史学家刘易斯·芒福德（Lewis Mumford，1895-1990）的身影。

图 7-40 电影《源泉》中的主人公

从书中描述的建筑可以看到流水别墅（1936）和约翰逊制蜡公司（1936-1939）的原型，建造在岩石上的海勒的乡间别墅以流水别墅作为原型，兰德给读者讲了洛克闪电般

图 7-41 流水别墅

飞速地构思别墅的故事，其间的相似性更为明显，在书中兰德根据流水别墅来设想洛克设计的三座住宅。并非偶然，第三座虚构的华纳德别墅悬挑在水面上，其构思、设计与建造的年代正好与流水别墅相同。《源泉》成为当时对流水别墅所作的最详尽的文本研究，小说把流水别墅诠释为人性的戏剧，指出赖特的建筑实践是建立在个人性格这一基础上的（图7-41）。

建筑师的传记是建筑文学的主体，既有作家的写作，也有建筑师的自传。赖特的思想和设计为作家和媒体所关注，有多部关于他的传记问世。英国作家和艺术评论家塞克雷斯特（Meryle Secrest）写过许多优秀的传记作品，她的《弗兰克·劳埃德·赖特》(Frank Lloyd Wright, a Biography, 1992)追随赖特的成长过程，描述赖特无限精力和不屈不挠精神，他的作品和家庭，将赖特描写为20世纪美国文化、社会和政治的中心人物，改变了现代建筑（图7-42）。

1987年诺贝尔文学奖得主俄裔美国诗人约瑟夫·布罗茨基（Joseph Brodsky，1940-1996）写过一部散文《水印—魂系威尼斯》（1989）被誉为记录威尼斯最经典的作品。其实全书很少关注城市和建筑，主要是在威尼斯的感想。在这本散文集中，某位倒霉的建筑师成为被咒的"人渣建筑师"：

"他的那种可怕的战后信念对欧洲的天际线造成的损害比二战时期任何纳粹德国的空军还要多。在威尼斯,他用他的高楼大厦糟蹋了两个美妙绝伦的中央广场,一个自然是家银行,因为他这个品种的人畜酷爱银行,他以百分之百的自恋的狂热,还有果对因的渴望,热爱着银行。"[51]

　　德国作家斯特凡·海姆(Stefan Heym,1913-2001)的《建筑师》(*The Architects*,2000)最早在1963年就基本上完稿,一直到2000年才得以出版。海姆与书中的主人公也有相同的经历,他是德国共产党员,希特勒时代流放至布拉格,以后又去美国。书中描写了柏林总建筑师阿诺尔德·松德斯特伦和他的建筑部的故事,以及他的建筑师朋友丹尼尔·沃林的经历(图7-43)。松德斯特伦和沃林早年都是包豪斯的学生,在纳粹时期先是流亡到布拉格,然后又流亡到莫斯科,在苏联从事建筑设计。由于松德斯特伦的告密,一些德国共产党员被逮捕后处决,沃林有16年被关押在苏联的监狱和劳动营中,苏联解冻后于1956年回到东德,参与柏林的规划和建设。虽然书中有建筑师工作和关于方案讨论的叙述,也表现了建筑师的爱恨情仇,建筑的管理体制,建筑工地的建设活动,但是建筑师作为主角只是因为铺垫故事的需要,而并非真正的主题。这本书实际上是一部政治小说,这个时期的东德正面临着关于现代建筑的美学和意识形态争论。主人公松德斯特伦有包豪斯背景,但是显然受到苏联的社会主义现实主义影响,书中在一开始将他作为一位了不起的艺术家和思想家来介绍,他正在规划和设计柏林的世界和平大道,并为此获得褒奖。[52]小说表现了当年东德关于建筑风格的理论方面的讨论,东德的建筑理论家恩斯特·霍夫曼(Ernst Hoffman)在1952年的《德国建筑》(*Deutsche Architektur*)创刊号中将依附于包豪斯的现代主义、构成主义和功能主义归结为形式主义。[53]世界和平大道最初的设计实际上继承了希特勒御用建筑师森佩尔的柏林规划"日耳曼尼亚"。小说也描述了建筑所面临的后斯大林时代的政治风向的变化,这个变化也改变了建筑师的生活和工作环境(图7-44)。

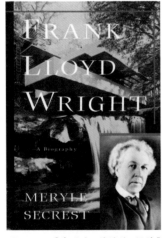 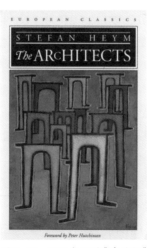 

图7-42　《弗兰克·劳埃德·赖特》　　图7-43　2005年版的《建筑师》　　图7-44　世界和平大道模型

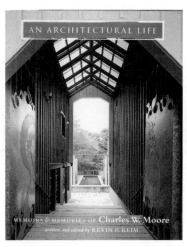 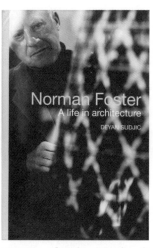

图 7-45　《建筑生涯：查尔斯·摩尔的传记与回忆》

图 7-46　《诺曼·福斯特：建筑生涯》

美国作家凯文·凯姆（Kevin P. Keim）写了一本关于建筑师查尔斯·摩尔的传记《建筑生涯：查尔斯·摩尔的传记与回忆》（*An Architectural Life:Memoirs & Memories of Charle W.Moore*，1996），作者本人也是一位建筑师，曾经在圣母大学建筑系学习。这本书记述了摩尔故世前一年与作者的谈话，记录了建筑师本人的回忆，书中附有设计作品图片和建筑师的照片（图 7-45）。

苏吉奇在 2010 年出版了《诺曼·福斯特：建筑生涯》（*Norman Foster: A life in Architecture*），书中详细描述了福斯特从童年到成长为建筑师的过程、作品和思想，以及如何从一名默默无闻的建筑师成为建筑大师的过程（图 7-46）。

美国建筑评论家保罗·戈德伯格（Paul Goldberger，1950- ）在 2015 年出版了《建筑艺术：弗兰克·盖里的生平和作品》（*Building Art: The Life and Work of Frank Gehry*，中译本为《弗兰克·盖里传》）。戈德伯格与盖里相识 40 多年，书中描写盖里：

"从来不愿意把自己视作精英建筑师……他能做到既取悦公众，同时又避免媚俗。他追求的，是通过提升公众的品位，来获得大众化的影响力，而非对大众一味低进行妥协和迎合……他的建筑，在高品质的建筑文化与普通大众之间，架起了一座桥梁。"[54]

本章注释:

[1] 转引自 Vittorio Gregotti. *L'architettura di C é zanne*. SKIRA. 2011.p.9.

[2] 赵逵夫、刘跃进主编《中国文学作品选注》第一卷,北京: 中华书局,2007. 第 5 页.

[3] 赵逵夫、刘跃进主编《中国文学作品选注》第一卷,北京: 中华书局,2007. 第 381 页.

[4] 张衡《西京赋》,程国政注《中国古代建筑文献精选》 (先秦–五代),上海: 同济大学出版社,2008. 第 158–159 页.

[5] 范祥雍《洛阳伽蓝记校注》,上海: 上海古籍出版社, 1978. 第 11 页.

[6] 范祥雍《洛阳伽蓝记校注》,上海: 上海古籍出版社, 1978. 第 1–2 页.

[7] 傅刚、阎琦主编《中国文学作品选注》第二卷,北京: 中华书局,2007. 第 224 页.

[8] 傅刚、阎琦主编《中国文学作品选注》第二卷,北京: 中华书局,2007. 第 540 页.

[9] 韩江陵《〈红楼梦〉里的建筑学》,《建筑师》第 62 期, 1995. 第 69–81 页.

[10] 俞平伯 "大观园地点问题",载俞平伯等《名家眼中 的大观园》,北京: 文化艺术出版社,2005. 第 10 页.

[11] 周汝昌《红楼梦新证》,北京: 人民文学出版社, 1976. 第 152 页.

[12] 顾平旦 "从艺术的'大观'到现实的'萃锦'——也 谈恭王府后园",载俞平旦等《名家眼中的大观园》, 北京: 文化艺术出版社,2005. 第 206 页.

[13] 戴志昂《谈〈红楼梦〉大观园花园》,《建筑师》第 1 期,北京: 中国建筑工业出版社,1979. 第 111 页.

[14] 维克多·雨果《巴黎圣母院》,管震湖译,上海: 上 海译文出版社,1989. 第 149 页.

[15] 同上,第 4–5 页.

[16] 阿尔罕布拉宫.

[17] 华盛顿·欧文《阿尔罕伯拉》,万紫、雨宁译,上海: 上海文艺出版社,2008. 第 38–39 页.

[18] Generalife 是天堂花园之意.

[19] 华盛顿·欧文《阿尔罕伯拉》,万紫、雨宁译,上海: 上海文艺出版社,2008. 第 169 页.

[20] 罗斯金《威尼斯之石》,载王青松、匡咏梅、于志新译《拉 斯金读书随笔》,上海: 上海三联书店,1999. 第 219 页.

[21] 三岛由纪夫《金阁寺》,唐月梅译,南京: 译林出版社, 1998. 第 19 页.

[22] 卡尔维诺《看不见的城市》,张宓译,南京: 凤凰出 版传媒集团、译林出版社,2006. 第 7 页.

[23] 同上,第 166 页.

[24] 同上. 第 69–70 页.

[25] 同上. 第 49 页.

[26] 卡尔维诺《巴黎隐士》,倪安宇译,台北: 时报文化 出版企业股份有限公司,1998. 第 216 页.

[27] 同上. 第 220 页.

[28] 丹尼尔·李布斯金《破土: 生活与建筑的冒险》,吴家 恒译,北京: 清华大学出版社,2008. 第 24 页.

[29] 鲍赞巴克、索莱尔斯《观看,书写: 建筑与文学的对话》, 姜丹丹译. 桂林: 广西师范大学出版社.2010. 第 80 页.

[30] 汉诺–尔特·克鲁夫特《建筑理论史——从维特鲁 威到现在》,王贵祥译,北京: 中国建筑工业出版社,

[31] 罗斯维塔·施特林 "《寻爱绮梦》中的建筑插图", 叶李洁译,引自丁沃沃、胡恒主编《建筑文化研究》 第 3 辑,北京: 中央编译出版社,2011. 第 115–116 页.

[32] Francesco Colonna.*Hypnerotomachia Poliphili: The Strife of Love in a Dream*. Thames & Hudson.2003. p.236.

[33] 安东尼·布朗特 "寻爱绮梦在 17 世纪法国的影响", 陆艳艳译,引自丁沃沃、胡恒主编《建筑文化研究》 第 3 辑,北京: 中央编译出版社,2011. 第 49 页.

[34] 同上,第 35 页.

[35] Daniel Libeskind. *Micromegas: The Architecture of End Space. The Space of Encounter*. Universe. 2000. p.84.

[36] 里伯斯金 "建筑空间",载彭茨等编《空间》(剑桥 年度讲座),马光亭、章绍增译,北京: 华夏出版社, 2006. 第 42–43 页.

[37] Antonino Saggio. *Giuseppe Terragni : Vita e opera*. Editori Laterza. 2011.p.82.

[38] 翟永明《纸上建筑》,上海: 东方出版中心,1997. 年, 第 24 页.

[39] 马国馨《集外编余论稿》,天津: 天津大学出版社, 2019. 第 64 页.

[40] Toyo Ito.*To be an Architect*.Hunch 6/7.The Berlage Institute. 2003.p.250.

[41] 伊东丰雄《衍生的秩序》中文版序,《衍生的秩序》, 谢宗哲译,台北: 田园文化事业有限公司,2008.

[42] 约翰·罗贝尔《静谧与光明: 路易·康的建筑精神》, 成寒译,台北: 联经出版事业股份有限公司,2007. 第 75 页.

[43] Charles Willard Moore, William J. Mitchell, William Turnbull jr.Preface from *Poetics of Gardens*,MIT Press. 1988. 该书 2000 年由光明日报出版社出版的中 译本名为《风景——诗化般的园艺为人类再造乐园》.

[44] Vicent Scully. 2009: Missing Rossi. Aldo Rossi. *Autobiografia scientifica*,2009.p.13.

[45] Aldo Rossi.*Autobiografia scientifica*,2009.p.33.

[46] Aldo Rossi.*Autobiografia scientifica*,2009.p.132.

[47] Dietrich Neuman. *Film Architecture*. Prestel.1996. p.126.

[48] 霍尔格·泰格迈尔《柏林人文漫步》,刘兴华译,台北: 立绪文化事业有限公司,2006. 第 79 页.

[49] 苏吉奇 "致中国读者",载《权力与建筑》,王晓刚、 张秀芳译,重庆: 重庆出版集团、重庆出版社,2007.

[50] Dietrich Neuman. *Film Architecture*. Prestel.1996. p.130.

[51] 约瑟夫·布罗茨基《水印—魂系威尼斯》,张生译,上海: 上海译文出版社,2016. 第 15 页,现在已无从查证这 位不幸的建筑师是谁.

[52] 世界和平大道映射东柏林的斯大林大道,1961 年改名 卡尔·马克思大道,今天的菩提树下大街.

[53] Alan Balfour. *Berlin: The Politics of Order: 1737–1989*. Rizzoli.p.162.

[54] 保罗·戈德伯格《弗兰克·盖里传》,唐睿译,杭州: 中国美术学院出版社,2018. 第 529 页.

第八章

建筑与音乐

第八章
建筑与音乐

  音乐是通过一定形式表达人们思想感情和生活情志的艺术，柏拉图断言："*音乐就是宇宙万物*"。在某些方面，建筑与音乐有着相似的关系，同时，它们又有相同的时代精神和相同的表现形式，有着十分神秘，然而又是真实的数学关系。早在文艺复兴时期，莱奥纳多·达·芬奇和阿尔伯蒂等大师都曾经尝试去整合建筑与其他艺术，也包括音乐在内。阿尔伯蒂是意大利文艺复兴时期伟大的人文主义者、建筑师、建筑理论家和音乐家等，在他的《建筑论》（*De re Aedificatoria*，1452）中将音乐与建筑联系在一起。在那个人才辈出的时代，许多人都兼具建筑、绘画、雕塑和音乐的专长和技能，建筑师也往往是音乐家。

  音乐和建筑是空间和时间的艺术，音乐与建筑的关系要比其他的艺术更为密切。建筑与音乐的类比是建筑师、音乐家和艺术史学家长期以来的论题，建筑被称为"*空间中的音乐*"，甚至认为建筑艺术等同于音乐。

第一节 凝固的音乐

关于建筑与音乐，不少建筑师和作曲家都有过精辟的论述，最著名的当属德国哲学家谢林（Friedrich Wilhelm Schelling, 1775-1854）描述音乐与建筑的关系的那句名言："建筑是凝固的音乐"。德国小提琴家、音乐理论家和作曲家霍普特曼（Moritz Hauptmann，1792-1868）把它引申为"音乐是流动的建筑"，霍普特曼曾经从事过多种工作，在音乐学院担任教授，除音乐外，还从事数学以及其他主要涉及声学和相关领域的研究，也曾一度被聘建筑师。

一、音乐凝固在石头中

德国哲学家谢林曾与黑格尔在图宾根同窗学习，他开创了康德之后德国古典美学又一个辉煌的时代，他有一句描述音乐与建筑的关系的名言："建筑是凝固的音乐"。这是谢林在他的《艺术哲学》（Philosophie der Kunst, 1801-1809）中的一段关于建筑艺术的论述。谢林是德国古典唯心主义哲学的主要代表人物，是继德国古典哲学奠基人康德之后德国唯心主义哲学运动的三巨擘之一：伦理的主观唯心主义哲学家费希特（Johann Gottlieb Fichte，1762-1814）、辩证的绝对唯心主义哲学家黑格尔，谢林则是美学的客观唯心主义哲学家。《艺术哲学》是谢林的一部重要学术著作，在哲学和文学艺术领域具有重要的价值。在书中，谢林论述了一般美学原理，并探讨了诗歌、雕塑、绘画、建筑、音乐、戏剧等各种艺术形态。

谢林在书中第四编"现实序列与理念序列对立中之诸艺术形态的拟构（续）"中关于建筑有这样的补述：

"建筑艺术必须凭借几何比例，或者（因为它是空间中的音乐）凭借代数比例。论证如下。

我们早已证实：在自然、科学和艺术中，从模式者至比喻以及从比喻至模式者之途程，在其种种不同的阶段清晰可见。始初的模式在于数字；在数字中，具有形式者、特殊者，通过形式或通过普遍者本身得以象征化。因此，从属于模式范畴者，在自然和艺术中则从属于诸数学规定；可见，建筑艺术，如同雕塑中的音乐，必须遵照几何学比例。既然它是空间的音乐，如同凝滞的音乐，这些比例同样又是代数比例。"[1]

在这段论述中，谢林指出建筑是"凝滞的音乐"，与谢林同时代的许多学者也有过同样的思想，德国的伟大诗人、思想家歌德（Johann Wolfgang von Goethe, 1749-1832）曾说过：

"我在手稿中查出一篇文稿，里面说到建筑是一种僵化的音乐。这话确实有点道理。建筑所引起的心情很接近音乐的效果。"[2]

文中所说的"僵化的音乐"，德文原文是"erstarrte Musik"，在有些译本中把它译作"凝滞的音乐"或"冻结的音乐"。erstarrt 作为形容词是从德文中的动词"erstarren"演变过来的，其原意是凝结、凝固、僵化、固化、变僵、冻僵、冻麻等，因此，把它翻译为"凝固的音乐"比较恰当。根据德国文论家爱克曼（Johann Peter Eckermann, 1792-1854）在《歌德谈话录》中的记载，歌德的这段话是在 1829 年 3 月 23 日对爱克曼说的，书中没有介绍有关这段话的语境。

黑格尔在他的《美学》第三卷中说过：

"弗列德里希·许莱格尔曾经把建筑比作冻结的音乐，实际上这两种艺术都要靠各种比例关系的和谐，而这些比例关系都可以归结到数，因此在基本特点上都是容易了解的。"[3]

由于翻译的原因，"凝固的音乐"译成"凝滞的音乐""冻结的音乐"，实质上都是同一个意思。而比较普遍地流传的那句下联"音乐是流动的建筑"则是德国音乐理论家和作曲家霍普德曼所添加的。"凝滞的音乐"对应的英文是 frozen music，"音乐是流动的建筑"对应的英文是 molten architecture。

音乐评论家比尔·维奥拉（Bill Viola）对哥特式大教堂的空间有着音乐般的感受，他将中世纪的哥特式大教堂形容为"凝固在石头中的音乐"：

"每当人们进入哥特式教堂，立即会发现声音控制了空间，这并非只是回音的效果，而是所有的一切在起作用。无论声源的远近，声响的强弱，仿佛都来自同样远的场所……沙特尔大教堂和其他的教堂都被形容为'凝固在石头中的音乐'……有许多良好声学设计的古代建筑案例。"[4]（图 8-1）。

二、音乐的精神

建筑是凝固的音乐这一比喻源自古希腊神话，相传音乐之神俄尔甫斯（Orpheus）是太阳神阿波罗（Apollo）和掌管史诗的缪斯女神卡利奥佩（Calliope）所生的儿子。阿波罗给了他一张七弦琴，卡利奥佩教他如何弹奏。俄尔甫斯把这件乐器玩得非常神妙，以至于没有什么东西能够抗拒他的音乐魅力。在古罗马诗人奥维德（Publius Ovidius Naso，公元前 43 年－公元 17 年）的《变形记》（Metamorphoses）一书中，记载了俄尔甫斯为野兽弹琴的故事。他的美妙琴声具有神授的魔力，能使顽石点头，河水倒流，人神皆醉，百兽群舞。不仅可以感动飞禽、游鱼和野兽，甚至树木和岩石也都能

图 8-1　沙特尔大教堂

感受他的音乐的力量。有一天，他用琴声使木石按照音乐的节奏和旋律在广场上组成了各种建筑物。曲终以后，节奏和旋律就凝固在这些建筑物上，化作比例和韵律。

在故事的另外一个版本中，弹琴的是宙斯（Zeus）与安提俄珀（Antiope）的儿子安菲翁（Amphion），安菲翁是一位歌手和音乐家。相传是他建立了底比斯城，并为之设防，巨石听到安菲翁的竖琴声便自动组成城墙，说明了音乐的力量可以建造房子。这就是古典主义时期对建筑与音乐的关系的一段比喻的来历（图8-2）。

图8-2　安菲翁的音乐魅力

文艺复兴时期的建筑师将音乐理论引入建筑学，阿尔伯蒂在《建筑论》的第九书第5章论述美的本质时，谈到数字的美与和谐。他认为音乐的和谐是与构成建筑美的相同的数字所造成的，主张向音乐家借鉴。[5] 同时代的意大利哲学家菲奇诺（Marsilio Ficino，1433-1499）认为是音乐孕育了建筑，音乐是所有艺术的核心：

"是音乐给予各类创造者：雄辩家、诗人、雕刻家和建筑师以灵感。"[6]

德国哲学家和诗人尼采从艺术的角度谈音乐的精神，他主张：

"艺术源自音乐的精神。"[7]

深受尼采影响，德裔美国表现主义建筑师门德尔松（Erich Mendelssohn, 1887-1953）将这段话引申为："建筑源自音乐的精神。"门德尔松酷爱音乐，夫人是大提琴演奏家。门德尔松在1915年说过：

"音乐拓展一切，并使其伟大。"他还主张："音乐使一切思想变得纯净，并且会突然展现出我们梦寐以求的答案，音乐的伟大足以化解最为复杂的问题而使之综合。" 他宣称"节奏创造艺术价值"。[8]

在历史上的不同时期，有许多艺术理论家将建筑、音乐同时归入"高贵的艺术""快活的艺术""文雅的艺术"和"音乐的艺术"等。德国心理学家和美学家玛克斯·德索（M. Dessoir, 1867-1947）在《美学和一般艺术科学》（Ästhetik und allgemeine Kunstwissenschaft, 1906）一书中将建筑与音乐并列为创造性的艺术、抽象性的艺术，也是非真实形式的具有不确定联想的自由艺术。[9]

建筑的体验犹如音乐的体验，在这个意义上说，音乐和建筑都是体验艺术，通过体验激发人们对建筑和音乐的心灵感受和想象力。大提琴演奏家马友友（Yo-yo Ma, 1955-）认为音乐与建筑有很多相同之处，它们都强调张力、比例和素材，这使他想到将音乐与建筑相结合。德国音乐家巴赫（Johann Sebastian Bach，1685-1750）往往被称作声音的建筑师，而马友友的音乐电影《监狱的声音》（The Sound of the Carceri, 1997) 为意大利蚀刻画家、建筑师和美术理论家皮兰内

图 8-3 皮兰内西的《监狱》组画之一
来源：Le Carceri

西（Giovanni Battista Piranesi，1720-1778）的铜版蚀刻组画《监狱》（Le Carceri）配上巴赫的 D 小调第二大提琴组曲作为伴奏。音乐影片中表达了这样一种思想，如果一栋建筑物是流动的心象，那必然也能随着音乐律动。在这样的构想下，音乐作品就是为这个真实世界中不存在的空间创造出一种特别的声音（图 8-3）。

这部电影由加拿大导演、作家弗朗索瓦·吉拉尔（François Girard，1963-）执导。片中藉由探寻皮兰内西的建筑作品，展开一场想象中的对话，尤其是皮兰内西作品中的空间结构和景观。影片借助皮兰内西的建筑蚀刻画叙说音乐的意念，尤其是建筑空间呈现出一个虚拟的世界，一种超越日常生活的世界。吉拉尔说：

"皮兰内西的建筑作品所传达的信念是：建筑本身就是一个心象投射，远超过它的实用价值，建造者在心中构建出这个心象，然后才将之具体化，变成我们可坐可卧、休息其中的屋舍。"

音乐也被想象为实体空间，正如法国诗人、小说家、剧作家、演员和画家让·科克托（Jean Cocteau，1889-1963）对音乐的憧憬：

"我希望有人能创造出一种我可以住进去的音乐。"[10]

三、空间中的音乐

德国哲学家弗里德里希·谢林主张建筑是"空间中的音乐"，与建筑一样，音乐也存在于空间和时间之中，音乐是时间与空间合一的艺术，这方面与建筑有相似之处。按照德国心理学家维列克（Albert Wellek，1904-1972）的划分，音乐的空间包括听觉空间（Gehöraum）、音响空间（Tonraum）和音乐空间（Musikraum）。听觉空间是听觉感知音源的方向和距离构成的空间，音响空间是乐音以及由乐音组合而成的音响形成的立体空间，音乐空间也称为感情空间，是音乐创造的空间，是由音响的运动和能量形成的空间，是在音乐体验中建立的空间。[11] 音乐空间包括作为对象的音响本身所具有的空间，以及作为对象的音响与接受它的主体之间的关联中所形成的空间，音乐空间是从听者的周围向他运动过来的进深，是没有场所的不断流动的空间。[12]

音乐空间是非现实的虚拟空间，是音响的持续运动及其能量所创造的场所，是音乐内的空间，而建筑空间是现实的空间，是建筑实体围合和发散形成的空间。根据瑞士音乐理论家库尔特（Ernst Kurth，1886-1946）在《音乐心理学》（Musikpsychologie，1931）中的观点，音乐空间是不

图 8-4 古希腊的露天剧场

图 8-5 哥特式大教堂的室内空间

明确的，是非视觉性的空间，音乐的空间感觉是心理现象，而建筑空间既是视觉性的，也是心理性的。此外，音乐空间属于三维空间，而这种三维性是通过音乐空间的体验形成的，是欣赏主体对音乐内的空间的感知关系。

在相当多的情况下，建筑也是音乐的组成部分，大部分的乐曲都是在建筑中演奏并展现的。历史上的哥特式大教堂有着高耸而又庞大的空间，气势宏大的宗教音乐在这种有着较长混响时间的室内空间中，也形成了特殊的音响轰鸣，空间与管风琴的音响效果有着十分完美的结合。音乐对于一些类型的建筑来说，又是检验的尺度，例如音乐厅、大剧院以及一些声学要求较高的建筑，像录音室等，不良的设计会给声响效果带来影响。

300 多年前世界上第一座歌剧院在威尼斯建成，最早的音乐厅于 1813 年在德国的汉堡建成，以前都是在一般的场合，在教堂或私人的空间演奏。[13] 自最早的音乐厅建成以来，音乐的空间至今其实并没有出现根本性的变化。尽管建筑的外观和造型有着举世瞩目的巨大发展变化，然而室内空间由于声学的要求直至今天并没有太多的变化，表明音乐与空间的相互依存关系。马蹄形的歌剧院平面形状源自古希腊的露天剧场，在 17 世纪中叶应用在威尼斯的歌剧院上，盒子形的音乐厅平面在 17 世纪末已经形成（图 8-4）。

由于音乐活动的特点，音乐与场所和空间的关系要比其他艺术更为重要，建筑空间是音乐的重要组成部分。音乐活动需要特殊的演奏和表现的空间，需要优良的声学环境，才能使音乐更臻完美。中世纪的大教堂成为音乐的空间载体．虽然建造大教堂的工匠并没有建筑声学的科学知识，但是建造的结果表明声学是形式和功能的基本要求，大教堂的室内空间成为教堂音乐的组成部分（图 8-5）。根据分析，哥特式大教堂的室内界面是石材，对中音和低音的反射十分强烈，但是会吸收高音，对 2000 赫兹以上的高音的反射很弱。由于高音受压抑，形成声音来自四面八方的空间效果。[14]

图8-6　泰姬陵

类似的例子可以从建于1630～1653年的印度阿格拉的泰姬陵（Taj Mahal）的室内空间发现，陵墓坐落在布局整齐，有墙围合的庭园中，墓屋设在一座提高的平台上，全身裹着大理石。四座形体复杂但基本上是八边形的塔楼相联在一起，承托着跨在中央硕大墓室空间上方的大穹窿。泰姬陵的"体积，墙体的重量，穹窿的形状和尺度（直径20米，高26米），以及极硬又抛光的表面（穹顶的内部完全是大理石）可以维持声音达28秒。在这个空间中，长笛演奏的旋律会自我交织，不断延续，几乎是一种无限的声音。房间似乎没有终结，甚至在没有声音的情况下，在这个空间中，时间是固有的。宁静充满了张力，空间的意义就在于天堂般的无限的宁静。"[15]（图8-6）

图8-7是1785年在威斯敏斯特大教堂内的合唱团演出《弥赛亚》的盛大场景，以纪念英国作曲家亨德尔（George Frideric Handel, 1685-1759）（图8-7）。18世纪还习惯于根据音乐的类型和混响时间的因素将音乐划分为教堂风格、戏剧风格和室内风格，以适应不同的建筑类型。[16]

德国作曲家和音乐理论家瓦格纳创作了《尼伯龙根的指环》和《帕西法尔》（1882）的总谱，他认识到建筑对音乐的直接影响，为了使建筑满足这两部歌剧演出的要求，瓦格纳亲手参与建造了拜罗伊特节日剧院，瓦格纳曾经自1842～1849年担任德累斯顿歌剧院的指挥，他与歌剧院的建筑师戈特弗里德·森佩尔（Gottfried Semper, 1803-1879）深入讨论他对剧院的构想，虽然剧院相继有过三位建筑师参与设计，但是建筑基本上是按照瓦格纳的概念设计的，位于一座远离尘嚣的山丘上。[17]1876年建成的拜罗伊特节日剧院观众厅的平面为扇形，剧院采用木构框架，按照临时建筑建造，剧院的中音频率范围（500-1000赫兹）的混响时间为1.55秒。剧院采用封闭的乐池，使听众接受反射声[18]（图8-8）。

音乐可以在住宅、教堂、宫殿、会场、音乐厅、歌剧院、演播室或露天场所演奏，或采用自然声，或采用电声系统，声响效果会有很大的差异，空间对于音响效果产生重要的影响。空间最主要的声学特征是混响时间，混响时间取决于许多因素，混响时间与空间的大小、形状、音乐的类型、室内各个界面如墙面、顶棚、地面和座椅的材料吸声性质以及室内设计有关。声波直接传播到达听众，然后又经过界面的反射再度到达这位听众。人体也会像其他材料那样吸收声波，因此观众的数量满座与否也会影响混响时间（图8-9）。器乐、声乐和歌剧需要不同的混响时间，宗教音乐、古典音乐、现代音乐、歌剧和交响乐等都有不同的混响时间要求。由于没有统一的演出场所，在19世纪以前，作曲家和理论家尚未认识到混响时间与音乐之间关系的重要性，也没有认识到混响的科学原理，只是发现混响时间会对音乐表演的速度产生影响，在这种条件下，音乐演奏只能适应演出场所。[19]此外，音乐空间取决于社会活动的性质，不能用同样的声学标准去要求空间（图8-10）。

图 8-7 威斯敏斯特大教堂的合唱团　　图 8-8 拜罗伊特节日剧院

（a）外观　　　　　　　　　　　（b）效果图

图 8-9 巴黎歌剧院

（a）外观　　　　　　　　　　　（b）室内

图 8-10 柏林爱乐音乐厅

建筑师一直在设想建造一种能变化室内空间的建筑以适应交响乐和其他音乐的不同需求。格罗皮乌斯在 1927 年曾经构思了一座 2000 座的总体剧院（Total Theatre），可以变换舞台和观众厅的大小，以适应歌剧和音乐会演出的变化，实际上是一种多功能大厅。

意大利建筑师伦佐·比阿诺（Renzo Piano，1937- ）在 1970 年代与英国建筑师理查德·罗杰斯（Richard Rogers，1933- ）合作设计的巴黎蓬皮杜中心的声学和音乐当代研究所（Institut de Recerche et Coordination Acoustique /Musique）（1978）实现了这种设想，在地下室设置一个完全与环境隔绝的盒子空间，不受街道交通和地铁的振动影响，以满足声音测试的要求。墙面可以调节，墙上装有 172 块三角形的金属反射板，使室内的混响时间可以在 0.6 ～ 6 秒之间变化，相当于电影院和教堂的混响时间变化[20]（图 8-11）。

由法国建筑师波赞帕克（Christian de Portzamparc， 1944- ）设计的巴黎音乐城（Cite de la Musique，1985-1995）的音乐厅平面为椭圆形，可以容纳 1000 座，采用了可变换座位布置的灵活平面，音响效果相当成功，成为这类音乐厅的典范（图 8-12）。近年来，音乐厅的创新发

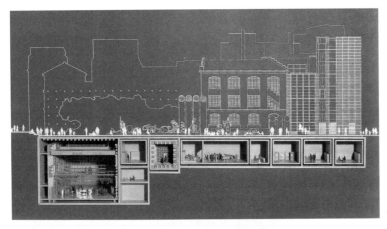

图 8-11　声学和音乐当代研究所

（a）外观

图 8-12　巴黎音乐城

（b）巴黎音乐城音乐厅灵活平面

展比歌剧院更令人瞩目，功能更为综合，包括歌剧、交响乐、戏剧、舞蹈等，室内空间形象也大为改观（图8-13）。瑞士建筑师赫尔佐格和德梅隆设计的汉堡易北音乐厅（Elbphilharmonie，2011-2017）仿佛幽灵船一般坐落在码头的一座1963年建造的香料仓库（Kaispeicher A）上，成为未来音乐建筑的代表。音乐厅有一间2150座的音乐厅和一间550座的室内乐音乐厅，此外还包括一间酒店、公寓、办公和商业，波浪形的屋顶象征白雪皑皑的山峰（图8-14）。

　　19世纪以来，交响乐团的器乐和声部不断扩大，音乐的变化，以及演出曲目和剧目的多种多样，听众阶层的改变也对音乐空间提出了新的挑战。对于专业的歌剧院和音乐厅就要求极高的声响效果，目前新建的一些著名歌剧院和音乐厅如法国建筑师让·努维尔（Jean Nouvel，1945-）设计的卢采恩文化和会议中心（2000）、挪威斯纳山建筑师事务所（Snøhetta）设计的奥斯陆歌剧院（2008）室内基本上仍然是传统的室内空间形式（图8-15）。

　　当代的音乐建筑倾向于更为开放，也更宜人。注重与城市的关系，注重建筑的社会功能。户外空间用于演出和公共活动也给予更多重视，公园、广场甚至停车场、海滩都是露天音乐会的场所。这些场所采用电子反射声能系统。模拟音乐空间环境（图8-16）。

　　近年来随着快速城市化和经济的发展，我国大力推动文化事业，各地兴建了

图8-13　音乐厅室内

图8-14　易北音乐厅

（a）外观

（b）奥斯陆歌剧院观众厅

图8-15　奥斯陆歌剧院

图8-16　露天音乐会

许多歌剧院和音乐厅,其中最为优秀的以北京国家大剧院(2007)、广州歌剧院(2010)、上海交响乐团音乐厅(2014)等为代表。北京国家大剧院的歌剧厅可容纳2416座,音乐厅为2017座,另外还有一间1014座的剧场(图8-17)。上海交响乐团音乐厅位于历史文化风貌区,周边多优秀历史建筑,音乐厅受到高度限制,因此将观众厅设置在地下。由于音乐厅南侧有地铁线,整个观众厅均坐落在减震设施上(图8-18)。上海正在设计建造上海大歌剧院,大歌剧院位于黄浦江畔的世博文化公园内,歌剧院包括一间2000座的大歌剧厅,一间1200座的中歌剧厅和一间1000座的情景剧场,总建筑面积约15.3万 m^2,目标为建成国内顶尖、亚洲一流、世界知名专业歌剧院,计划在2023年建成。方案在2017年经过两轮方案征集,最终选择了挪威斯纳山建筑师事务所的方案,观众厅室内依然是传统的马蹄形空间(图8-19)。

上海青浦朱家角的水乐堂是日本建筑师矶崎新(Arata Isozaki, 1931-)的作品,他的构思得到了作曲家和指挥家谭盾(1957-)的合作,建筑成为音乐的组成部分,地面的水成为音乐的一部分,柱子和金属楼梯成为乐器参与音乐的演奏(图8-20)。

一座江南古宅因为声音景观的介入而展现出新的韵味,2019年5月,一场名为《听园》的多媒体音乐会在朱家角尚都里老宅珠玑阁举行,古筝、中阮、笛子和大提琴,分别演绎融合评弹、戏曲、摇滚、弗拉门戈等音乐元素的乐曲片段,配合为建筑空间度身定制的声场设计,呈现了独具特色的江南声音景观。《听园》是上海音乐学院数字媒体艺术学院音乐传媒专业,着力打造的一种集音乐、

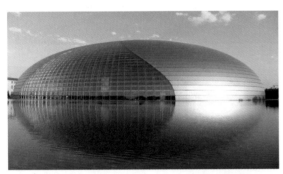

(a)外观

(a)俯瞰

(b)室内　　　　　(c)歌剧厅

图8-17　国家大剧院

(b)室内

图8-18　上海交响乐团音乐厅

图 8-19　上海大歌剧院方案　　图 8-20　水乐堂内景

图 8-21　珠玑阁

音响、视觉媒体设计和建筑空间多重元素的声音景观空间作品。创作团队运用音乐剧场的形式，生动而诗意地演绎朱家角珠玑阁老宅中的各种声音状态，引起听者对空间承载的历史、文化、回忆的艺术联想，从而获得诗意的视听体验，强化空间中声音景观的可感性。作为声音、媒体和空间的跨界研究成果，《听园》还得到上海交通大学城市更新保护创新国际研究中心和上海安墨吉建筑规划设计有限公司的大力支持，前后历时两年打造。可以说，《听园》是为珠玑阁度身定制的一场声音景观展示（图 8-21）。

第二节　建筑与音乐的类比

在 19 世纪和 20 世纪上半叶，往往把音乐与建筑加以类比，建筑的平衡和对称与音乐中曲式的对称具有相似性。然而，音乐与建筑的相似性远不如它们的差异性更为突出，在此，我们只是寻找建筑与音乐之间的关系和相似性。苏格兰律师和哲学家凯姆士（Lord Henry Home Kames, 1696-1782）在《批评的要素》（*Elements of Criticism*，1762）中认为：

"在所有美术中，只有绘画和雕塑是具有其自然的模仿性的，音乐，像建筑一样，是原创性的，它们的拷贝不是来自自然。"[21]

一、类比与相似

谢林认为，建筑和音乐都是艺术的非有机形态，他主张建筑是美感的艺术，因而也是雕塑的非有机形态，建筑是"以目领略的音乐""在空间关联中加以领略的和声与和声组合之演示"，甚至主张建筑与音乐的同一性。他在《艺术哲学》中指出：

"建筑艺术＝音乐，这首先产生于有机者的普遍概念。须知，音乐一般说来是艺术的非有机形态。"[22]

建筑构图与音乐的曲式构成、乐句和乐段的结合形式上具有相似性。音乐与建筑都有形式上的韵律感，都是在空间与时间的扩展中形成审美的艺术。音乐家的作曲和建筑师的构图、构成都是同一个词，交响乐的呈示部、展开部和再现部犹如建筑空间的起承转合。

音乐和建筑同样关乎体验，建筑的体验犹如对音乐的体验，在这个意义上说，音乐和建筑都是通过体验激发人们对建筑和音乐的心灵感受和想象力。在韵律、节奏、构成形式和感受等方面，音乐与建筑之间也具有相似性。有许多论述将建筑与音乐加以类比，从韵律、节奏、比例、构成形式和感受等方面探讨二者之间的相似性。音乐与建筑都有形式上的韵律和节奏感，都是在空间与时间的扩展中形成审美的艺术。

古希腊哲学家毕达哥拉斯（Pythagoras, 约公元前580-前500）认为世界是由数的关系构成的，数学的原则是一切事物的原则，用比例、尺寸和数来解释音乐的和谐，认为和谐取决于各部分的数学关系。这个原则被推广到建筑、绘画和雕塑等艺术上，一切艺术都源于数，数形成比例，只有比例才能达到完满的和谐。音乐的速度、调性与建筑设计的节奏、比例有着密切的关系。正是毕达哥拉斯发现了音调可以以空间来计量。

谢林在《艺术哲学》中指出古典建筑的三种柱式对应于音乐的调性。多立克柱式重在节奏（rhythm, ritmo），爱奥尼亚柱式重在和谐（harmony），科林斯柱式重在旋律（melody）。音乐也有相应的多立克调式（Dorian Mode）、爱奥尼亚调式（Ionian Mode）。[23] 建筑的节奏、和谐与旋律也存在于各种柱式中，没有一种柱式可以脱离这三种建筑的调性。节奏是音乐中的时间因素，是音乐最重要的组织因素。旋律是一连串乐音的有组织的构成，是指从一个音高进入另一个音高的有节奏的特定连续进行，是按照音高和节奏组织起来的，由此传达音乐的含义。节奏、旋律与和谐是相互依赖的因素，任何乐音的连续都必然存在节奏，因此，旋律没有节奏就不能存

在 [24]（图 8-22）。

古罗马军事工程师维特鲁威的《建筑十书》（*De architectura libri decem*）可以说是建筑理论的始祖。维特鲁威主张建筑师应当是通才，具备多种学科的知识，通晓各种表现手法，精通几何学，深悉历史与哲学，懂得音乐，知晓医学，了解法律，具有天文学的知识等。维特鲁威对音乐有深入的研究，精通希腊音乐理论，因此，他在《建筑十书》的第五书中专门列有一章讨论和声的基本原理。他将这项研究，根据数学原理造出合乎剧场规模的青铜缸，作为共鸣箱放在剧场内，这些铜缸在触及时能相互间发出四度、五度直至双八度音程 [25]（图 8-23）。

他对柱式的分析可以与音乐联系在一起，他将多立克柱式檐壁上带有凹槽的块状构件三陇板（triglyphs）的宽度分为六等分，宽与高的比例规定为 2：3，这是五度音程的比例，是最好的和声之一。至于 3：4 的比例，则与音乐中的四度音程相对应 [26]（图 8-24）。

从古典时代起，数学就是音乐与建筑的结合点。这些观念都把音乐的本质看作是比例与数，音乐即和谐，就像建筑一样，比例是音乐的核心概念。古典建筑和中世纪建筑也都是以规则为基础，并主要地依从于比例。在关于音乐美学的论著中，也从音乐旋律的力度、节奏的变化，与建筑物的线条、空间序列的变化有着相似的美（图 8-25）。

同时也是数学家和音乐家的建筑师、建筑理论家阿尔伯蒂认为，美充满了一种高度的必要性，可以用数字、轮廓和位置的重要性来定义。他主张简单的数字和比例关系，这些数字和比例关系不仅适用于建筑，也适用于音乐。阿尔伯蒂在他的《建筑论》中指出：

"宇宙永恒地运动着，在它的一切动作中贯串着不变的类似，我们应当从音乐家那里借用和谐的关系的一切准则。"

"非常相同的数字造成了声音所具有的和谐，令耳朵感到愉悦，也能够使我们的眼睛和心灵充满了美好的愉快之感。因此，从已经彻底检验了这些数字的音乐家那里，或从

图 8-22　多立克柱式神庙

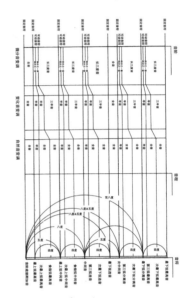

图 8-23　和声的基本原理

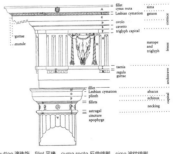

guttae 滴珠饰　　fillet 平缘　　cyma recta 反曲线脚　　sima 波纹线脚
mutule 托檐石　　lesbian cymation 波纹线脚　　geison 挑檐　　ovolo 凸圆形线脚
cavetto 凹弧饰　　triglyph capital 三陇坂柱头　　cornice 檐口
metobe and triglyph 陇间壁和三陇板　　frieze 檐壁　　taenia 束带饰
regula 滴珠饰带　　guttae 滴珠饰　　architrave 额枋　　fillet 平缘
lesbian cymation 波纹线脚　　abacus 檐底托板　　plinth 台座　　fillets 平缘
echinus 蛋形饰　　necking 柱颈　　capital 柱头　　astragal 半圆饰　　cincture 柱座
apophyge 凹线脚

图 8-24　多立克柱式

那些大自然展示了她那明显和高贵的品质的物体中，外形探究的完整方法就可以衍生而出了。"[27]

阿尔伯蒂寻求自然音阶的比例关系，在书中也提到"音乐的中间数"，建筑师

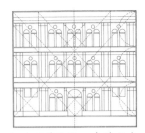 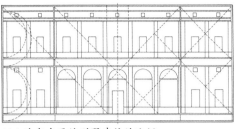

（a）文德拉明－卡莱尔吉府邸建筑的比例　（b）法尔内西纳别墅建筑的比例

图 8-25　建筑的比例

通过在竖向的尺寸关系中使用这种中间数可以获得理想的比例关系。文艺复兴建筑师和艺术家通过音乐了解和谐比例，专门研究数学、透视法和建筑学的意大利画家多梅尼基诺（Domenichino，即 Domenico Zampieri，1581-1641）热情地探讨古代的音乐理论。建筑师贾科莫·索尔达蒂（Giacomo Soldati）在三种希腊柱式和两种罗马柱式外再加上第六种柱式：

"他称之为和声式（harmonic），可以通过声音让耳朵听到，但是难以被眼睛看见；他想以这个柱式来模仿古人，他们既通过声音，也通过设计和建筑而使得五种柱式的和谐为世人所知。"[28]

文艺复兴时期的人们认为音乐优于建筑，因此给予建筑一个与音乐的比例同样确切的和谐比例是建筑师的追求目标。例如意大利建筑师帕拉弟奥（Andrea Palladio, 1508-1580）推荐的房间形状（图 8-26）。帕拉第奥的一些建筑内房间的比率为正方形加三分之一长度，注重一个房间与另一个房间通过和谐比例实现系统联系，这种比例关系被称之为"赋格曲性质的比例体系"。他的建筑的比例体系十分明确，就是音乐上的大六度音程（3∶5），它可以分成 18∶24∶30，即 3∶4∶5，一个四度音程和一个大三度。帕拉第奥偏好 2∶3 或 3∶5（大六度）的比率，有些建筑有着 4∶5（大三度）或 5∶6（小二度）的比率，与 16 世纪威尼斯音乐理论家和作曲家扎里诺（Geoseffo Zarlino，1517-1590）的理论相一致。

扎里诺运用科学的工具提出了一套和声体系，系统地整理了业已普遍应用的学说。著有《和声惯例》（1558）和《音乐余论》（1588），内容涉及音乐的数学基础、对位和调式。他与法国作曲家和理论家拉莫（Jean Philippe Rameau,1683-1764）提出了划时代的发现，如：和声泛音体系、协和音和不协和音的性质、调的功能或大小调的平行关系等[29]（图 8-27）。

建筑师和音乐家在关于空间、构成和方法方面，作曲和建筑在创新和理论的隐喻等方面也有许多共同点。意大利建筑理论家莱奥奇尼（Gian Carlo Leoncilli Massi）曾经将音乐家斯特劳斯（Strauss）与奥地利建筑师阿道夫·卢斯（Adolf Loos，1870-1933）加以对比，而意大利建筑师乔瓦尼·詹诺内（Giovanni Giannone）博士则认为奥地利作曲家阿诺德·勋伯格（Arnold Schönberg，1874-1951）更适合与卢斯加以对比。[30] 詹诺内长期研究建筑理论和美学史，爱

好音乐。他还将德国建筑师密斯·凡·德·罗（Ludwig Mies van der Rohe, 1886-1969）对比奥地利作曲家韦伯恩（Anton Webern，1883-1945），将意大利建筑师卡洛·斯卡尔帕（Carlo Scarpa，1906-1978）与俄罗斯音乐家斯特拉文斯基（Igor Feodorovich Stravinsky, 1882-1971）作对比。[31]这种类比总体上而言，应该说比较牵强。

　　建筑师往往被比作乐队的指挥，指挥着包括工程师、艺术家和工人在内的团队，指挥协调着结构、设备、工厂制作和施工技术人员完成十分复杂的建筑作品。建筑师的作用就好像音乐家指挥乐团演奏自己的作品一样。演出成功与否涉及每一位参与者。在设计和建造过程中不能有"错音"，不能偏离乐谱，否则就足以导致混乱而非和谐。

　　意大利建筑师伦佐·比阿诺（Renzo Piano, 1937- ）设计过七座音乐建筑，包括罗马的音乐城、柏林的波茨坦广场剧院、巴尔马的帕格尼尼音乐厅等（图 8-28）。在 1995 年他与音乐家贝利奥（Luciano Berio）和物理学家瑞杰（Tullio Regge）的一次关于创造的对话中，比阿诺对这位音乐家说：

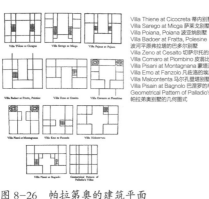

Villa Thiene at Cicocreta 蒂内别墅
Villa Sarego at Micga 萨莱戈别墅
Villa Poiana, Poiana 波亚纳别墅
Villa Badoer at Fratta, Polesine 波河平原弗拉塔的巴多尔别墅
Villa Zeno at Cesalto 切萨尔托的泽诺别墅
Villa Cornaro at Piombino 皮翁比诺的科尔纳罗别墅
Villa Pisani at Montagnana 蒙塔涅纳的别墅
Villa Emo at Fanzolo 凡佐洛的埃莫别墅
Villa Malcontenta 马尔孔登塔别墅
Villa Pisain at Bagnolo 巴涅罗的毕萨尼别墅
Geometrical Pattern of Palladio's Villas 帕拉第奥别墅的几何图式

图 8-26　帕拉第奥的建筑平面

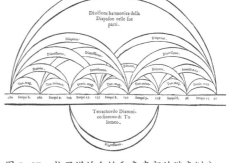

图 8-27　扎里诺的全协和音声部的谐音划分

（a）俯瞰

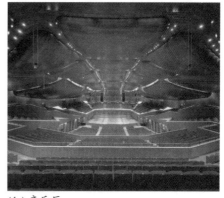

（b）音乐厅

图 8-28　罗马音乐城

"实际上，音乐是存在的最具精神性的建筑，很难想象音乐与建筑之间有如此多的相似性。它们都有主体的结构，然后都深入细节……亲爱的贝利奥，你也常常引用建筑隐喻。你说过，音乐是一座建筑，你不断地添加房间和窗户，也增添新的部分。你也曾经说过，音乐和建筑两种艺术的主题都是'无限的'，你也认为完美的，不能改变的建筑是死亡的建筑。"[32]

贝利奥同意比阿诺的观点：

"音乐和建筑之间有相似性，它们都关注材料的应用，建筑和音乐一样，出现了更轻，更透明的材料。但我不认为音乐和建筑由于新材料的发明而有所改变，不，这些材料业已存在，也已经在应用。因为音乐思想和建筑思想都是开放的。" 他还将音乐的体验与建筑和城市的体验相提并论：

"我认为一位有教养的听众体验音乐就像一位有教养的人体验城市，音乐如同城市，可以用不同的传译方式打动人"。[33]

二、建筑的音乐性

音乐与建筑在空间表现关系上有相通之处，美国建筑师路易·康曾经这样论述空间与音乐的关系：

"空间有它的音调，我想象自己正将空间谱成高耸的、有穹隆的或是在圆顶下，赋予它音乐的特性，交错着空间的色调层次，高而窄，从银色、明亮逐渐隐入黑暗。"[34]

有些东西我们可以归纳为建筑的音乐性，德国哲学家和诗人尼采曾经将音乐与迷宫式建筑相提并论，希腊的克里特岛的迷宫是古老的建筑，迷宫式建筑就是音乐形象的建筑（图8-29）。他也把意大利美丽的水城威尼斯比作音乐，威尼斯是一座迷宫之城。尼采在《瞧，这个人》一书中说过：

"每当我寻找一个词来替代音乐这个词的时候，我的脑海中浮现的总是威尼斯。"[35]

迷宫被比作音乐和建筑之梦，"在迷宫的形象中筑建筑之梦，如同在音乐的形象中筑建筑之梦。"[36] 最早的迷宫出现在古埃及和古希腊，欧洲中世纪大教堂的地坪上往往有一座迷宫的图案，并在迷宫的入口处标上建筑师的名字。在欧洲手法主义和巴洛克园林艺术中，迷宫是用树篱围绕而令人很难找到中心和出口的错综复杂的小径或巷道网络。法国建筑科学院院士的纹章背面是迷宫图案，其内涵是建筑师需要找到自己的路（图

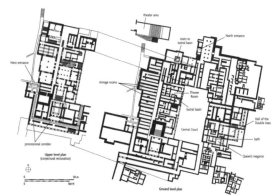

theater area 剧院　stairs to lustral basin 通向净水池的楼梯　north entrance 北入口　west entrance 西入口
storage rooms 储物室　Throne room 王座室　lustral basin 净水池　Hall of the Double Axes 双斧大厅
Central Court 中心庭院　processional corridor 走廊　bath 浴室　Queen's megaron 王后卧室
Upper level plan 楼层平面　Ground level plan 底层平面　(conjectural restoration)（想象的复原图）

图8-29　克里特岛的迷宫

8-30）。

日本当代著名画家东山魁夷（1909-1999）在他的《唐招提寺之路》一书中，提到建筑的音乐性：

"让我们站在南大门台基，从正面观望雄伟壮观的金堂正殿。那是何等气势夺人的景观啊！可以说，作为唐招提寺的雄姿是决定性的。

人们说建筑具有音乐要素。面对正殿，我仿佛从波澜壮阔的交响乐第一乐章听到第一主题果敢而强劲的奏鸣。"[37]

匈牙利作曲家李斯特（Franz Liszt,1181-1886）也有过类似的感受：

"我不知道为什么，但一看到大教堂，我就有一种奇怪的冲动。这莫非是因为音乐就是声音的建筑？或者是建筑就是音乐的凝结？我不知道，真的不知道。可是，这两者之间确实存在着一种紧密的情缘关系。"

节奏是音乐在时间上的组织，谢林在《艺术哲学》中将节奏视作音乐的根本，他认为"节奏是音乐中之音乐"。[38] 梁思成教授认为建筑的节奏与韵律与音乐有相似之处，他曾经指出：

（a）俯瞰

（b）俯瞰

图 8-30　园林中的迷宫

"差不多所有的建筑物，无论在水平方向上或垂直方向上，都有它的节奏和韵律。我们若是把它分析分析，就可以看到建筑的节奏、韵律有时候和音乐很相像。例如有一座建筑，由左到右或者由右到左，是一柱，一窗；一柱，一窗地排列过去，就像'柱，窗；柱，窗；柱，窗；柱，窗……'的2/4拍子。若是一柱二窗的排列法，就有点像'柱，窗，窗；柱，窗，窗；……'的圆舞曲。若是一柱三窗地排列，就是'柱，窗，窗，窗；柱，窗，窗，窗；……'的4/4拍子了。"

"在垂直方向上，也同样有节奏、韵律；北京广安门外的天宁寺塔就是一个有趣的例子。由下看上去，最下面是一个扁平的不显著的月台；上面是两层大致同样高的重叠的须弥座；再上去是一周小挑台，专门名词叫平坐。平坐上面是一圈栏杆，栏杆上是一个三层莲瓣座，再上去是塔的本身，高度和两层须弥座大致相等；再上去是十三层檐子；最上是攒尖瓦顶，顶尖就是塔尖的宝珠。按照这个层次和它们高低不同的比例，我们大致（只是大致）可以看到（而不是听到）这样一段节奏。"（图 8-31）。[39]

从这段论述中，我们可以看到建筑构图与音乐的曲式构成、乐句和乐段的结合形式上的相似性。美国建筑师、作家和舞台设计师布拉格顿（Claude Fayette Bragdon，1866-1946）认为建筑的比例与音乐的建筑性比例有内在的联系，他研究了意大利文艺复兴建筑师巴乔·蓬泰

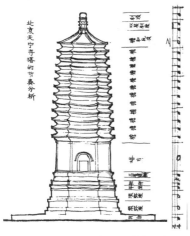

图 8-31　北京天宁寺塔的节奏分析

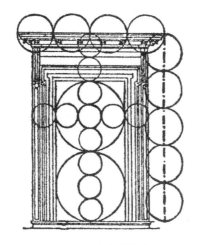

图 8-32　圣洛伦索教堂大门

利（Baccio Pontelli，1450-1492/1494）设计的罗马达马索的圣洛伦索教堂（San Lorenzo in Damaso a Roma）的大门，大门在 1589 年由多梅尼科·丰塔纳（Domenico Fontana，1543-1607）设计，以八度、五度和三度音程来表现（图 8-32）。他同时列举了三座文艺复兴建筑作为案例（图 8-33）。威尼斯的文德拉明 - 卡莱尔吉府邸（Palazzo Vendramin-Calergi，约 1500-1508）是意大利文艺复兴建筑师科杜奇（Mauro Codussi，约 1440-1504）的作品，正立面面对大运河，达到了盛期文艺复兴风格的明晰效果。庞大并且极富雕塑感的立面由竖三段和横三段式的网格组成。布拉格登把文德拉明 - 卡莱尔吉府邸的檐部与音乐中的 4/4 拍相类比（图 8-34）。布拉格顿也将罗马的吉罗府邸（Palazzo Giraud Torionia,1496）的檐部与音乐中的 4/4 拍相类比（图 8-35）。又列出罗马法尔内西纳别墅（Villa Farnesina，1505 年始建）的檐部与音乐中的 3/4 拍相类比（图 8-36）。法尔内西纳别墅是意大利文艺复兴盛期建筑师巴尔达萨雷·佩鲁齐（Baldassare Peruzzi，1481-1536）设计的一座早期乡村别墅。U 形平面结合了两个带拱顶的一层敞廊，立面曾经涂有精彩的饰面，布置有二层楼高的多立克式壁柱，它们构成了巨大的矩形窗户或敞廊拱门的门套。檐部装饰着华丽的赤陶雕带。

　　反复重现是音乐中常见的形式，回旋曲（rondo）是一种包括多次重复的段落的曲式，对称的处理与帕拉弟奥设计的位于马塞尔的巴尔巴罗别墅（Villa Barbaro，1556）建筑立面的竖五段划分 A-B-A-B-A 相似[40]（图 8-37）。

　　手法主义建筑往往采用夸张的立面节奏，文德拉明 - 卡莱尔吉府邸的立面节奏与音乐的曲式构成节奏相似，采用 A-B-A-BBB-A-B-A 的节奏，意大利维罗纳的饮泉宫（Palazzo Bevilacqua，约 1530），虽然对称，但交替变化的七开间宽度和极为不同的细部创造出复杂的节

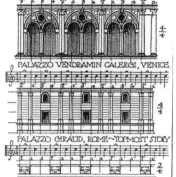

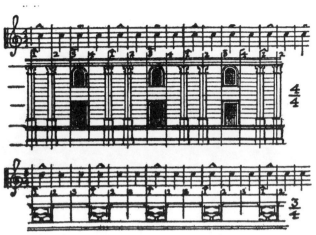

（a）布拉格登的建筑韵律　　　　　（b）吉罗府邸的顶部立面和法尔内西纳府邸的檐部与音乐的类比

图 8-33　建筑与音乐的韵律

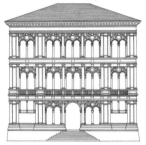

（a）立面图　　　　　（b）外观

图 8-34　文德拉明 – 卡莱尔吉府邸

图 8-35　吉罗府邸

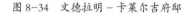

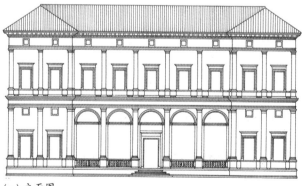

（a）立面图　　　　　（b）外观

图 8-36　法尔内西纳别墅

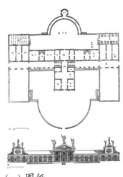

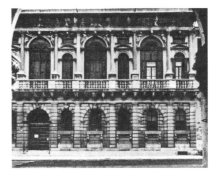

（a）图纸　　　　（b）外观

图 8-37　巴尔巴罗别墅

图 8-38　饮泉宫

奏，建筑底层和二层的立面均十分明晰地采用 A-B-A-B-A-B-A 的节奏，可以看作是类似音乐中的和声处理（图 8-38）。借鉴了公元 1 世纪的维罗纳的博尔萨里门（Porta dei Borsari），采用 A-A-B-A-A 节奏，或 A-BC-A-BC-A 节奏，这三种节奏形成的立面作为一个整体，可以看作是音乐中的赋格曲（fugue）那样无休止地延续下去，前后叠置，彼此之间构成音乐中的密接和应（stretto）。[41]

三、音乐中的建筑

法国印象派作曲家、音乐评论家德彪西（Claude Achille Debussy, 1862-1918）在《克罗士先生》一文中，认为法国作曲家、评论家保罗·杜卡斯（Paul Dukas, 1865-1935）的作品降 E 小调钢琴奏鸣曲有着"建筑式的"感情，他的音乐旋律的力量、节奏的变化，同建筑物的线条有着相似的美。德彪西是这样说的：

"请听这首奏鸣曲的第三乐章，你们会发现，在娓娓动听的旋律里，包含着一种力量，这种力量凭借着刚劲稳健的技巧控制着节奏的变化。这种力量贯穿乐曲的最后一章，在那里感情发展到了顶点。我们甚至可以说这是一种'建筑式的'感情，因为这种感情使人联想起和建筑物圆润的线条相似的美——这种线条和绚丽的太空融合成了一体，达到完美的、最终的和谐。"[42]

赖特曾经说过："所有的艺术都与音乐有关联。"赖特的父亲是一位牧师，有着很深的音乐修养，赖特本人也会演奏钢琴和大提琴，在他的心目中，音乐与建筑之间存在着某种不可分割的关系。当年他在创办塔里埃森设计学校时，规定每个学生至少要会一种乐器。

一些音乐批评家认为，复调音乐（polyphony）的结构以及它所给予人们的感受与建筑相似，这种感受主要是来自对音乐和建筑形式的欣赏和领悟，所有的复调音乐都可以与建筑进行一种比较，古老的复调作曲家就像是音符的建筑师（图 8-39）。复调音乐一词源自希腊语，原意是"多层次的音"。

复调音乐是一种作曲风格，作曲家特别注重每一声部的旋律性和完整性，不同于用和弦伴奏旋律的主调音乐，城市空间和城市建筑也宛如复调音乐。当然，音乐与建筑的相似性不能过分夸大，只有某种音乐作品在某种程度上可以看成是一种单纯的、类似于数学的形式。其他的音乐作品则有不同的形式和意义，建筑与音乐的相似性更多地表现为音乐与建筑在精神方面的感悟作用以及节奏、韵律和结构方面的类比。

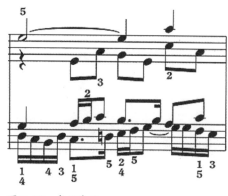

图 8-39　复调音乐

法国思想家、文艺评论家及历史学家丹纳在他的《艺术哲学》一书中，将建筑与音乐并列为非模仿的艺术：

"音乐与建筑一样，也建立在艺术家能自由组织和变化的数学关系之上。"[43]

俄罗斯作曲家斯特拉文斯基曾经把对音乐的感受与对建筑形式的感受加以类比：

"我们在音乐里所得到的感受，和我们在凝视建筑形式的相互作用时所得到的感受是完全相同的。除此以外，我们找不到更好的办法来解释这种感受。"[44]

建筑与音乐的共通性并非仅仅发生在表象上，还存在于其结构之中。对建筑与音乐而言，一般属于感官上的认知其实与以此结构组成的方式是直接相关的，如清晰与模糊的差异感是来自单元与单元间连结的关系。一般而言，巴洛克艺术之所以带给人复杂而模糊的印象，是由于单元间以重叠为其连结方式的缘故；而新古典时期的艺术则由于邻接的单元关系，所以在感知上比较清晰。另外零碎与整体感的差异则来自两个时期概念单元的不同。

有一种观点认为音乐与建筑的关系不在于将建筑与音乐的原理加以比较，而是借着不同的音乐家、音乐风格与建筑形式风格的对照，试图寻找建筑与音乐这两种不同的艺术形式以及创作方法之间所共同拥有的创作背景和源泉。很多人都从巴赫的音乐中感受到建筑给人产生的印象，巴赫的音乐属于晚期巴洛克音乐，与巴洛克建筑的风格有许多相似之处。"巴洛克的建筑喜欢重复，以作为加强、对照其内涵与轮廓的一个方法。以回声呼应每一个乐思的倾向占据了这一时期的音乐……"[45]在历史上就曾经有学者将巴赫与哥特式大教堂联想在一起，波里斯·德·希略泽的《巴赫的美学》指出，在听赋格曲时，仿佛就像在远眺一座建筑。[46]巴赫生活的时代已经是巴洛克盛期，但是往往认为应当在哥特式大教堂中欣赏巴赫的音乐，而不是在巴洛克教堂中，巴赫的音乐也仿佛是中世纪的大教堂。而且，将巴赫的音乐与大教堂相提并论也不仅仅是建筑界的声音，音乐理论家在音乐史中也将巴赫的音乐与建筑加以类比：

"不论从哪一个角度研究巴赫，都有巨大的困难挡路。音乐爱好者走进那一座座宏伟的宫殿般作品时，几乎无法捉摸它们的布局和结构，会茫然若失，因为在欣赏那些几何奇迹般的严峻建筑之时，会感觉到一阵阵温柔的诗意侵袭整个身心，这诗意发自那巍峨建筑的一丝不苟的精美装饰。可是当他转而探索诗意的来源时，只看见一座秩序和逻辑永恒不变的墙和柱。"[47]

《西方文明中的音乐》的作者匈牙利裔美国音乐理论家保罗·亨利·朗进而直接将巴赫的作品称作大教堂：

"如果想窥透巴赫一生创作的雄壮而优美、阴沉沉而暖色调的大教堂，我们必须绕过大门，走圣器保藏室的那道边门，拾级而上那神秘阴暗、弯弯曲曲的楼梯，进入亲切友好的管风琴室，才能找到他心中的至爱。"[48]

台湾实践大学空间设计系的李清志和高晟写了一本《巴哈盖房子——建筑与音乐的对话》（2000），书中将音乐家、音乐风格与建筑形式风格加以对照，寻找建筑与音乐这两种不同的艺术形式共同的创作背景及源泉。作者认为德国作曲家巴赫不仅是个宗教音乐家，他应该也会是一名优秀的建筑师，巴赫在五线谱和音符的排列中架构他的"音乐的哥特式大教堂"。

书中引述了德国音乐家和音乐理论家福克尔（Johann Nikolaus Forkel，1749-1818）在《巴赫传记》（1802）中的一段话：

"……他一眼便能看出每座建筑物的特点，有一个令人惊奇的例子；他到柏林来看我，我带他去看新建的歌剧院优缺点。他看了看屋顶，然后不假思索的说，这是建筑师的杰作……"。[49]

音乐除了与大教堂相比拟，还比作巴比伦通天塔，法国历史学教授迪迪埃·法兰克福（Didier Francfort）在他的著作《音乐像座巴别塔——1870-1914 年间欧洲的音乐与文化》（Le Chant des Nations, Musiques et Cultures en Europe, 1870-1914）中认为：

"在 1870 至 1914 年之间，欧洲的音乐生活就像一座巴别塔。音乐的民族精髓无处不与当地的某位天才，与历史、地理、传统的某个重要因素联系在一起。"[50]

建筑师也会用音乐来表现建筑，或者确切地说，是用建筑来表现音乐。音乐和大海构成了德国建筑师门德尔松艺术理念的两大主题，音乐和大海是节奏感和知识的灵魂，也成为他的表现主义建筑的灵感，在他的作品中追求建筑的音乐感。门德尔松的许多草图是在欣赏巴赫和德国作曲家贝多芬（Ludwig von Bethoven，1770-1827）的音乐中完成的，甚至他的草图也冠名为"B 小调弥撒曲"（Mass in B Minor）、"感恩赞"（Te Deum）、"D 小调托卡塔和赋格"（Tocatta and Fuge in D Minor）等。[51]门德尔松草图中的简仓和工厂不仅具有功能性的价值，而更突出的是象征性的音乐效果，这是一种新型的建立在音乐视觉化基础上的现代建筑，草图中的工业建筑甚至题名"巴赫工业"（Bach Industries）。[52]门德尔松常常把他的建筑幻想与巴赫和德国作曲家勃拉姆斯（Johannes Brahms，1833-1897）联系在一起，图 8-41 是门德尔松在 1926 年的建筑草图，以《黄昏中的巴赫》（Oskar Beyer, an Evening of Bach）命题[53]（图 8-40）。

俄国构成主义建筑师切尔尼霍夫一生中，仅有一座工厂设计得以建造，之所以被称为建筑师，是因为他曾经创作过数以万计的建筑幻想作品，他大概是第一位撰写关于《建筑幻想》（*Architectural Fantasies*, 1933）的建筑师。在这本书中，切尔尼霍夫曾画过一幅标题为《音乐构图，建筑幻想曲87号》（Musical Composition, 1933）的画。在画面上，切尔尼霍夫用建筑作为音符创作出一首建筑的交响乐，展现出由"网状""编织状"的线条与建筑图案组成的三维空间构图（图8-41）。切尔尼霍夫认为：

> "建筑幻想向我们展示了新的构成过程，新的描绘模式，这些建筑幻想培养了对形式和色彩的感觉。建筑幻想是培育想象的场所，激起创造的欲望。建筑幻想带来新的创造性和新思路，帮助人们找到解决建筑意向的方法等等。"[54]

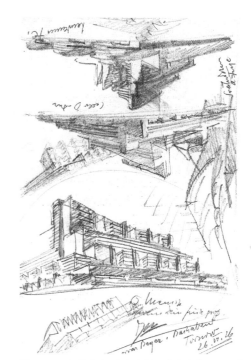

图8-40　门德尔松的建筑构思《黄昏中的巴赫》

建筑也往往成为音乐表现的主题，有时候，音乐也是建筑生成的源泉，作曲家的灵感来自建筑，而建筑师的创意也会源于音乐。音乐家有时候也用音乐的语言来表现建筑和建筑师，这就是一种用音乐生成建筑的方式。建筑在音乐中成为主题，成为场景，成为歌剧的组成部分。意大利维罗纳的圆形剧场在每年的夏季夜晚都演出威尔第（Giuseppe Verdi,1813-1901）的歌剧《阿依达》，剧中的凯旋式与圆形剧场的场景融合成完美的整体，观众手拿蜡烛，创造了特殊的氛围（图8-42）。

音乐可以表现建筑，建筑和城市往往成为音乐作品的主题，俄国作曲家穆索尔斯基（Modest Mussorgski，1839-1881）的《展览会的图画》（*Pictures at an Exhibition*）结尾第10首乐曲描写的是画家和建筑师维克多·哈特曼（Viktor Hartmann，1834-1873）为神秘、永恒的俄罗斯

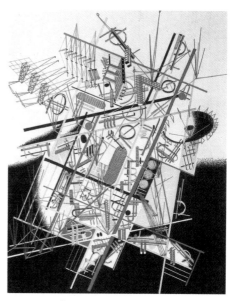

图8-41　《音乐构图，建筑幻想87号》

图 8-42　维罗纳的圆形剧场

（a）《展览会的图画》乐谱

（b）哈特曼设计的基辅城门

图 8-43　《展览会的图画》所呈现的建筑

的摇篮——基辅设计的古俄罗斯风格的以俄罗斯英雄波嘎蒂尔（Bogatyr）命名的宏伟城门，以宏伟的大门展现城市的威望。穆索尔斯基在这首乐曲中"没有去追求不可能的事，没有试图去用声音'描绘''勇士门'，而把许多能够在古代斯拉夫门旁出现并为我们对于十六分生活的表象所特有的典型声音要素（众赞歌唱，钟声，有人疾驰而过的喧声）集中了起来，而获得了真正现实主义的'摹声图画'"[55]（图 8-43）。

城市的主题频繁地激励着音乐，无论中外，都有着大量颂扬城市的歌曲，音乐也有助于打造民族的城市，歌颂现实的、想象中的城市。[56]一位意大利当代的音乐史教授、钢琴家斯台芳诺·拉尼（Stefano Ragni）曾将威尼斯、那不勒斯、佛罗伦萨、比萨、罗马这些城市比拟为一首无穷的交响乐。巧合的是匈牙利作曲家、钢琴家李斯特也写过一组名为《威尼斯和那不勒斯》的钢琴作品。俄罗斯作曲家柴可夫斯基（Piotr Ilyich Chaikovsky, 1840-1893）写过一首弦乐六重奏《佛罗伦萨的回忆》（Souvenir de Florence, 1887-1892），人们可以在音乐的氛围中想象或者回忆城市（图 8-44）。

图 8-44　《佛罗伦萨的回忆》

图 8-45　《一个大都市的苏醒》乐谱
来源：Sound Art

图 8-46　"回旋曲"会议中心

未来主义音乐关注新音乐和相当技术之间的关系，意大利未来主义画家路易吉·鲁索洛（Luigi Russolo，1885-1947）应当是一位跨界音乐家，他在 1913 年发表宣言《噪音的艺术》（The Art of Noises），他要求打破一切过去的音乐规则。接受所有新的可以得到的音响可能性：

"我们从轻轨电车、内燃机引擎、汽车和嘈杂人群的噪音的完美组合中，获得了比聆听像《'英雄'交响曲》或《'田园'交响曲》这样的音乐时更大的愉悦……未来主义音乐家必须用合适的机械产生出的噪音的无限丰富的音色，来替代当今管弦乐队乐器的那种音色局限。"[57]

他的作品《一个大都市的苏醒》赞颂城市的噪音，实际上，音乐也被定义为有组织的噪音[58]（图 8-45）。

1999 年 9 月在瑞士山城蓬特雷西那（Pontresina）召开的以《巨大和速度——介于梦幻与痛苦之间的城市》（Bigness & Velocity, The City between Dream and Trauma）为题的第二届蓬特雷西那国际建筑大会（Second International Architecture Symposium Pontresina）上，瑞士作曲家李·马德福特（Lee Maddeford）在每次会议开始之前都要在钢琴上弹奏一段他自己创作的乐曲，并伴以幻灯演示，表现参加大会的建筑明星，例如"库尔哈斯的肖像""诺曼·福斯特的肖像""雅克·赫尔佐格的肖像"等。会场所在的圆形建筑的名称是"回旋曲"（Rondo），马德福特也创作了一首乐曲"回旋曲会议中心"（图 8-46）。乐思流畅，时而用强烈而又快速的节奏，用切分音来表现激情，时而又用柔和而又缓慢的旋律表现建筑师的沉思。马德福特的音乐就像建筑的拼贴一样，一种古典音乐与爵士乐的拼贴，更多的是表现对建筑与建筑师的感受，一种情绪。大多数的情况是以画面为乐曲作陪衬。所配的画面呈现出某种气氛，有时用人物的照片，有时出现建筑，有时用简洁的文字，有时则用各个片断的画面拼贴，黑白与彩色的画面交替出现，时而又用底片，各种画面反复在屏幕上放映，在音乐的伴奏下，给人以强烈的印象。

第三节 音乐与空间

将建筑作为一种发声的装置的研究可以追溯于维特鲁威时代,《建筑十书》里就已经有了关于圆形剧场与声音的记载,而中世纪的歌特教堂空间与管风琴的完美结合,使建筑作为一种发声的装置与音乐达到了和谐统一的境界。文艺复兴时代认为是音乐给予各类创造者:雄辩家、诗人、雕塑家和建筑师以灵感。[59]

在教堂、音乐厅、歌剧院建筑中,建筑与音乐融为一个整体,建筑本身成为乐器的组成部分,或者是乐器的隐喻。欧洲的许多教堂都是宗教音乐的组成部分,在做弥撒和演奏音乐时,建筑是充满声音的空间容器。剧院和音乐厅对声音极为敏感,空间大小和形状发生的任何变化,都会影响声响效果。建筑结构成为物理感受与精神情感感受的联系,强调空间或建筑的物理感受,与空间或音乐的情感感受之间的过渡。

一、音乐生成建筑

波兰裔美国建筑师里伯斯金曾经在波兰和以色列学习音乐,后来在纽约学习建筑,他在年轻时曾经与以色列钢琴家和指挥家巴伦博伊姆(Daniel Barenboim,1942-)、小提琴家帕尔曼(Itzhak Perlman,1945-)等著名音乐家在纽约的卡内基音乐厅一起开过音乐会。他自称:

"我一开始走的不是建筑的路,本来应该成为音乐家的我,其实是个音乐神童。"[60] 不过,他到美国后转行学建筑。

里伯斯金在参加1988 ~ 1989年的柏林犹太人博物馆的设计竞赛时,灵感来源于勋伯格的音乐,将奥地利作曲家阿诺德·勋伯格的十二音序列作品,未完成的歌剧《摩西与亚伦》(*Moses und Aron*)的第三幕作为设计的创意。勋伯格在《旧约》的背景上展示了摩西和亚伦之间的悲剧性矛盾,在第三幕第一景中,亚伦对摩西说:"我用形象说话,你用概念说话,我诉诸心,你诉诸智。"摩西告诫亚伦:"纯洁你的思想,摆脱俗念,将它奉献给真理。"

图8-47 《摩西与亚伦》的乐谱

乐谱没有用作隐喻,而是作为一个结构组成。乐曲的最后一个乐章,即第三章的谱线仍是空白,这个乐章的结尾是一次对话(图8-47)。里伯斯金在回忆录中说:

"我决定,我设计的这座博物馆要像这部歌剧的第三幕。在石墙之中,在尽头的'虚空间'里,歌剧的角色无声地歌唱。最后,他们的歌声会随着参观者回荡在博物馆中的脚步声中传出来。"[61]

里伯斯金试图通过建筑的空间令人们想起这首乐曲的结尾。

由于是犹太人，阿诺德·勋伯格于 1933 年遭到艺术学院解雇，被迫离开柏林，移民美国。作曲家掩藏自己的理想，化名亚伦·勋伯格，将静默无声的第三乐章留在了身后。里伯斯金认为，正如音乐：

"建筑永远处于过程之中，而非简单地是一个终结。"[62]

基于空间和时间不可分割的概念，普林斯顿大学建筑系的学生于 1994 年在马丁教授（E.Martin）的指导下曾经探索将音乐的形象转化为建筑空间，研究的题目是《传译音乐的建筑》（*Architecture as a Translation of Music*）。这个课题的原理是"空间赋予形式和比例，时间提供生命和度量。"以 10 位音乐家和建筑师的作品作为这项研究分析的基本素材，以探索语言、哲学以及音乐与建筑的特征。案例研究包括声学、乐器、建筑以及相互的层叠关系。[63] 其中一项研究将乐谱与城市空间加以类比，研究后提出了一个公式作为生成的理念：

$$\frac{素材 \times 声音}{时间} = \frac{材料 \times 光}{空间}$$

由美国建筑师斯蒂文·霍尔设计的位于美国德克萨斯州的斯特瑞托住宅（Stretto House，1990-1992）把匈牙利作曲家和钢琴家贝拉·巴托克（Bela Bartók，1881-1945）在 1936 年的一首乐曲《为弦乐、打击乐和钢片琴所做的音乐》（*Music for Strings, Percussionand Celstra*，以下简称《弦乐、打击乐和钢片琴音乐》）生成一座建筑。

《弦乐、打击乐和钢片琴音乐》以弦乐的应答式交替分奏，同时也运用了新颖的器乐技巧。斯特瑞托正好隐喻音乐术语"密接和应"（stretto），这个词源自意大利语，意思是贴近的，挤紧的，音乐中称为密接和应，指赋格的主题进入时首尾叠置，使前后接得更紧，比常规的进入缩短了间隔距离，目的在于展示主题的对位可能性。斯特瑞托住宅的设计模拟该乐曲，基地上有三座水池，现存三座混凝土水坝。水体犹如音乐般叠置以反射室外的景观，也虚拟地反射室内景观，依次观察可以想象音符的运动。[64]

《弦乐、打击乐和钢片琴音乐》有四个乐章，在打击乐的沉重和弦乐的轻盈之间有清晰的物质性区分，住宅也由四部分构成。巴托克在作品中吸取了民间音乐的素材，并且形成了音乐的细部。住宅的每一部分都有两种模式：垂直相交的沉重砌体和轻盈的曲线形金属结构，也与德克萨斯民间建筑的混凝土块体和金属有关。从巴托克的这首乐曲和斯特瑞托住宅中，人们可以感知某种隐藏在结构中的层级。巴托克在作曲时往往应用数学方法，乐曲的第一乐章由 89 个小节组成，乐章中的每一部分的小节数清晰地表明接近斐波那契数（Fibonacci sequence）。斯特瑞托住宅应用黄金分割比例，表现在墙体的实和虚的关系上（图 8-48）。

方体空间工作室主持建筑师王昀在 1993 年以作品"埃里克·萨蒂的家"参加日本东京第四届 SL 住宅建筑国际设计竞赛并获一等奖，将萨蒂的音乐转换成建筑空间形象（图 8-49）。法国作曲家萨蒂（1866-1925）生活在一个连接浪漫与现代，充满激情而又动荡不安的时代，他的早期作品

（a）模型　　　　　　　　（b）模型　　　　　　　　　　　　　（c）图纸

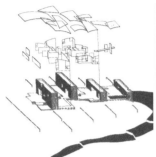

（d）斯特瑞托住宅的空间组合　（e）外观　　　　　　　（f）外观

图 8-48　斯特瑞托住宅

就宣示出明显的现代曲式特点，具有超现实主义因素，萨蒂认为音乐是一个日常的事件，他的作品宛如一幅幅音乐画面。[65]

　　我们在第二章讨论超现实主义艺术时，曾经列举了萨蒂作曲的舞剧《游行》。萨蒂与建筑有不解之缘，他曾经研究过法国建筑师欧仁－艾麦努尔·维奥莱－勒－杜克（Eugène-Emanuel Viollet-le-Duc, 1814-1879）的著作，维奥莱－勒－杜克是法国 19 世纪最伟大的建筑师、考古学家和建筑理论家，对于推动法国和英国的哥特复兴起着重要的作用，他的著作对哥特建筑的结构原理重新加以诠释，在维奥莱－勒－杜克的影响下，萨蒂的第一部有意义的作品是四首《尖拱》（1886），开启了他的音乐创作的哥特时期。[66]《尖拱》是一部四部曲，其特点是停顿不对称、分段续唱；节奏缓慢，从而使一切行进感消失，节奏感完全消失；线性复调，缺少转调，旋律略显简单。乐曲的标题采用哥特建筑的尖形肋拱是为了强调同时出现而又一成不变重复的音乐要素之间形式上存在的关系，以及结构顺序，使人联想到石头的稳固和岿然不动[67]（图 8-50）。萨蒂的"室内装饰音乐"的代表作是《苏格拉底》（1920），他设想创造"一种欣赏起来如同感觉住进一所房子里的音乐"。[68]

　　王昀意识到萨蒂的乐谱中所表现的图式是作曲家头脑中所含有的音乐空间的表现，也是音乐空间的形象，以此作为"埃里克·萨蒂的家"的建筑空间图式的基础。建筑师选择的是萨蒂在 1914 年创作的乐曲《高尔夫》的乐谱，从而形成形态类比的住宅建筑平面[69]（图 8-51）。在此基础上，王昀又实验将音乐空间转化为建筑空间，选取了不同的乐曲，将乐谱的构成形象化作建筑空间图式。"萨蒂的家"在北京建成，与最初的构思已经有很大的区别（图 8-52）。

王昀的音乐建筑是基于乐谱的音符之间的形式变化和结构组成，强调图形的相似性，认为乐谱表达了音乐空间和音乐场的概念。[70] 萨蒂的《高尔夫》乐谱已经表明了记谱法的变化，前面列举的意大利未来主义作曲家鲁索洛的《一个大都市的苏醒》乐谱就是这种实验的代表。20 世纪后期，新的记谱法大量涌现，甚至出现激进的记谱法，新的记谱法强调图形价值和乐曲的视觉特征。意大利作曲家西尔瓦洛·布索蒂（Sylvalo Bussotti，1931-）为 12 个男声而作的《西西里人》（Siciliano）总谱将音乐的、文字的和图形的元素结合起来，创造出了一个不同寻常的复合体和视觉图案[71]（图 8-53）。王昀在他的著作《音乐与建筑》中，还将意大利作曲家雷诺斯托（Paolo Renosto）的《演奏者》以及其他一些作曲家的乐谱演化成建筑空间意象（图 8-54）。

建筑往往是音乐的组成部分，甚至也是乐器和共鸣箱。由瑞士建筑师卒姆托（Peter Zumthor，1943-）设计的 2000 年汉诺威世博会的瑞士馆，展馆建筑的主题是"电池"，用来表达充蓄和释放能量的概念。建筑如同一个磁场，聚集并释放各种活动而创造的动态能量。又称为"瑞士音箱"

图 8-49 "埃里克·萨蒂的家"

图 8-50 《尖拱》的第四部结尾

图 8-51 《高尔夫》乐谱的空间构成

（a）建筑与乐谱的空间构成

（b）外观

图 8-52 "萨蒂的家"

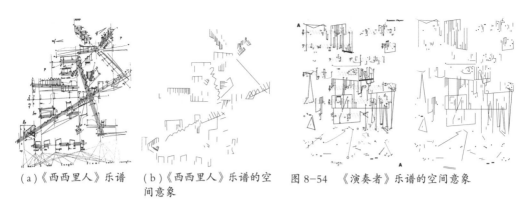

(a)《西西里人》乐谱　(b)《西西里人》乐谱的空　图 8-54　《演奏者》乐谱的空间意象
　　　　　　　　　　　　间意象

图 8-53　《西西里人》乐谱及其空间意象

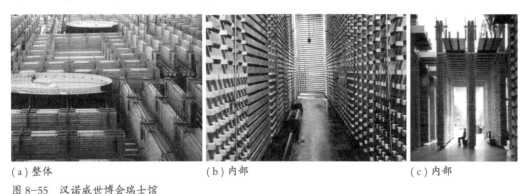

(a) 整体　　　　　　　　(b) 内部　　　　　　　　(c) 内部

图 8-55　汉诺威世博会瑞士馆

（Swiss Sound Box），音乐家在作为共鸣箱的展馆中演奏。整个建筑好似迷宫一般，迷宫似的结构开敞而通透，穿插着通道、内院和中厅。展馆又仿佛是一个产自瑞士的做工精美的八音盒，把空间、声响和各种展示充分融合在一起，创造出一个事件性的场所。从展览的第一天一直到结束，随着参观的人群，季节、风和天气的变化，它呈现出不同的姿态，给人以最真实的体验和感触，而所有这些都仿佛发生在一个音乐盒之中。在这里，风、雨和阳光随意的进出，创造出不同的空间体验（图 8-55）。

二、空间音乐

　　空间音乐有着悠久的历史，早在许多音乐家都曾经实验空间音乐（Raummusik）之前就已经存在多年。哥特式大教堂由于用石材建造，天然对中音和低音起反射作用，对信众的聆听产生一种似乎声音从各个方向传来的效果，这种无法确定声源方位的音响对音乐宗教仪式的社会效果起着关键的作用。[72]

　　所谓空间音乐是指在乐音的四要素，即音高、音值、音强、音色之外，还强调乐音的方向、位置以及其乐音的运动性。"空间音乐"意味着建筑与音乐在更广阔程度上的结合。[73]

　　音乐具有空间性，声音在不同的空间中会产生不同的效果，最早的空间音乐可以追溯到 16 世纪意大利作曲家和管风琴家乔瓦尼·加布里埃利（Giovanni Gabrieli，约 1557-1612），他自1585 年起担任威尼斯圣马可教堂的第一管风琴师，他的作品用多组唱诗班和管风琴在教堂内演奏，两组唱诗班和两组管风琴面对面布置，产生立体的声响效果。威尼斯交替圣歌的多重唱诗班产生回声式效果并应用于乐队。[74] 教堂内的侧廊为加布里埃利创作的多个合唱队演唱的音乐提供了理想的排列空间，不同的合唱队分布在不同的侧廊位置上，音乐在各个侧廊之间互相回响 [75]（图 8-56）。

　　意大利作曲家奥拉齐奥·贝内沃利（Orazio Benevoli，1605-1672）于 1628 年为萨尔茨堡大教堂的祝圣式创作了分布在大教堂室内，由 53 个器乐和 12 组唱诗班组成的弥撒曲，各声部此起彼伏，互相呼应，通过回声和对唱，以增强声音的空间效果。[76]

　　近代音乐史上，法国作曲家柏辽兹（Louis Hectoe Berlioz，1803-1869）的《安魂曲》中，用四组铜管乐器，又用长笛和长号遥相呼应，空间效果令人震惊。奥地利作曲家和指挥家马勒（Gustav Mahler，1860-1911）的《D 小调第三交响乐》包括了女低音、女声合唱、男童声合唱以及交响乐队各个声部，铜管乐在幕后演奏，形成特殊的空间效果。

　　自 1950 年代起，加拿大裔美国音乐家亨利·布兰特（Henry Brant,1913-2008）是"声音的空间分配"的先行者，他著有一首《交替歌 I》（Antiphony I，1953），在舞台和观众厅内的不同部位布置了五组乐队同时演奏，以获得音乐的空间效果，他还创作了 100 多首空间乐曲。[77]

　　法裔美国作曲家埃德加·瓦雷兹（Edgar Varèse，1883-1965）曾受过音乐与科学的双重训练，使他的艺术创作独具一格。他认为，音乐与建筑一样，既是一门艺术，又是一门科学。一方面探索新的乐器，另一方面也在探索空间音乐。他在 1950 年代尝试在建筑空间中的不同部位发出一系列的声音。

　　德国现代作曲家卡尔海因兹·施托克豪森（Karlheinz Stockhausen, 1928-2007）是总体序列主义音乐发展中最有影响的作曲家，施托克豪森也是世界最重要的电子音乐作曲家。总体序列主义瓦解了音乐结构的所有传统方面的展现，包括旋律、和声以及形式走向等。在这种音乐中，个别的细节对于整体效果无关紧要。[78]

　　施托克豪森创造了一种"空间音乐"，在他的童声合唱《青年之歌》（Gesang der Jünglinge，1955-1956）中，将电子音乐运用音乐的空间原理进行演奏，演出时，在听众四周围布置五组扬声器，将各种音响分别或同时由扬声器播放出来，以追求空间效果。施托克豪森在听众周围安置了五组扬声器，声音从一个扬声器移到另一个扬声器，有时围着听众呈圆周形，有时连成对角形。关于声音的速度，即声音从一个扬声器跳到另一个扬声器的快慢，声音在空间中间隔的重要性，已变得像过去的音高一样重要 [79]（图 8-57）。

　　斯托克豪森也在更广泛的程度上试图整合音乐与建筑空间的关系，这种结合使建筑与音乐的关

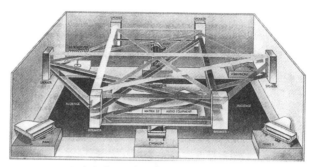

图 8-57　斯托克豪森的"空间音乐"

图 8-56　威尼斯圣马可教堂室内　　　　图 8-58　科隆广播交响乐团的演奏

系上升到新的艺术和技术水平。他在 1955 年与科隆广播交响乐团合作演奏加拿大裔美国音乐家亨利·布兰特（Henry Brant,1913-2008）的作品，斯托克豪森布置了三组乐队，一根木质的弦杆从一组乐队移向另一组乐队，同时演奏同样的乐器圆号和长号,改变的不是音高而是空间中的声音[80]（图 8-58）。

斯托克豪森认为空间音乐不是单纯的处于空间中的声音：

"自一开始我就在思考在何处布置乐器，我不想只是简单地获得声音的空间感"。[81]

勒·柯布西耶设计的 1958 年布鲁塞尔世界博览会飞利浦馆被誉为"电子诗篇"，建筑采用扭壳拱墙结构，其平面由各种曲线构成，高低错落的墙面及屋顶均为 5 厘米厚的扭壳，充分展现了混凝土的塑性表现力。建筑内部将色彩、声、光和音乐完美地结合在一起，飞利浦馆可以说是建筑师与音乐家合作探索的结晶（图 8-59）。勒·柯布西耶为展馆设计了草图，负责具体设计的是罗马尼亚出生的希腊裔法国作曲家、音乐理论家、建筑师、数学家、电子音乐家扬尼斯·泽纳基斯（Iannis Xenakis，1922-2001），1947 ~ 1960 年他曾与勒·柯布西耶一起工作过 12 年，负责结构设计，参加过马赛公寓、昌迪加尔和拉图雷特圣母修道院的设计工作。泽纳基斯根据建筑的模度理论创作的管弦乐曲《变形》（Metastasis，1954）的生成原则为飞利浦馆设计了细部（图 8-60）。展馆内用 400 个扬声器播放法裔美国作曲家埃德加·瓦雷兹的完全电子化的空间音乐《电子音诗》（Poème électronique，1958）。包括了广泛的音响材料，如纯电子化音响和录制的音乐，其中有非音乐的钟声、汽笛声、人声和钢琴声以不同的路径放送。在这首作品中实现了"音乐是空间"和"声

图 8-59　1958 年布鲁塞尔世界博览会
飞利浦馆

音是活物"的思想,瓦雷兹自述:"第一次,我听到了自己的音乐成了完全投影到空间上的声音。"[82] 这是一种空间的天启性的声音蒙太奇,建筑、音乐、空间在这里达到了完美的统一。泽纳基斯也为影片的间歇创作了名为《双曲抛物面混凝土》(Concert PH)的间奏曲。

在设计了飞利浦馆之后,勒·柯布西耶高度赞扬泽纳基斯的音乐素养和数学天赋,泽纳基斯又参与设计拉图雷特圣母修道院(1957-1960),在设计修道院的西立面窗户时(图 8-61),运用《变形》的节奏和音乐中的对位法原理进行组合,形成"波动式"(ondulatoires)分格(图 8-62)。

泽纳基斯在数学方面有着十分卓越的才华,并把这种才能用在建筑设计和作曲上,他强调音乐就是流动的建筑。泽纳基斯在勒·柯布西耶的事务所工作时,同时也在学习和声、对位和作曲,工作十分勤勉,他熟悉法国作曲家德彪西(Claude Achille Debussy,1862-1918)、匈牙利作曲家、钢琴家巴托克(Béla Bartók,1881-1945)和俄国作曲家斯特拉文斯基的作品。1950 至 1962 年,他在巴黎音乐学院学习作曲,学习的内容十分广泛,尤其专注节奏,自 1949 ~ 1952 年他受希腊民间音乐的旋律和巴托克、法国音乐家拉威尔(Maurice Ravel,1875-1937)等的影响。1951 ~ 1953 年师从法国作曲家、管风琴家和教师梅西安(Olivier Messiaen,1908-1992),此后他发现了序列主义,并对当代音乐有深刻的理解。梅西安赞赏泽纳基斯的极端聪慧,鼓励他身为希腊人的优越性,既是一名建筑师,又具有数学的天赋,应该利用这些特点做自己的音乐。梅西安对年轻一代欧洲序列主义音乐家有着重要的影响,音乐家斯托克豪森也是梅西安的学生。

自 1960 年代开始,泽纳基斯正式跨入音乐界,为了寻求一种适合于块状声音效果的因果关系,他认为建筑和音乐都可以看作是对抽象数学计算的具体体现,开始把

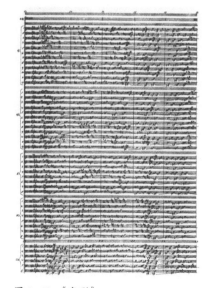

图 8-60　《变形》

图 8-61　拉图雷特圣母修道院

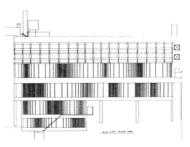

图 8-62　拉图雷特圣母隐修院的窗户组合

图 8-63　《音乐·建筑》

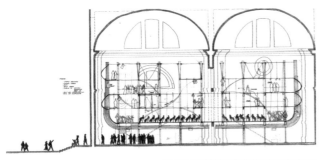

图 8-64　立体音乐空间

数学的概率论应用到音乐中，首创借助电子计算机并根据数学概率系统创作"随机音乐"（stochastic music），这种音乐在细节上不确定，但却向着一个明确的目标发展。[83] 泽纳基斯作品的复杂性所表现的创作方法中独特的技术细节只能为获得具有良好数学背景的人所理解，但是，他的音乐的冲击力是人们能够感受的，正如作曲家本人所述，他使用的数学理论是"普遍的法则"，转换为音乐语言时，也应该是容易理解的。他在 1966 年创立了一所数学与自动化音乐学校，著有《音乐·建筑》（*Musique. Architecture*，1976）（图 8-63）。

空间音乐不仅是在现成的空间内进行实验，也需要创造特殊的音乐空间。意大利建筑师比阿诺于 1983 ~ 1984 年设计了一座专为意大利现代音乐家路易吉·诺诺（Luigi Nono，1924-1990）作曲的歌剧《普罗米修斯》（Prometeo）演出而建造的音乐空间"歌剧方舟"，一艘漂浮的船形音乐厅。对威尼斯的圣洛伦索教堂和米兰一间废弃的工厂厂房的空间加以改造，在室内架空 3 米设置了一间 400 座的剧场。观众的位置在结构中央，座椅可以倾斜和转动，以适应音乐家的演奏。音乐家则在不同的高度环绕观众，建筑材料采用木材，整个剧场犹如一个音箱，目的是在空间内创造声响的天然互动。由 80 位音乐家组成的合唱队和交响乐团在整个演出过程中根据指挥和屏幕的提示，在三层环廊的上下左右不断变换位置。[84] 这座木质的"方舟"是专为歌剧建造的，建筑师与音乐家共同为空间音乐创造了一个立体音乐空间，建筑既是一件巨大的乐器，同时也是舞台、剧场和混响音箱（图 8-64）。

三、总体序列主义

与其他艺术相仿，现代音乐和现代建筑都经历了一个反传统、反体系的过程，音乐的反调性和建筑的反风格也是一致的，不仅是美学理论的相似性，也是创作手法上的相似，最为典型的是序列主义音乐和序列主义建筑。音乐和建筑在实质上都是技术性的艺术，音乐的主题、旋律、和声、对位等需要技术的支撑，建筑的结构和构成也是技术支撑的范例，无论是建筑或是音乐创意的革新必须以技术的革新为前提。奥地利作曲家阿诺德·勋伯格指出：

"和其他艺术比较起来，音乐更需要依靠它的技术方面的发展。一个真正的创意——至少从音乐史上看来——如不涉及重大的音乐技术改革——是难以想象的。"[85]这段话如果将"音乐"替换为"建筑"也是完全适合的，现代音乐和现代建筑也都可以借助计算机进行构思和创作。[86]实际上，音乐家的"作曲"和建筑师的构成都是同一个词。

序列主义（serialism）是一种认识世界的方式，其理论影响和实践遍及艺术的各个领域，这种普遍理论要求所有的艺术整合为一种创造性的理念（图 8-65）。在音乐中称为序列音乐（或称序列主义音乐），试图创造一种总体音乐（total music），创始人为奥地利作曲家阿诺德·勋伯格和他的学生安东·韦伯恩（Anton Webern，1883-1945）。正如我们在第一章中讨论的总体艺术，这一时期的建筑师也正试图创造一种整体建筑（total architecture）。勋伯格是 20 世纪新音乐潮流的领袖，长期从事音乐理论研究、作曲和音乐教学，他创造了一套代替调性的素材体系，就是十二音作曲法。勋伯格乐于被人称作建筑师而不是作曲家，而他所创造的十二音体系也被称为新的空间概念在音乐中的体现。[87]

自 19 世纪下半叶以来，思想和文化的多元化也对音乐语言和创作手法产生了重大影响，从德国后浪漫主义音乐演化的序列音乐就是音乐领域最重要的流派之一。序列音乐是对建立在数学法则基础上的西方音乐传统的调性中心的质疑，现代音乐的十二音体系及其后的整体序列音乐彻底打破了传统的调性体系，作曲家放弃结构上传统的调式、调性与和声体制，将半音音阶中的十二个音组成一个音列，即序列，然后以倒置、逆行等手法加以处理，奉行"不重现"的规则。正是这种结构上的改变带来了节奏、音区、力度、色彩、演奏法等方面的全新美学体验。音乐上从传统大、小调体系向现代无调性体系转型，从根本上瓦解了传统音乐的结构构成概念。为了区别序列音乐与有时也被称作序列音乐的十二音音乐，1950 年代后的序列音乐被称为总体序列主义音乐或全面序列主义音乐（total serialism）。[88]序列音乐提出了一种新的创作方法，并带来了新的表现可能性，序列思想的发展，并不是与以往音乐思想激进的决裂，而是与近现代音乐发展史中多种音乐思维的特别卓越的合作。

奥地利作曲家韦伯恩曾在德国和捷克担任乐队指挥，他的作品有严格的十二音体系结构处理，改变了传统的形式原则，作品风格富于个性，有丰富的诗意和表现力。他主张：

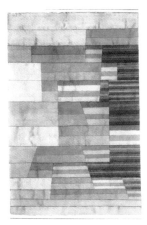

图 8-65　克利的序列主义绘画　图 8-66　韦伯恩的序列主义音乐

"十二音序列是一种规则，而不是'主题'。但是，因为现在用另一种方式获得了统一性，我也就能在主题主义范围之外来进行创作——也就是说要自由得多；序列保证了统一性。"[89]

图 8-65 是韦伯恩的钢琴变奏曲作品第 27 号的第二乐章（1935-1936），乐谱中的序列结构清晰地表现了他从序列结构中获得音乐的含义。这首乐曲的主要结构概念源自序列原型和未经移位的逆型的结合，以此构成一种回文句[90]（图 8-66）。

序列主义在艺术理论中表示产品和事物特征和重复要素的标准化概念，在序列生成中应用一组元素中某种形状和尺寸，而色彩和图形却不会重复，序列是所有不断重复的事物都需要考虑的因素。意大利 1970 和 1980 年代先锋派设计师和建筑师曼蒂尼（Alessandro Mendini,1931-2019），他也是著名的孟菲斯（Memphis Group）集团的主要成员，他的《美学构成》（La fabbrica estetica）就是典型的序列设计（图 8-67）。孟菲斯设计师索特萨斯的书架以序列的构件组成，组合方式和构件虽重复，但色彩是变化多样的（图 8-68）。

勒·柯布西耶的"模度理论"创立于 1948 年，与此同时，1950 年代正是整体序列音乐的辉煌和发展时期，模度是用音乐的概念基于人的尺度的度量。试图避免对称和重复，避免无意识接受传统的樊笼。同整体序列音乐一样，"模度理论"作为一种创作的工具和尺度，是建筑物的总体序列，通过达到统一的方式使建筑成为宏大的"建筑交响乐"：

"模度是一种工具，一把标尺……以整个序列的结构去构成，同时也借助总体实现宏大的建筑交响乐。"[91]

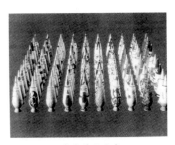

图 8-67　《美学构成》

"模度理论"开了音乐之外"序列思想"之先河，瑞士建筑师、作曲家保罗·格雷丁格（Paul Gredinger, 1927- ）将"模度理论"称作建筑中的"总体序列主义"（图 8-69）。

建筑的序列主义如同音乐的序列主义一样，探索重复的元素中的差异性表现。但是建筑的序列主义通常比较抽象，同时也不一定与音乐的总体序列主义存在明确的关系，只是有些特征相似并具有可比性。美国建筑师彼得·埃森曼是建筑序列主义的代表人物，他在住宅设计中用序列安排的轴测图，以类似电影的片段探索三维的空间组合。埃森曼在 1960 和 1970 年代探索序列建筑的可能性，所设计的4号住宅（House IV）并没有建造，按照一个序列原则，切割立方体，扩展，并旋转，直至最终成形，与功能和项目内容无关，显示了建筑师试图用序列方法将基本的立方块体演绎成空间体[92]（图 8-70）。埃森曼设计的6号住宅（House VI，1972-1975）采用同样的序列方法完形，展现出电影表现般的连续转型过程，住宅采用欧几里得几何空间，住宅的正面清晰，然而空间手法是无法复制的，不存在构成的统一性和比例的和谐。并非传统观念上的建筑，而是生成过程的结果[93]（图 8-71）。

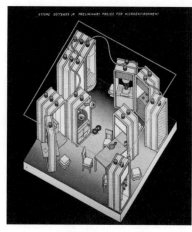

图 8-68 索特萨斯的序列构成

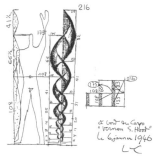

图 8-69 勒·柯布西耶的模度

图 8-70 彼得·埃森曼的4号住宅

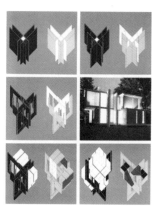

图 8-71 6号住宅

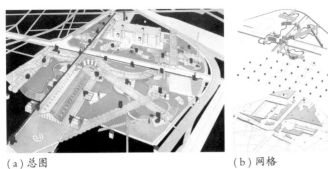

（a）总图　　　　　　　　　　（b）网格

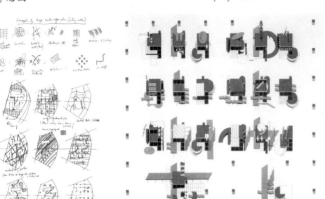

（c）红点序列构成　　　（d）构成虚拟网格的红点

图 8-72　拉维莱特公园

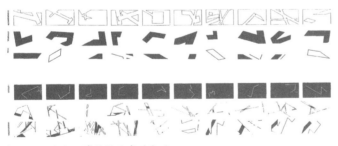

图 8-73　犹太人博物馆的序列代码

屈米的拉维莱特公园（1982-1997）中的 42 个红点（folie）设计采用序列主义的手法。这座 21 世纪的公园是一座文化公园，设置文化和娱乐设施，包括露天剧场、餐厅、咖啡馆、画廊、音乐和影视商店、游戏场地。呈点线面布置这些功能的红点形成一个 120m 间隔的网格，每一个红点为 10m×10m×10m 的立方体，成为公园的象征，既可以设置功能，也可以为参观者导向（图 8-72）。

里伯斯金的犹太人博物馆的构思也采用序列主义手法，建筑师创立了一套序列代码，建筑平面的生成过程直接表达了这种序列的思想（图 8-73）。里伯斯金以序列音乐的方法建立了将犹太人与柏林历史重新整合的概念。他的设计说明书采用五线谱，可以与韦伯恩的序列音乐乐谱相对照，里伯斯金认为：

"建筑跟音乐一样，要直接面对面，不能只是分析。如果对一首作品感兴趣，听过之后可以分析、拆解结构、探究形式可调性。但必须先把音乐听一遍、浸淫其中才行。建筑往往也以类似的方式展现魔力，让人叹为观止。" [94]（图 8-74）。

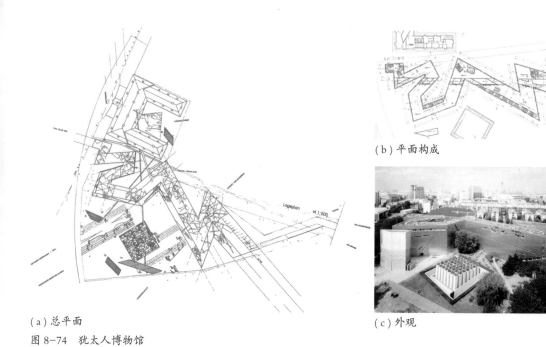

(b) 平面构成

(a) 总平面

(c) 外观

图 8-74　犹太人博物馆

本章注释：

［1］谢林《艺术哲学》（下），魏庆征译，北京：中国社会出版社，1996. 第 246-247 页，引文中着重的字体为本书编著者所注．

［2］爱克曼《歌德谈话录（1823-1832）》，朱光潜译，北京：人民文学出版社，1980. 第 186 页．

［3］黑格尔《美学》第三卷（上册），朱光潜译，北京：商务印书馆，1979. 第 64 页．

［4］Alan Licht. *Sound Art: Beyond Music, Between Categories*. Rizzoli. 2007. p.41.

［5］阿尔伯蒂《建筑论》，王贵祥译，北京：中国建筑工业出版社，2010. 第 292 页．

［6］转引自瓦迪斯瓦夫·塔塔尔凯维奇《西方六大美学观念史》，刘文潭译，上海：上海译文出版社，2006. 第 21 页．

［7］Alexandre Kostka, Irving Wohlfarth. *Nietzsche and 'An Architcture of Our Mind'*. Issues & Debates. 1999. p.294.

［8］Fritz Neumeyer. Nietzsche and Modern Architcture. 载 Alexandre Kostka, Irving Wohlfarth. *Nietzsche and 'An Architcture of Our Mind'*. Issues & Debates. 1999. p.294.

［9］玛克斯·德索《美学与艺术理论》，兰金仁译，北京：中国社会科学出版社，1987. 第 269 页，参见瓦迪斯瓦夫·塔塔尔凯维奇《西方六大美学观念史》，刘文潭译，上海：上海译文出版社，2006. 第 71 页，同时参见朱立元、张德兴等著《西方美学通史》第六卷《二十世纪美学（上）》，上海：上海文艺出版社，1999. 第 136 页．

［10］科克托"厨师和彩衣丑角"，*Le Coq et l' Arlequin*，1918年，转引自玛丽-克莱尔·缪萨《二十世纪音乐》，马凌、王洪一译，北京：文化艺术出版社，2005. 第 49 页．

［11］渡边护《音乐美的构成》，张前译，北京：人民音乐出版社，1996. 第 72 页．

［12］渡边护《音乐美的构成》，张前译，北京：人民音乐出版社，1996. 第 76-77 页．

［13］Renzo Piano Building Workshop. *Architettura & Musica*. Edizioni Lybra Immagine. 2002. p.18.

［14］库尔特·布劳考普夫《永恒的旋律——音乐与社会》，孟祥林、刘丽华译，上海：上海音乐出版社，1992. 第 226 页．

［15］Alan Licht. *Sound Art: Beyond Music, Between Categories*. Rizzoli. 2007. p.120-121.

［16］同上，第 224 页．

［17］Victoria Newhouse. *Site and Sound*. The Monacelli Press. 2012. p.28.

［18］同上，p.30.

［19］库尔特·布劳考普夫《永恒的旋律——音乐与社会》，孟祥林、刘丽华译，上海：上海音乐出版社，1992. 第 222 页．

［20］Victoria Newhouse. *Site and Sound*. The Monacelli Press. 2012. p.53.

［21］转引自戴维·史密斯·卡彭《建筑理论》（上）《维特鲁威的谬误——建筑学与哲学的范畴史》，王贵祥译，北京：中国建筑工业出版社，2007. 第 117 页．

［22］谢林《艺术哲学》（下），魏庆征译，北京：中国社会出版社，1996. 第 245 页．

［23］同上，第 262 页．

［24］约翰·怀特《音乐分析》，张洪模译，上海：上海文艺出版社，1981. 第 78 页．

［25］维特鲁威《建筑十书》，陈平译，北京：北京大学出版社，2012. 第 112 页。音程（interval）是指两音之间的音高距离．

［26］同上，第 102 页．

［27］阿尔伯蒂《建筑论》，王贵祥译，北京：中国建筑工艺出版社，2010. 第 292 页．

［28］鲁道夫·维特科夫尔《人文主义时代的建筑原理》，见杨贤忠等选编《建筑与象征》，杭州：中国美术学院出版社，2011. 第 227 页．

［29］保罗·亨利·朗《西方文明中的音乐》，顾连理、张洪岛、杨燕迪、汤亚汀译，贵阳：贵州出版集团贵州人民出版社，2009. 第 865 页．

［30］Giovanni Giannone. *Architettura e Musica*. Edizioni Caracol. 2010. p.28.

［31］同上，p.7-8.

［32］Renzo Piano Building Workshop. *Architettura & Musica*. Edizioni Lybra Immagine. 2002. p.17.

［33］同上，p.18.

［34］约翰·罗贝尔．《静谧与光明》．成寒译．台北：联经出版公司．2007. 第 46 页．

［35］Karsten Harries. Nietzsche's Labyrinths: Variations on an Ancient Theme. 载 Alexandre Kostka, Irving Wohlfarth. *Nietzsche and " An Architecture of Our Minds "*. Getty Research Institute for the History and Humanities, 1999. p.47.

［36］同上，p.47.

［37］东山魁夷《唐招提寺之路》，林少华译，桂林：漓江出版社，1999. 第 15 页．

［38］谢林《艺术哲学》（上），魏庆征译，北京：中国社会出版社，1996. 第 163 页．

［39］梁思成"建筑和建筑的艺术"，原载 1961 年 7 月 26 日人民日报，载《梁思成文集》，北京：中国建筑工业出版社，1986. 第 258 页．

［40］Giovanni Giannone. *Architettura e Musica*. Edizioni Caracol. 2010. p.29.

［41］Peter Murray. *Renaissance Architecture*. Electa/Rizzoli. 1978. p.142. 赋格曲是音乐中在一个主题上构成的多声部对位作品．

［42］德彪西《克罗士先生》，上海：音乐出版社，1962. 第 30 页．此外，德彪西的《热爱音乐：德彪西论音乐艺术》在 2012 年重译出版，这一段文字并没有出现．

［43］丹纳《艺术哲学》，傅雷译．北京：人民文学出版社，1963. 第 30 页．

［44］柯克《音乐语言》，转引自潘必新、李起敏、王次焰编《音乐家文艺家美学家论音乐与其他艺术之比较》，北京：人民音乐出版社，1991. 第 159 页．

［45］保罗·亨利·朗《西方文明中的音乐》，顾连理、张洪岛、杨燕迪、汤亚汀译，贵阳：贵州人民出版社，2009. 第 319 页．

［46］五十岚太郎、菅野裕子《建筑与音乐》，马林译，武汉：华中科技大学出版社，2012. 第 156 页．

［47］保罗·亨利·朗《西方文明中的音乐》，顾连理、张洪岛、杨燕迪、汤亚汀译，贵阳：贵州人民出版社，2009. 第

435 页．

[48] 同上，第 443 页．

[49] 转引自李清志、高晟《巴哈盖房子——建筑与音乐的对话》，台北：田园城市文化事业有限公司，2000. 第 19 页．这段轶事可能最早出现在巴赫的妻子安娜·玛格达莱娜·巴赫的《回忆巴赫》中，介绍了在 1747 年巴赫和他的儿子参观柏林新建的歌剧院的情况，巴赫指出了回廊的声音缺陷．见五十岚太郎、菅野裕子《建筑与音乐》，马林译，武汉：华中科技大学出版社，2012. 第 155 页．

[50] 迪迪埃·法兰克福《音乐像座巴别塔——1870–1914 年间欧洲的音乐与文化》，郭昌京译，上海：复旦大学出版社，2011. 第 3 页．根据书名的原文，题目应当是《民族之歌——1870–1914 年间欧洲的音乐与文化》，译者将民族之歌，根据巴比伦通天塔的民族和语言表现改作音乐像座巴别塔．

[51] Fritz Neumeyer. Nietzsche and Modern Architcture. 载 Alexandre Kostka, Irving Wohlfarth. Nietzsche and 'An Architcture of Our Mind'. Issues & Debates. 1999. p.294.

[52] 同上，p.297.

[53] Jean–Louis Cohen. Scenes of the World to Come. Canadian Centre for Architecture, Montreal.1995. p.98.

[54] Christian W. Thomsen. Visionary Architecture, From Babylon to Virtual Reality. Prestel, Munich, 1994. p.68.

[55] 克列姆辽夫《音乐美学问题概论》，吴启元、虞承中译，北京：人民音乐出版社，1983. 第 192 页．

[56] 迪迪埃·法兰克福《音乐像座巴别塔——1870–1914 年间欧洲的音乐与文化》，郭昌京译，上海：复旦大学出版社，2011. 第 265 页．

[57] 罗伯特·摩根《二十世纪音乐：现代欧美音乐风格史》，陈鸿铎等译，上海：上海音乐出版社，2014. 第 124 页．

[58] 雅克·阿达利《噪音——音乐的政治经济学》，宋素凤、翁桂堂译。上海：上海人民出版社，2000. 第 2 页．

[59] 瓦迪斯瓦夫·塔塔尔凯维奇《西方六大美学观念史》，刘文潭译，上海：上海译文出版社，2006. 第 21 页．

[60] 丹尼尔·李布斯金《破土：生活与建筑的冒险》，吴家恒译，北京：清华大学出版社，2008. 第 28 页．

[61] 同上，第 100 页．

[62] 里伯斯金"建筑空间"，载彭茨等编《剑桥年度主题讲座：空间》，马光亭、章绍增译，北京：华夏出版社，2006. 第 62 页．

[63] Pamphlet Architecture 16. Architecture as a Translation of Music. Princeton Architectural Press. 1994. p.9.

[64] 同上，p.56.

[65] 斐波那契数是数列 1，1，2，3，5，8，13，21，34……。这个数列的特点是，每一个数是前两个数之和。类似于黄金分割比例 Pamphlet Architecture 16. Architecture as a Translation of Music. PrincetonArchitectural Press. 1994. p.58.

[66] 安娜·雷侬《萨蒂画传》段丽君译，北京：中国人民大学出版社，2005. 第 7–8 页．

[67] 同上，第 15–16 页．

[68] 同上，第 107 页．

[69] 王昀《音乐与建筑》，北京：中国电力出版社，2015.

[70] 同上，第 3 页．

[71] 罗伯特·摩根《二十世纪音乐：现代欧美音乐风格史》，陈鸿铎等译，上海：上海音乐出版社，2014. 第 397 页．

[72] 库尔特·布劳考普夫《永恒的旋律——音乐与社会》，孟祥林、刘丽华译，上海：上海音乐出版社，1992. 第 226 页．

[73] Markus Bandur.Aesthetics of Total Serialism: Contemporary Research from Music to Architecture.Birk häuser.2001. p.71.

[74] 保罗·亨利·朗《西方文明中的音乐》，顾连理、张洪岛、杨燕迪、汤亚汀译，贵阳：贵州人民出版社，2009. 第 320 页，同时参见 Alan Licht. Sound Art: Beyond Music, Between Categories.Rizzoli.2007.p.42.

[75] 安德鲁·威尔逊 – 迪克森《基督教音乐之旅》，毕祎、戴丹译，上海：上海人民美术出版社，2002. 第 83 页．

[76] Alan Licht. Sound Art: Beyond Music, Between Categories.Rizzoli.2007.p.42.

[77] 同上，p.43.

[78] 罗伯特·摩根《二十世纪音乐：现代欧美音乐风格史》，陈鸿铎等译，上海：上海音乐出版社，2014. 第 361 页．

[79] Alan Licht. Sound Art: Beyond Music, Between Categories.Rizzoli.2007.p.44.

[80] 同上，p.44.

[81] 同上，p.44.

[82] 五十岚太郎、菅野裕子《建筑与音乐》，马林译，武汉：华中科技大学出版社，2012. 第 235 页．

[83] 罗伯特·摩根《二十世纪音乐：现代欧美音乐风格史》，陈鸿铎等译，上海：上海音乐出版社，2014. 第 413 页．

[84] Renzo Piano Building Workshop.Architettura & Musica. Edizioni Lybra Immagine. 2002. p.81.

[85] 勋伯格《风格与创意》，茅于润译，上海：上海音乐出版社，2011. 第 83 页．

[86] 威廉·弗莱明《艺术和思想》，吴江译，上海：上海人民美术出版社，2000. 第 640 页．

[87] 同上，第 569 页．

[88] 一般将总体序列主义翻译成"整体序列主义"，如果结合艺术流派和艺术运动，在 20 世纪的欧洲出现总体艺术的发展，所以本文将其译为"总体序列主义"．

[89] 罗伯特·摩根《二十世纪音乐：现代欧美音乐风格史》，陈鸿铎等译，上海：上海音乐出版社，2014. 第 217 页．

[90] 同上，第 217 页．

[91] Markus Bandur. Aesthetics of total serialism: Contemporary Research from Music to Architecture. Birkhäuser. 2001. p.89 在中国建筑工业出版社 2011 年出版的由张春彦、邵雪梅翻译的勒·柯布西耶的《模度》第 115 页的译文是："'模度'是一个工作的工具，一个梯度范围，借助它来组合构成……为了那些系列产品，并同样为了以统一能够达到的建筑学大交织。"

[92] The Changing of the Avant–Garde.Visionary Architectural Drawing from the Howard Gilman Collection. The Museum of Modern Art. New York. 2003. p.128.

[93] Cynthia Davidson. Tracing Eisenman.Thames & Hudson.2006.p.66.

[94] 丹尼尔李布斯金《破土：生活与建筑的冒险》，吴家恒译，北京：清华大学出版社，2008. 第 78 页．

图片来源

第一章 建筑艺术引论

图 1-1，图 1-5，图 1-6，图 1-7，图 1- 9，图 1-10，图 1-11，图 1-12，图 1-13，图 1-14，图 1-15，图 1-16，图 1-17，图 1-25，图 1-28，图 1-29，图 1-31，图 1-33，图 1-35，图 1-379 阿，图 1-37(b)，图 1-47，图 1-51，图 1-52，图 1-55，图 1-56，图 1-59. wikipedia；图 1-2. Frederick Hartt. *History of Italian Renaissance Art: Painting·Sculpture·Architecture*. Thames and Hudson (1994)；图 1- 3，图 1-4，图 1-8，. 图 1-23，图 1-32，图 1-34，图 1-39，图 1-45，图 1-46，图 1-60. 作者自摄；图 1-18. Michael Sullivan. *The Arts of China*. University of California Press (1999)；图 1-19，图 1-20，图 1-22. 刘叙杰.《中国古代建筑史》第一卷，中国建筑工业出版社（2009）；图 1-21，图 1-24. Yang Xin, Richard M. Barnhart, Nie Chongzheng, James Gahill, Lang Shaojun, Wu Hung. *Three Thousand Years of Chinese Painting*. Yale University Press (1997)；图 1-26(b). 王伟强摄；图 1-27. Virtual Shanghai；图 1-30(a)，图 1-30(b). Giorgio Vasari. *Vite de' piú eccellenti architetti, pittori e scultori italiani*. Newton Compton Editori（2007）； 图 1-36(a). Neil Bingham. *100 Years of Architectural Drawing 1900-2000*. Laurence King Publishing (2012)；图 1-36(b). Colin Davies. *A New History of Modern Architecture*. Laurence King Publishing (2017)；图 1-40，图 1-42. *Disegni di Architettura dal XIII al XIX secolo*. Scala（2012）； 图 1-41. Michael Webb. *The City Square*. Whitney Library of Design (1990)；图 1-43. クリスタル・パレス *Architecture in Detail*. 株式会社同朋舎（1995）；图 1-44.《新艺术家》.2004 年第 9 期；图 1-48. Neil Cox. *Cubism*. Phaidon (2000)； 图 1-49，图 1-62(b). Germano Celant. *Architecture, Kaleidoscope of the Arts. Architecture & Arts 1900/2004 – A Century of Creative Projects in Building, Design, Cinema, Painting, Photography, Sculpture*. Skira (2004)；图 1-50.《艺术家》.2009 年 9 月号；图 1-52，图 1-53(a). 作者自摄；图 1-53(b). 扎哈·哈迪德、亚伦·贝斯基.《扎哈·哈迪德全集》.江苏凤凰科学技术出版社（2018）；图 1-54. Alex Buck and Matthias Vogt. *Michael Graves*. ernst & sohn (1994)；图 1-57(a)，图 1-57(b). Paolo Pacione. *Gio Ponti le Navi: Il progetto degli interni navali 1948-1953*. Idea Books (2007)； 图 1-58. Cynthia Davidson. *Tracing Eisenman*. Thames & Hudson（2006）； 图 1-61. Mildred Friedman. *Gehry talks Architecture +Process*. Rizzoli (1999)；图 1- 62(a). Lorenzo Dall'Olio. *Arte e architettura: Nuove corrispondenze*. Testo & Immagine (1997)；图 1-63. EMBT 事务所提供；图 1-64. 凯斯特·兰938伯里、罗伯特·贝文、基兰·朗.《国际著名建筑大师：建筑思想·代表作品》.山东科学技术出版社（2006）.

第二章 艺术流派中的建筑

图 2-1(a). Marian Moffett, Michael Fazio, Laurence Wodehouse. *A World History of Architecture*. Laurence King Publishing (2003)；图 2-1(b)，图 2-22(b)，图 2-73，图 2-74. 作者自摄；图 2-2，图 2-3. *Disegni di Architettura dal XIII al XIX secolo*；图 2-4. Frederick Hartt. *History of Italian Renaissance Art*. Thames and Hudson (1994)；图 2-5，图 2-7，图 2-16，图 2-19，图 2-60，图 2-61，图 2-68，图 2-79.

Klaus Reichold, Bernhard Graf. *Paintings that changed the World, from Lascaux to Picasso*, Prestel (1998)；图 2-6. H.W.Janson. *History of Art*. Thames and Hudson (1995)；图 2-7，图 2-8. Christian Norberg-Schulz. *Baroque Architecture*. Electa/ Rizzoli（1979）；图 2-9. Richard Goy. *Florence: The City and Its Architecture*. Phaidon (2002)；图 2-10. G.C.Argan. *Storia dell'arte italiana 2*. Sansoni (1984)；图 2-11，图 2-12. Rolf Toman. *Neoclassicism and Romanticism, Architecture, Sculpture, Painting, Drawing*. Könemann (2000)； 图 2-13. Giovan Battista Piranesi. *Le Carceri*. Abascondita (2011)；图 2-14，图 2-17，图 2-25(a)，图 2-25(b)，图 2-26，图 2-27，图 2-28(a)，图 2-29，图 2-34，图 2-40，图 2-42，图 2-65(a)，图 2-65(b)，图 2-66，图 2-70，图 2-72，图 2-75(a)，图 2-75(b)，图 2-76，图 2-78(a)，图 2-91，图 2-92(c)，图 2-94，图 2-96(b)，图 2-97，图 2-99，图 2-103，图 2-106. wikipedia；图 2-18. Robin Middleton, David Watkin. *Neoclassicism and 19th Century Architecture*. Electa/Rizzoli (1980)；图 2-20. David Bleyney Brown. *Romanticism*. Phaidon (2001)；图 2-21. 何政广《契里柯》.河北教育出版社（2005）；图 2-22(a)，图 2-39，图 2-58，图 2-62，图 2-64，图 2-93. *100 Years of Architectural Drawing 1900-2000*；图 2-23(a)，图 2-23(b). Klaus-Jürgen Sembach. *Art Nouveau*. Taschen (1996)；图 2-24，图 2-56，图 2-57. *A New History of Modern Architecture*；图 2-28(b)，图 2-28(c)，图 2-48. Manfredo Tafuri, Francesco Dal Co. *Modern Architcture/1*. Electa/Rizzoli (1976)；图 2-30，图 2-31，图 2-46. John E.Bowlt. *Moscow and St.Petersburg in Russian's Silver Age*. Thames & Hudson (2008)；图 2-32，图 2-33，图 2-37，图 2-78(b). *Cubism*；图 2-35，图 2-36，图 2-47，图 2-49. Didier Ottinger. *Futurism*. Centre Pompidou (2009)；图 2-38(a)，图 2-38(b)，图 2-43，图 2-45. Paolo Vincenzo Genovese. *Cubismo in Architettura*. m.e.architectural books and review (2010)；图 2-41(a)，图 2-41(b)，图 2-41(c)，图 2-63. W. 王、H. 库索利茨赫.《20世纪世界建筑精品集锦》第3卷.中国建筑工业出版社（1999）；图 2-44，图 2-50，图 2-54，图 2-95. Amy Dempsey. *Styles, Schools and Movements*. Thames & Hudson (1999)；图 2-51，图 2-59(b)，图 2-67. *Architecture, Kaleidoscope of the Arts. Architecture & Arts 1900/2004 – A Century of Creative Projects in Building, Design, Cinema, Painting, Photography, Sculpture*；图 2-53(a)，图 2-53(b). Kenneth Powell. *New Architecture in Britain*. Merrell (2003)；图 2-55. *Russia! Nine Hundred years of Masterpieces and Master Collections*. Guggenheim Museum (2005)；图 2-59(a)，图 2-86. Christian W. Thomsen. *Visionary Architecture from Babylon to Virtual Reality*. Prestel（1994）；图 2-69. Annemarie Jaeggi. *Fagus*.Jovis(1998)；图 2-71. 上海市城市建设档案馆.《上海外滩建筑群》.上海锦绣文章出版社（2017）；图 2-77. 许志刚摄；图 2-80，图 2-81，图 2-83，图 2-85. Neil Spiller. *Architecture and Surrealism*. Thames & Hudson（2016）；图 2-82. Jane Alison, and others. *Future City: Experiment and Utopia in Architecture*. Thames & Hudson (2007)；图 2-84. Giovanni Damiani. *Bernard Tschumi*. Universe（2003）；图 2-87. Daniel Libeskind. *The Space* of Encounter. Universe（2000）；图 2-88，图 2-89，图 2-90，图 2-92(a). Andrew Ellis. Socialist Realisms: Soviet Painting 1920-1970. Skira (2012); 图 2-92(b). 穆·波·查宾科.《论苏联建筑艺术的现实主义基础》. 建筑工程出版社（1955）；图 2-96(a). Barcelona; 图 2-98, 图 2-104. Hal Foster, Rosalind Krauss, Yve-Alain Bois, Benjamin H. D. Buchloh, David Joselit. Art since 1900. Thames & Hudson (2016); 图 2-100. Terence Riley, Sarah Deyong and others. The Changing of the Avant-Garde. The Museum of Modern Art (2003); 图 2-101, 图 2-102. Robert Venturi & Denise Scott Brown. Architecture as Sign and Systems. The Belknap Press of Harvard University Press (2004); 图 2-105. The City Square; 图 2-107. Charles Jencks. The Story of Post-Modernusm.Wiley (2011).

第三章　建筑与雕塑

图 3-1, 图 3-3, 图 3-4, 图 3-75, 图 3-76, 图 3-90. Klaus Jan Philipp. ArchitekturSkulptur. Deutsche Verlags-Anstalt（2002）；图 3-2, 图 3-7, 图 3-10, 图 3-12(b), 图 3-13(a), 图 3-13(b), 图 3-13(c), 图 3-14, 图 3-15, 图 3-18(a), 图 3-18(b), 图 3-20, 图 3-21(b), 图 3-27, 图 3-32(b), 图 3-36(b). 图 3-37, 图 3-38, 图 3-40, 图 3-41(a), 图 3-42, 图 3-47, 图 3-51(a), 图 3-51(b), 图 3-53(a), 图 3-55(a), 图 3-55(b), 图 3-56(a), 图 3-57, 图 3-67(b), 图 3-68, 图 3-71, 图 3-96, 图 3-103, 图 3-104, 图 3-105, 图 3-106, 图 3-109(b), 图 3-109(c). wikipedia; 图 3-5. 许志刚摄; 图 3-6. Henri Stierlin. Hindu India from Khajuraho to the Temple City of Madurai. Taschen (2002); 图 3-8. A World History of Architecture; 图 3-9. 傅熹年.《中国古代建筑史》第二卷. 中国建筑工业出版社（2009）；图 3-12(a). 图 3-14(b), 图 3-14(c), 图 3-14(d), 图 3-17(b), 图 3-24, 图 3-26(b), 图 3-36(a), 图 3-45, 图 3-56(b), 图 3-59, 图 3-61(b), 图 3-64, 图 3-70, 图 3-77, 图 3-92, 图 3-98(b), 图 3-99(b), 图 3-99(c), 图 3-100, 图 3-108, 图 3-109(a). 作者自摄; 图 3-14(a). Lando Bortolloti. Siena. Editori Laterza (1982); 图 3-14, 图 3-15(a), 图 3-15(b). Arte e architettura: Nuove corrispondenze; 图 3-16(a), 图 3-16(c), 图 3-19, 图 3-23, 图 3-25(a), 图 3-32(a), 图 3-44, 图 3-46, 图 3-53(b), 图 3-60, 图 3-63, 图 3-91. Markus Brüderlin. ArchiSculpture. Fondation Beyeler. Hatie Cantz Oublishers（2004）；图 3-16(b), 图 3-43, 图 3-58, 图 3-89, 图 3-93. Architecture, Kaleidoscope of the Arts. Architecture & Arts 1900/2004 – A Century of Creative Projects in Building, Design, Cinema, Painting, Photography, Sculpture; 图 3-17(a), 图 3-78. Bill Addis. Building 3000 Years of Design Engineering and Construction. Phaidon (2007); 图 3-21(a). Erik Mattie. World's Fairs. Prinston Architectural Press (1998); 图 3-22. Kenneth Powell. The Great Builders. Thames & Hudson (2011); 图 3-25(b), 图 3-52. A New History of Modern Architecture; 图 3-26(a). Terence Riley and Peter Reed. Frank Lloyd Wright Architet. The Museum of Modern Art (1994); 图 3-28, 图 3-29, 图 3-41(b), 图 3-41(c), 图 3-50, 图 3-62. Werner Sewing. Architecture: Sculpture. Prestel (2004); 图 3-30(a), 图 3-30(b). Ugo La Pietra. Gio Ponti. Rizzoli (1996); 图 3-31.《扎哈·哈迪德全集》；图 3-33(a), 图 3-33(b). Ruth Peltason and Grace Ong-Yan. The Pritzker Prize Laureates in Their Own Words. Thames & Hudson（2010）；图 3-34. Russell Ferguson. At the End of the Century: One Hundred Years of Architecture.

The Museum of Contemporary Art (1998); 图 3-35. El Croquies. No.144 EMBT.2000-2009; 图 3-39. Philip Jodididio. Santiago Calatrava. Taschen (1997); 图 3-48. 曾长生.《布朗库西》. 河北教育出版社（2006）；图 3-49. Georges Duby and Jean-Luc Daval. Sculpture.Taschen (2002); 图 3-51(a), 图 3-51(b). 方振宁提供; 图 3-54(a), 图 3-54(b), 图 3-84(a), 图 3-84(b), 图 3-94(a), 图 3-94(b). Philip Jodididio. Architecture: Art. Prestel (2005); 图 3-61(a). 柏林欧洲被害犹太人纪念碑博物馆图片; 图 3-65(a), 图 3-65(b), 图 3-66(a), 图 3-66(b). Van Bruggen. Frank O. Gehry Guggenheim Museum Bilbao. Guggenheim Museum Publications（2001）；图 3-67(a). Gehry talks; 图 3-69.《公共艺术》.2018 年第 3 期；图 3-72. 李竞扬提供; 图 3-73. Visionary Architecture from Babylon to Virtual Reality; 图 3-74, 图 3-88. Spiro Kostof. The Architect. Oxford University Press（1977）；图 3-79, 图 3-80, 图 3-81, 图 3-107.《公共艺术》.2017 年第 6 期；图 3-82(a), 图 3-82(b), 图 3-85(a). Florence: The City and Its Architecture; 图 3-83(a), 图 3-83(b), 图 3-85(b), 图 3-86(a), 图 3-86(b). Bertrand Jestaz.《文艺复兴的建筑》. 汉语大词典出版社（2000）；图 3-87. 常青摄; 图 3-95.《代谢派未来都市展——当代日本建筑的源流》. 忠泰建筑文化艺术基金会（2013）；图 3-97. 圣塞巴斯蒂安图片; 图 3-98(a), 图 3-101. The City Square; 图 3-99(a). Guido Rossi and Franco Lefevre. Rome from the Air.Rizzoli(1989); 图 3-102. 吴燕莛摄.

第四章　建筑与绘画

图 4-1, 图 4-4, 图 4-8, 图 4-13. 彭莱.《界画楼阁》. 上海书画出版社（2006）；图 4-2, 图 4-5(a), 图 4-5(b), 图 4-6(a), 图 4-6(b), 图 4-7, 图 4-9, 图 4-11, 图 4-12, 图 4-14, 图 4-15, 图 4-18.《宫室楼阁之美——界画特展》. 台北故宫博物院（2000）；图 4-3(a), 图 4-3(b), 图 4-3(c), 图 4-27, 图 4-31. 郭黛姮.《中国古代建筑史》第三卷. 中国建筑工业出版社 (2003); 图 4-10.《清明上河图》；图 4-16, 图 4-17. 何如玉.《袁江·袁耀》. 艺术图书公司（1984）；图 4-19. 林莉娜.《明清宫廷绘画艺术鉴赏》. 台北故宫博物院（2013）；图 4-20.《文明》2019 年第 1 期；图 4-21.《中国古代建筑史》第一卷；图 4-22, 图 4-23, 图 4-24. 图 4-26, 图 4-30.《中国古代建筑史》第二卷；图 4-25, 图 4-28, 图 4-29. 曹婉如等.《中国古代地图集》（战国－元）. 文物出版社（1990）；图 4-32, 图 4-33. 曹婉如等.《中国古代地图集》（明代）. 文物出版社（1995）；图 4-34, 图 4-35. 曹婉如等.《中国古代地图集》（清代）. 文物出版社（1997）；图 4-36(a), 图 4-36-2. 何乐之.《明刊名山图版画集》. 上海人民出版社（1973）；图 4-37, 图 4-38, 图 4-39, 图 4-40. 孟白.《中国古典风景园林图汇》. 学苑出版社; 图 4-41. 吴葱.《在投影之外：文化视野下的建筑图学研究》. 天津大学出版社（2004）；图 4-42. 作者自摄; 图 4-43(a). 罗浮宫藏画; 图 4-43(b). Mauro Marzo. L'architettura come testo e la figura di Colin Rowe.Marsilio (2010); 图 4-44, 图 4-82, 图 4-85, 图 4-91(a). Rassegna No.76. Editrice Compositori (1998); 图 4-45, 图 4-46, 图 4-47, 图 4-49. Storia dell' arte italiana 2; 图 4-48. Andreas Papadakis & Harriet Watson. New Classicism. Rizzoli (1990); 图 4-51. Alberto Pèrez-Gómez and Stephen Parcell. Chora 1 Interval in the Philosophy of Architecture. McGill Quueen's University Press (1994); 图 4-52, 图 4-53(b), 图 4-53(c), 图 4-58(b), 图 4-67, 图 4-83, 图 4-84, 图 4-86, 图 4-88, 图 4-89, 图

4-90, 图 4-93(b), 图 4-97, 图 4-102, 图 4-103, 图 4-105(b). wikipedia; 图 4-53(a) , 图 4-54, 图 4-55. Eliza Hope.*Mediterranean Villages*.Steven & cathi house (2004); 图 4-56. 奥赛美术馆藏画; 图 4-57. Nancy Mowll Mathews, Elizabeth Kennedy. *Prendergast in Italy*. Merrell (2009); 图 4-58(a). *Moscow and St.Petersburg in Russian's Silver Age*; 图 4-59, 图 4-81, 图 4-91(b). . *Architecture, Kaleidoscope of the Arts. Architecture & Arts 1900/2004 – A Century of Creative Projects in Building, Design, Cinema, Painting, Photography, Sculpture*; 图 4-60. Antonino Saggio. *Giuseppe Terragni*. Editori Laterza (1995); 图 4-61. *Cubism*; 图 4-62.《扎哈·哈迪特全集》; 图 4-63, 图 4-76(a). *Paintings that changed the World, from Lascaux to Picasso*; 图 4-64. Peter Arnell and Ted Bickford, *Aldo Rossi, Buildings and Projects*. Rizzoli (1985); 图 4-65. *Architecture and Surrealism*; 图 4-66. 建筑师提供; 图 4-68, 图 4-69(b), 图 4-69(c). Vittorio Gregotti. *L'architettura di Cézanne*. Skira (2011); 图 4-69(a). Guido Morpurgo. *Gregotti Associati 1953-2003*. Rizzoli/Skira (2004); 图 4-70, 图 4-96(a), 图 4-105(a), 图 4-106(a). *100 Years of Architectural Drawing 1900-2000*; 图 4-71(a), 图 4-71(b). EMBT 事务所提供; 图 4-72, 图 4-73, 图 4-74, 图 4-80, 图 4-92. Ruth Eaton. *Ideal Cities: Utopianism and the (Un)Built Environment*. Thames & Hudson (2002); 图 4-75, 图 4-76(b), 图 4-76(c), 图 4-87, 图 4-99, 图 4-100. *Disegni di Architettura dal XIII al XIX secolo*; 图 4-77, 图 4-78. *Neoclassical and 19th Century Architecture 1*; 图 4-79. Thierry Neboius. *Architectural Theory from the Renaissance to the Present*. Taschen (2003); 图 4-93(a). *The Prestel Dictionary of Art and Artists in the 20th Century*. Prestel (2000); 图 4-94. Hugh Ferriss. *The Metropolis of Tomorrow*.Ives Washburn, Publisher(1986); 图 4-95, 图 4-104. 黑尔格·博芬格, 沃尔夫冈·福格特.《赫尔穆特·雅各比：建筑绘画大师》. 大连理工大学出版社（2003）; 图 4-96(b). *The Pritzker Prize Laureates in Their Own Words*; 图 4-98, 图 4-101. Christian Benedik. *Masterworks of Architectural Drawing from the Albertina Museum*. Prestel (2018); 图 4-106(b), 图 4-107. Neil Levine. *The Architecture of Frank Lloyd Wright*.Prinston University Press (1996); 图 4-108(a), 图 4-108(b), 图 4-108(c), 图 4-108(d). Marco Dezzi Bardeschi. *Giovanni Michelucci*. Alinea Editrice (1988); 图 4-109, 图 4-110, 图 4-111, 图 4-112. Rendo Yee. *Architectural Drawing: A Visual Compendium Types and Methods*. John Wiley & Sons (2007); 图 4-113. *Frank O. Gehry Guggenheim Museum Bilbao*; 图 4-114, 图 4-115.《建筑师》编辑部.《全国建筑选》. 中国建筑工业出版社; 图 4-116.《梁思成建筑奖》; 图 4-117(a) , 图 4-117(b).《画意中的建筑：彭一刚建筑表现图选集》. JHW Press Ltd.（2010）.

第五章 建筑与摄影
图 5-1, 图 5-4(a), 图 5-4(b), 图 5-5(a), 图 5-5(b). 图 5-6, 图 5-7, 图 5-8, 图 5-12, 图 5-13, 图 5-14, 图 5-15, 图 5-17, 图 5-19, 图 5-21, 图 5-23, 图 5-24, 图 5-25, 图 5-26, 图 5-27, 图 5-32, 图 5-35, 图 5-39.wikipedia; 图 5-2, 图 5-3. Adrian Schulz. *Architekturfotografie: Technik, Aufnahme, Bildgestaltung und Nachbearbeitung*. dpunkt. verlag (2011); 图 5-9. Jason Hawkes. *Aerial: The Art of Photography from the Sky*. RotoVision (2003); 图 5-10, 图 5-11, 图 5-18, 图 5-36. 作者自摄; 图 5-16. *Objectifs Nikkor*; 图 5-20(a), 图 5-20(b). 金华.《陈迹：金石声与现代中国摄影》. 同济大学出版社 (2017); 图 5-22. *Architect*; 图 5-23(a). 图 5-23(b), 图 5-28. Giuseppe Grazzini, Guido Alberto Rossi. *Tuscany from the Air*.Thames and Hudson (1991); 图 5-29. 上海市历史建筑保护事务中心提供; 图 5-30. Marcello Bertinetti, Alberto Bertolazzi. *Venice Flying over "La Serenissima" and the Venetian Countryside*. White Star Publishers (2006); 图 5-31. 王伟强摄; 图 5-33. 席子摄; 图 5-34(a), 图 5-34(b). *Omaggio a Roma*. Alinari (2000); 图 5-37, 图 5-38. Joseph Rosa. *A Constructed View: The Architectural Photography of Julius Shulman*. Rizzoli(1999); 图 5-40. 马国馨.《第二届中国建筑摄影大奖赛作品集》. 山东科学技术出版社（2004）; 图 5-41. 何惟增摄; 图 5-42. 图 5-43. 汪大刚摄.

第六章 建筑与电影
图 6-1. 安杰洛·克里帕等.《电影简史》. 江苏凤凰科学技术出版社（2018）; 图 6-2(a), 图 6-27. *Architecture, Kaleidoscope of the Arts. Architecture & Arts 1900/2004 – A Century of Creative Projects in Building, Design, Cinema, Painting, Photography, Sculpture*; 图 6-2(b), 图 6-5, 图 6-6(a), 图 6-12, 图 6-17, 图 6-18, 图 6-19, 图 6-21, 图 6-22. 图 6-28, 图 6-30, 图 6-32, 图 6-34, 图 6-37, 图 6-38, 图 6-39, 图 6-40, 图 6-41, 图 6-50. Dietrich Neumann. *Film Architecture: Set Designs from Metropolis to Blade Runner*. Prestel（1997）; 图 6-3, 图 6-25, 图 6-42. Mark Lamster. *Architecture and Film*. Princeton Architectural Press(2000); 图 6-4. 大卫·帕金森.《电影的历史》. 广西美术出版社 (2015); 图 6-6(b), 图 6-6(c). Luca Molinari. *North American Architecture Trends 1990-2000*. Skira (2001); 图 6-7, 图 6-9, 图 6-45, 图 6-46. 作者自摄; 图 6-8, 图 6-10, 图 6-11, 图 6-16(a), 图 6-31, 图 6-49, 图 6-51, 图 6-52, 图 6-54. wikipedia; 图 6-13.《扎哈·哈迪德全集》; 图 6-14, 图 6-44. *Bernard Tschumi*; 图 6-15, 图 6-16(b). *Building Films.Architecture + Film II*. Architectural Design. Wiley-Academy (2000); 图 6-20. *Ideal Cities*; 图 6-23(a), 图 6-23(b). Paul Andrreu. *Fifty Airport Terminals*. Aeroports de Paris(1998); 图 6-24, 图 6-48. David B. Clarke. *The Cinematic City*. Routledge (1997); 图 6-26. *The Metropolis of Tomorrow*; 图 6-29. http://www.takamatsu. co. jp; 图 6-33. *Frank Lloyd Wright Architect*; 图 6-35(a), 图 6-35(b). Fondation pour l'Architecture. *Dynamic City*. Skira/Seuil (2000); 图 6-36. 费里尼《梦书》中央编译出版社(2014); 图 6- 43(a), 图 6-43(b). Sezon Museum of Art, Akiko Ichijo/ Ryu Niimi. *Labyrimth New Generation in Japanese Architecture*. Sezon Museum of Art(1993); 47. AIA 网站; 图 6- 53, 图 6-55, 图 6-56, 图 6-57.海报图片.

第七章 建筑与文学
图 7-1.《宫室楼阁之美——界画特展》; 图 7-2.《袁江·袁耀》; 图 7-3. 俞平伯等.《名家眼中的大观园》. 文化艺术出版社 (2005); 图 7-4, 图 7-5, 图 7-6, 图 7-7, 图 7-8. 黄云皓.《图解红楼梦建筑意象》.中国建筑工业出版社（2006）; 图 7-9(a). wikipedia; 图 7-9(b), 图 7-9, 图 7-10, 图 7-11, 图 7-12(a), 图 7-12(b), 图 7-17. 作者自摄; 图 7-13. Michelle Lovric. *An Anthology: Venice, Tales of the City*. Little, Brown (2003); 图 7-14 . John Ruskin. *The Stones of Venice*. Penguin Books (2001); 图 7-15. Mary McCarthy. *Venice Observed*. Harcourt (1963); 图 7-16. Mary McCarthy. *The Stones of*

Florence. Harcourt(1963); 图 7–18. Italo Carvino. *Invisible Cities* Picador (1979); 图 7–19. 伊塔罗·卡尔维诺.《看不见的城市》; 图 7–20(a), 图 7–20(b). Vittorio Gregotti. *La città visibile*. Piccola Biblioteca Einaudi (1993); 图 7–21, 图 7–22, 图 7–23, 图 7–24, 图 7–25. Francesco Colonna. *Hypnerotomachia Poliphili: The Strife of Love in a Dream*. Thames & Hudson (2003); 图 7–26(a), 图 7–26(b). Daniel Libeskind. *The Space of Encounter*. Universe (2000); 图 7–27, 图 7–28, 图 7–29. *Visionary Architecture from Babylon to Virtual Reality*; 图 7– 30. *A New History of Modern Architecture*; 图 7–31(a), 图 7–31(b), 图 7–31(c), 图 7–31(d). *Giuseppe Terragni*; 图 7–32. 李向北提供; 图 7–33. 厉东丰雄.《衍生的秩序》. 田园文化事业有限公司 (2008); 图 7–34. Aldo Rossi. *Autobiografia scientifica*. ilSaggiatore (2009); 图 7–35. *Time*. 2005 April; 图 7–36. 保罗·安德鲁.《建筑回忆录》. 中信出版社 (2015); 图 7–37.《天下北京》. 中国旅游出版社 (2008); 图 7–38. Ayn Rand. *The Fountauinhead*; 图 7–39. 图 7–40. *Film Architecture: Set Designs from Metropolis to Blade Runner*; 图 7–41, 图 7–42. *Frank Lloyd Wright Architet*; 图 7–42. Meryler Secrest. *Frank Lloyd Wright, a Biography*. Knopf (1992); 图 7–43. Stefan Heyn. *The Architects*. Northwestern University Press (2005); 图 7–44. Alan Balfour. *Berlin The Politics of Order: 1737–1989*. Rizzoli (1990); 图 7–45. Revin P. Keim. *An Architectural LifeMemoirs & Memories of Charle W.Moore*.Bulfinch (1996); 图 7–46. Deyan Sudjic. *Norman Foster: A Life in Architecture*. The Overlook Press (2010).

第八章　建筑与音乐

图 8–1, 图 8–2, 图 8–4, 图 8–5, 图 8–6, 图 8–14, 图 8–28(a), 图 8–28(b), 图 8–30(a), 图 8–34(b) 图 8–,35, 图 8–39, 图 8–43(a), 图 8–43(b), 图 8–61. wikipedia; 图 8–3. *Le Carceri*; 图 8–7. 安德鲁·威尔逊 - 迪克森.《基督教音乐之旅》. 上海人民美术出版社 (2002); 图 8–8, 图 8–12(a), 图 8–12(b), 图 8–16, 图 8–17(c). Victoria Newhouse. *Site and Sound: The Architecture and Acustics of New Opera Houses and Concert Halls*.The Monacelli Press (2011); 图 8–9(a), 图 8–17(a), 图 8–17(b), 图 8–18(a). 图 8–18(b), 图 8–20, 图 8–42, 图 8–46, 图 8–56. 作者自摄; 图 8–9(b). 巴黎歌剧院图片; 图 8–10(a), 图 8–10(b), 图 8–74(c).《20 世纪世界建筑精品集锦》第 3 卷; 图 8–11. Renzo Piano Building Workshop. *Architettura & Musica*. Edizioni Lybra Immagine (2002); 图 8–12, 图 8–24. Alexander Tzonis and Liane Lefaivre. *Classical Architecture: The Poetics of Order*. The MIT Press (1999); 图 8–15(a), 图 8–15(b). 沈忠海摄; 图 8–19. 建筑师提供; 图 8–21. 薛鸣华提供; 图 8–22. *Building 3000 Years of Design Engineering and Construction*;

图 8–23. 维特鲁威.《建筑十书》. 北京大学出版社 (2012); 图 8–25(a), 图 8–25(b), 图 8–34(a), 图 8–36(a), 图 8–37(a). Michele Furnari. *Formal Design in Renaissance Architecture: from Brunelleschi to Palladio*. Rizzoli (1995); 图 8–26. *L'architettura come testo e la figura di Colin Rowe*; 图 8–27. Paolo Portoghesi. *Nature and Architecture*. Skira (2000); 图 8–29. *A World History of Architecture*; 图 8–30(b). Monique Mosser and Geoges Teyssot. *The History if Garden Design*. Thames & Hudson (1991); 图 8–31. 梁思成.《梁思成文集》第五卷. 中国建筑工业出版社 (1986); 图 8–32, 图 8–33(b). Bruno Zevi. *Saper vedere l' architettura*. Einaudi (2009); 图 8–33(a). Paolo Portoghesi. *I Grandi Arxhitetti del Novecento*. Newton & Compton Editori (2000); 图 8–36(b), 图 8–37(b), 图 8–38. Peter Murray. *Renaissance Architecture*. Electa/ Rizzoli (1978); 图 8–40. Jean-Louis Cohen. *Scenes of the World to Come*. Flammarian (1995); 图 8–41. *Visionary Architecture.from Babylon to Virtual Reality*; 图 8–44. *Serenade for Strings · Souvenir de Florence*. 1993 Deutsche Grammophon; 图 8–45, 图 8–58. Alan Licht. *Sound Art: Beyond Music, Between Categories*.Rizzoli(2007); 图 8–47, 图 8–57, 图 8–65, 图 8–66, 图 8–67, 图 8–69. Markus Bandur. *Aesthetics of Total Serialism: Contemporary Research from Music to Architecture*. Birkhäuser (2001); 图 8–48(a), 图 8–48(c), 图 8–48(f). *Steven Holl 1986–1996*. 台北圣文书局 (1998); 图 8–48(b). Luigi Prestinenza Puglisi.《当代建筑新动向》. 电子工业出版社 (2013); 图 8–48(d). *Pamphlet Architecture* 16, Prinston Architectural Press (1994); 图 8–49, 图 8–51(a), 图 8–52(a), 图 8–53(b), 图 8–54. 王昀.《音乐与建筑》. 中国电力出版社 (2015); 图 8–50. 安娜·雷伊.《萨蒂画传》. 中国人民大学出版社 (2005); 图 8–52(b).《世界建筑》2016 年第 2 期; 53(a). 罗伯特·摩根.《二十世纪音乐：现代欧美音乐风格史》. 上海音乐出版社 (2014); 图 8–55(a), 图 8–55(b). 雅克·卢肯, 布鲁诺·马尔尚.《凝固的艺术——当代瑞士建筑》. 大连理工大学出版社 (2003); 图 8–55(c). Peter Gössel, Gabriele Leuyhäuser. *Architecture in the Twentieth Century*, Taschen (2001); 图 8–59. Andrew Garn and others. *Exit to Tommorow*. Universe (2007); 图 8–60, 图 8–62, 图 8–63. Iannis Xenakis. *Musica. Architettura*. Spirali (2003); 图 8–64. Giovanni Giannone. *Architettura e Musica: Questioni di composizione*. Edizioni Caracol (2010); 图 8–68. Omar Calabrese. *Italian Style: Forms of Creativity*. Italian Institute for Foreign Trade.Skira (1998); 图 8–70, 图 8–71. *Tracing Eisenman*; 图 8–72(a), 图 8–72(b), 图 8–72(c). *Bernard Tschumi*; 图 8–72(d). *Future City: Experiment and Utopia in Architecture*; 图 8–73, 图 8–74(a), 图 8–74(b). *The Space of Encounter*.

主要参考文献

中文参考文献：

[1] 傅熹年主编.中国古代建筑史.第二卷[M].北京：中国建筑工业出版社，2009.

[2] 郭黛姮主编.中国古代建筑史.第三卷[M].北京：中国建筑工业出版社，2003.

[3] 刘道广.中国艺术思想史纲[M].南京：凤凰出版集团江苏美术出版社，2009.

[4] 凌继尧主编.中国艺术批评史[M].上海：上海人民出版社，2011.

[5] 迈克尔·苏立文.中国艺术史[M].徐坚译，上海：上海人民出版社，2017.

[6] 俞剑华编著.中国古代画论类编.修订本[M].北京：人民美术出版社，1998.

[7] 刘克明.中国图学思想史[M].北京：科学出版社，2008.

[8] 梁思成.梁思成文集[M].北京：中国建筑工业出版社，1986.

[9] 台北故宫博物院.宫室楼阁之美——界画特展.2000.

[10] 黑格尔.美学[M].朱光潜译，北京：商务印书馆，1979.

[11] 康德.判断力批判[M].宗白华译，北京：商务印书馆，1993.

[12] 谢林.艺术哲学[M].魏庆征译，北京：中国社会出版社，1996.

[13] 阿多诺.美学理论[M].王柯平译，成都：四川人民出版社，1998.

[14] 斯蒂芬·戴维斯.艺术诸定义[M].韩素华、赵娟译，南京：南京大学出版社，2014.

[15] 贡布利希.艺术的故事[M].范景中译，北京：生活·读书·新知三联书店，1999.

[16] 凯·埃·吉尔伯特、赫·库恩.美学史[M].夏乾丰译，上海：上海译文出版社，1989.

[17] 范景中、曹意强主编.美术史与观念史[M].南京：南京师范大学出版社，2006.

[18] 罗宾·乔治·科林伍德.艺术原理[M].王至元、陈华中译，北京：中国社会科学出版社，1987.

[19] 苏联科学院哲学研究所、艺术史研究所.马克思列宁主义美学原理[M].陆梅林等译，北京：生活·读书·新知三联书店，1962.

[20] 瓦迪斯瓦夫·塔塔尔凯维奇.西方六大美学观念史[M].刘文潭译，上海：上海译文出版社，2006.

[21] 罗伯特·休斯.新艺术的震撼[M].刘萍君、汪晴、张禾译，上海：上海人民美术出版社，1989.

[22] 威廉·弗莱明.艺术和思想[M].吴江译，上海：上海人民美术出版社，2000.

[23] 史坦利·阿伯克龙比.建筑的艺术观[M].吴玉成译.天津：天津大学出版社刊，2016.

[24] 拉雷·文卡·马西尼.西方新艺术发展史[M].马风林等译，南宁：广西美术出版社，1994.

[25] 萨拉·柯耐尔.西方美术风格演变史[M].欧阳英、樊小明译，杭州：浙江美术学院出版社，1992.

[26] A.B.利亚布申、И.B.谢什金娜.苏维埃建筑[M].吕富珣译，北京：中国建筑工业出版社，1990.

[27] 卡米拉·格瑞.俄国的艺术实验[M].曾长生译.台北：远流出版，1995.

[28] 穆·波·查宾科.论苏联建筑艺术的现实主义基础[M].清河译．北京：建筑工业出版社，1955.

[29] 苏珊·桑塔格.论摄影[M].黄灿然译.上海：上海译文出版社，2008.

[30] 玛丽·沃纳·玛丽亚.摄影与摄影批评家——1839年至1900年的文化史[M].郝红尉、倪洋译.济南：山东画报出版社，2005.

[31] 阿德里安·舒尔茨.建筑摄影[M].汪兰川译.北京：中国摄影出版社，2017.

[32] 大卫·帕金森.电影的历史[M].王晓丹译.南宁：广西美术出版社，2015.

[33] 歇尔·福柯等著.宽忍的灰色黎明：法国哲学家论电影[M].李洋等译.郑州：河南大学出版社，2014.

[34] 玛丽-克莱尔·缪萨.二十世纪音乐[M].马凌、王洪一译.北京：文化艺术出版社，2005.

[35] 罗伯特·摩根.二十世纪音乐：现代欧美音乐风格史[M].陈鸿铎等译.上海：上海音乐出版社，2014.

[36] 保罗·亨利·朗.西方文明中的音乐[M].顾连理、张洪岛、杨燕迪、汤亚汀译.贵阳：贵州出版集团贵州人民出版社，2009.

[37] 五十岚太郎、菅野裕子.建筑与音乐[M].马林译.武汉：华中科技大学出版社，2012.

[38] 王昀.音乐与建筑[M].北京：中国电力出版社，2015.

外国参考文献：

[1] G.C.Argan. *Storia dell' arte italiana* [M]. Sasoni.1969.

[2] Markus Bandur.*Aesthetics of Total Serialism: Contemporary Research from Music to Architecture*[M]. Birk häuser.2001.

[3] David Blayney Brown. *Romanticism* [M]. Phaidon. 2001.

[4] John E.Bowlt.*Moscow and St.Petersburg in Russian's Silver Age* [M]. Thames & Hudson.2008.

[5] Markus Brüderlin. *ArchiSculpture* [M].Fondation Beyeler. Hatie Cantz Oublishers.2004.

[6] Germano Celant. Architecture, Kaleidoscope of the Arts. *Architecture & Arts 1900/2004 – A Century of Creative Projects in Building, Design, Cinema, Painting, Photography, Sculpture* [C]. Skira. 2004.

[7] Francesco Colonna.*Hypnerotomachia Poliphili: The Strife of Love in a Dream* [M]. Thames & Hudson.2003.

[8] Neil Cox. *Cubism* [M]. Ohaidon.2000.

[9] William Curtis. *Modern Architecture since 1900* [M]. Phaidon. 1996.

[10] Lorenzo Dall' Olio. *Arte e Architettura* [M]. Testo & Immagine.1996.

[11] Colin Davies. *A New History of Modern Architecture*[M]. Laurence King Publishing. 2017.

[12] Amy Dempsey. *Styles, Schools and Movements* [C]. Thames & Hudson. 1999.

[13] Jes Fernie. *Two Minds: Artists and Architects in Collaboration* [C]. Black Dog Publishing. 2006.

[14] Hal Foster, Rosalind Krauss, Yve-Alain Bois, Benjamin

H.D. Buchloh, David Joselit. *Art Since 1900* [M] . Thames & Hudson. 2011.

[15]Giovanni Giannone. *Architettura e Musica* [M] . Edizioni Caracol.2010.

[16]Vittorio Gregotti. *L' architettura di Cézanne* [M] . Skira.2011.

[17]Boris Groys. Educating the Masses : Socialist Realist Art. *Russia! Nine Hundred years of Masterpieces and Master Collections* [C] . Guggenheim Museum. 2005.

[18] Charles Jencks.*The Story of Post-Modernism*[M]. Wiley.2011.

[19] Philip Jodidio.*Architecture:Art* [M] . Prestel.2005.

[20] Spiro Kostof. *The Architect* [C] . Oxford University Press.1977.

[21] Mark Lamster. *Architecture and Film* [M] . Princeton Architectural Press.2000.

[22]Daniel Libeskind. *The Space of Encounter* [C] . Universe. 2000.

[23]Alan Licht. *Sound Art: Beyond Music, Between Categories* [M] . Rizzoli. 2007.

[24] Giovanni Lista, Ada Masoero. *Futurismo 1909-2009*[C].

Skira. 2009.

[25] Robin Middleton, David Watkin. *Neoclassicism and 19th Century Architecture* [M] . Electa/Rizzoli. 1980.

[26] Victoria Newhouse. *Site and Sound* [M] . The Monacelli Press. 2012.

[27] Klaus Jan Philip. *ArchitekturSkulptur* [M] . DVA.1957.

[28] Klaus Reichol, Bernhard Graf. *Paintings that changed the World, from Lascauxto Picasso* [M] . Prestel. 1998.

[29] Aldo Rossi.*Autobiografia scientifica* [M] .ilSaggiatore. 2009.

[30] Werner Sewing. *Architecture; Sculpture* [M] . Prestel. 2004.

[31] Neil Spiller. *Architecture and Surrealism* [M] . Thames & Hudson. 2016.

[32] Christian W. Thomsen. *Visionary Architecture.from Babylon to Virtual Reality* [M] . Prestel. 1994.

[33] Paolo Vincenzo Genovese. *Cubismo in Architettura* [M]. m.e.architectural books and review.2010.

[34] Pamphlet Architecture 16. *Architecture as a Translation of Music* [C] . Princeton Architectural Press. 1994.

后
记

　　在 2001 年出版的《建筑批评学》（第一版）的第 2 章第四节曾经以有限的篇幅讨论艺术与建筑批评。在《建筑批评学》的第二版撰稿时，原计划作为一章专门讨论建筑与艺术，终因篇幅的关系，覆盖的领域比较广泛，中国建筑工业出版社的编辑建议我单独出书。也就有了今天的这本《建筑与艺术》。

　　从一节文字扩展为一章，然后要单独成书，同时又要将艺术作为建筑批评转为讨论建筑与艺术的关系，具有相当的难度。因此从 2016 年开始，逐章拟稿，边看书，边查阅文献，边写，一遍遍修改，总共写了三稿。

　　由于建筑史和建筑理论与艺术、艺术哲学的密切关系，从大学时代起，我一直对艺术、艺术理论和美学情有独钟，1984 ~ 1986 年在意大利佛罗伦萨大学作为访问学者时，佛罗伦萨的美术馆和博物馆成为周末的课堂，1985 年在锡耶纳大学进修意大利语时，还选修了意大利艺术史，读完了阿甘的三卷本意大利艺术史。除佛罗伦萨外，还访遍了罗马、米兰、那不勒斯、威尼斯、锡耶纳等城市的美术馆和博物馆，参观了许多教堂的壁画和雕塑。以后又曾多次访问佛罗伦萨，每次都会重访乌菲齐美术馆和美术学院画廊。也曾经有机会多次访问纽约、华盛顿、芝加哥、波士顿、巴黎、柏林、汉堡、伦敦、马德里、巴塞罗那、东京等城市，每到一座城市必定会去美术馆和博物馆，有些城市的美术馆和博物馆曾访问多次。参观这些美术馆和博物馆的知识极大地帮助了我理解艺术和艺术理论。

在写作本书时，正值有幸担任上海城市空间艺术季的学术委员会主任，也有机会向许多艺术家学习。本书也得到王伟强教授、华霞虹教授的指导，华霞虹教授和刘刊博士为本书收集了大量的资料，没有他们的帮助，本书是不可能完成的。